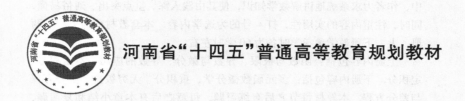

河南省"十四五"普通高等教育规划教材

高等数学（少学时）

上　册

主　编　高文君
副主编　钱德亮　张洪涛　李大勇　焦成文

U0218702

机械工业出版社

本套教材入选河南省"十四五"普通高等教育规划教材，在编写过程中，作者力求系统地讲解数学知识，使其由浅入深、重点突出、通俗易懂，同时，注重内容的实用性，打＊号的为选学内容．本套教材分为上、下两册，上、下册教学参考学时各为 60 学时左右．

　　上册内容包括：函数与极限、导数与微分、导数的应用、不定积分、定积分．下册内容包括：多元函数微分学、重积分、无穷级数、微分方程与差分方程．本教材每节之后有练习题，每章之后有本章小结和复习题，书末有参考答案．本教材为上册．

　　本套教材可作为普通高等学校高等数学（少学时）课程的教材或参考书，与教材配套的电子教案内容齐全，视频资源包括知识点的讲解以及典型例题讲解，读者可通过"天工讲堂"小程序进行观看．这些资源将成为教与学有益的助手．

图书在版编目（CIP）数据

高等数学：少学时．上册/高文君主编．—北京：机械工业出版社，2022.4
（2023.8 重印）

河南省"十四五"普通高等教育规划教材

ISBN 978-7-111-63701-1

Ⅰ．①高…　Ⅱ．①高…　Ⅲ．①高等数学-高等学校-教材　Ⅳ．①O13

中国版本图书馆 CIP 数据核字（2022）第 024911 号

机械工业出版社（北京市百万庄大街 22 号　邮政编码 100037）
策划编辑：汤　嘉　　　　　责任编辑：汤　嘉
责任校对：潘　蕊　张　薇　封面设计：张　静
责任印制：刘　嫒
涿州市般润文化传播有限公司印刷
2023 年 8 月第 1 版第 3 次印刷
184mm×260mm・13 印张・333 千字
标准书号：ISBN 978-7-111-63701-1
定价：39.80 元

电话服务　　　　　　　　　网络服务
客服电话：010-88361066　　机　工　官　网：www.cmpbook.com
　　　　　010-88379833　　机　工　官　博：weibo.com/cmp1952
　　　　　010-68326294　　金　书　网：www.golden-book.com
封底无防伪标均为盗版　　机工教育服务网：www.cmpedu.com

前　言

　　高等数学是大学生的必修课.本套教材是为经管类或其他少学时的本科生编写的,本着"必需、够用"的原则,以学生为本,更具人性化.本套教材有利于学生阅读,既是教材,也是学生的自学用书.与其他教材相比,本套教材在编写中增加了以下新的尝试:

　　(1) 增加了"预备知识".对于学生学习每节内容所需要或可能遗忘的知识,以"预备知识"的形式给出,有利于学生知识准备.

　　(2) 例题解答的中间步骤尽量不缺失,使学生能顺利阅读,减少阅读障碍.在例题解答前增加"分析",给学生指出解题的方向.

　　(3) 每节的结尾用问题引出下节,这不但使全书结构严谨,而且可以引导学生阅读下节的内容.

　　(4) 在每章后附有数学史方面的阅读材料,增加了一些人文知识,方便学生了解数学历史和人物,提高可读性.

　　(5) 对于多年来学生难以理解和掌握的极限的证明,在不影响后续教学的前提下以选学的形式给出以满足不同教师和学生的需求.

　　(6) 每章的总结用思维导图的形式给出,可以使读者一目了然.

　　(7) 在内容上,通过征求金融学专家的意见,我们特意增加了差分和差分方程的内容,以利于经济类学生对后续课程的学习.

　　(8) 重要概念、定理、例题等配有由编写教师讲解的小视频,扫码可观看.

　　本套教材分为上、下两册,教学参考学时数各为约60学时,标注"＊"的为选学内容.上册包括:函数与极限、导数与微分、导数的应用、不定积分、定积分.下册包括:多元函数微分学、重积分、无穷级数、微分方程与差分方程.本教材每节后有练习,每章后有习题,书末配有答案.

　　本套教材是河南省"十四五"普通高等教育规划教材,可作为高等数学翻转课堂等教学改革措施相关的配套教材,翻转课堂等教学改革措施的实施需要学生课下学习.这种学习除了需要视频,还需要有利于学生阅读、自学的教材,本套教材就是基于这样的目的编写的.

　　参加本套教材编写的有:中原工学院的高文君(第1章、第2章和全部阅读材料)、钱德亮(第9章)、张洪涛(第4章、第5章和附录)、李大勇(第3章、第7章)、焦成文(第6章、第8章).另外,感谢中原工学院的顾聪、周忠、姜永艳、李士生、王鑫、陈新红、杨静为本书编写提供支持.

　　在编写过程中,编者得到了中原工学院理学院张建林教授、机械工业出版社编辑汤嘉及其他工作人员的大力支持,在这里深表感谢!

　　为了方便教师教学,本套教材配套了专用 PPT,该 PPT 的制作得到了中原工学院的李林和部分优秀学生的支持和帮助,在这里表示感谢.

　　由于编者水平有限,书中难免有错误或不当之处,敬请读者批评、指正.

编　者

目 录

第 1 章

函数与极限

极限是微积分最基本的概念之一,以后我们需要学习的导数、积分、级数等都是基于极限定义的,因此学习微积分首先要学习极限.极限是指函数的极限,所以,本章先对高中所学函数知识进行系统的复习和补充.

1.1 函 数

1.1.1 函数的概念

(1) 区间与邻域

谈到函数必涉及函数的定义域和值域,定义域和值域可以用集合表示,也可以用区间或邻域表示.

设 a 和 b 都是实数,且 $a<b$,数集 $\{x \mid a<x<b\}$ 称为**开区间**,记作 (a,b),即 $(a,b)=\{x \mid a<x<b\}$.数集 $\{x \mid a\leqslant x\leqslant b\}$ 称为**闭区间**,记作 $[a,b]$,即 $[a,b]=\{x \mid a\leqslant x\leqslant b\}$.数集 $[a,b)=\{x \mid a\leqslant x<b\}$ 和 $(a,b]=\{x \mid a<x\leqslant b\}$ 称为**半开半闭区间**.

以上都称为**有限区间**.此外还有**无限区间**:

$$(-\infty,+\infty)=\{x \mid -\infty<x<+\infty\}=\mathbf{R},$$
$$(-\infty,b]=\{x \mid -\infty<x\leqslant b\},$$
$$(-\infty,b)=\{x \mid -\infty<x<b\},$$
$$[a,+\infty)=\{x \mid a\leqslant x<+\infty\},$$
$$(a,+\infty)=\{x \mid a<x<+\infty\},$$

等.这里"$-\infty$"与"$+\infty$"分别表示"负无穷大"与"正无穷大".

邻域也是常用的一种数集.

设 a 是一个给定的实数,δ 是某一正数,称数集:

$$\{x \mid a-\delta<x<a+\delta\}$$

为点 a 的 δ **邻域**,记作 $U(a,\delta)$.称点 a 为该**邻域的中心**,δ 为该**邻域的半径**(见图 1-1).

若把邻域 $U(a,\delta)$ 的中心去掉,所得到的邻域称为点 a 的**去心** δ **邻域**,记作 $\mathring{U}(a,\delta)$,即

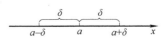

图 1-1

$$\mathring{U}(a,\delta) = \{x \mid 0 < \mid x-a \mid < \delta\}.$$

（2）函数的定义

在一个事件中往往同时有几个变量在变化，而且这些变量并不是孤立的，而是相互联系、相互制约的.函数就是一种描述变量间的相互依赖关系的数学模型.

> **定义 1.1**　设 x 和 y 是两个变量，D 是一个给定的非空数集，如果对于每个数 $x \in D$，变量 y 按照一定法则总有确定的数值和它对应，则称 y 是 x 的**函数**，记作 $y=f(x)$，数集 D 叫作这个函数的**定义域**，记为 $D(f)$，x 叫作**自变量**，y 叫作**因变量**.

对 $x_0 \in D$，按照对应法则 f，总有确定的值 y_0（记为 $f(x_0)$）与之对应，称 $f(x_0)$ 为函数在点 x_0 处的**函数值**.当自变量 x 取遍 D 的所有数值时，对应的函数值 $f(x)$ 的全体组成的集合称为函数 f 的**值域**，记为 $R(f)$，即

$$R(f) = \{y \mid y=f(x), x \in D\}.$$

用曲线和列表给出函数的方法分别称为**图示法**和**列表法**.用数学公式给出函数的方法称为**公式法**.例如，初等数学中所学过的幂函数、指数函数、对数函数、三角函数都是用公式法表示的函数.

从几何上看，函数 $y=f(x)$ 的图形通常是一条曲线见（图 1-2），$y=f(x)$ 也称为这条曲线的方程.

下面是一些关于函数的例子.

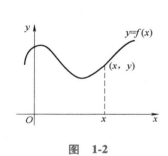

图　1-2

【例 1.1.1】　求函数 $y = \sqrt{4-x^2} + \dfrac{1}{\sqrt{x-1}}$ 的定义域.

分析：此题要用到使函数有意义所需要满足的条件.

解：要使函数有意义，x 必须满足：

$$\begin{cases} 4-x^2 \geqslant 0, \\ x-1 > 0, \end{cases} \quad 即 \quad \begin{cases} \mid x \mid \leqslant 2, \\ x > 1. \end{cases}$$

故有 $1 < x \leqslant 2$，因此函数的定义域为 $(1, 2]$.

【例 1.1.2】　已知 $f(x+1) = x^2 - x + 1$，求 $f(x)$.

分析：把 $x+1$ 当成一个整体.

解：令 $x+1=t$，则 $x=t-1$，从而

$$f(t) = (t-1)^2 - (t-1) + 1 = t^2 - 3t + 3,$$

所以　　　　　　　　$f(x) = x^2 - 3x + 3.$

此题解法具有代表性.

【例 1.1.3】　设函数 $f(x) = \begin{cases} \sqrt{x}, & 0 \leqslant x \leqslant 1, \\ 1+x, & x > 1. \end{cases}$ 求 $f(0.01)$，$f(2)$.

分析：根据自变量所在范围，代入相应的式子求函数值.

解：　　　　　　　$f(0.01) = \sqrt{0.01} = 0.1,$

$$f(2) = 1 + 2 = 3.$$

一个函数在其定义域的不同子集上要用不同的表达式来表示对应法则,这种函数称为**分段函数**.例如:

绝对值函数

$$y=|x|=\begin{cases} x, & x\geqslant 0, \\ -x, & x<0 \end{cases}$$

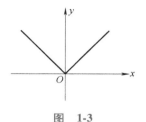

图　1-3

的定义域 $D(f)=(-\infty,+\infty)$,值域 $R(f)=[0,+\infty)$,如图 1-3 所示.

符号函数

$$y=\mathrm{sgn}x=\begin{cases} -1, & x<0, \\ 0, & x=0, \\ 1, & x>0 \end{cases}$$

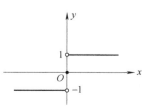

图　1-4

的定义域 $D(f)=(-\infty,+\infty)$,值域 $R(f)=\{-1,0,1\}$,如图 1-4 所示.

最大取整函数 $y=[x]$,其中$[x]$表示不超过 x 的最大整数.例如,$[-3.2]=-4,[0]=0,[\sqrt{3}]=1,[\pi]=3$,等.函数 $y=[x]$ 的定义域$D(f)=(-\infty,+\infty)$,值域 $R(f)=\mathbf{Z}$.一般地,$y=[x]=n,n\leqslant x<n+1$,$n=0,\pm 1,\pm 2,\cdots$,如图 1-5 所示.

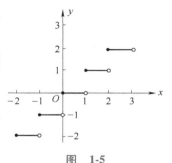

图　1-5

1.1.2　函数的几种属性

(1) 函数的奇偶性

设函数 $y=f(x)$ 的定义域 D 关于原点对称,如果对于任一 $x\in D$,恒有

$$f(-x)=-f(x),$$

则称 $f(x)$ 为**奇函数**;如果对于任一 $x\in D$,恒有

$$f(-x)=f(x),$$

则称 $f(x)$ 为**偶函数**.

例如,$y=x^3$ 在 $(-\infty,+\infty)$ 上是奇函数,$y=\cos x$ 在 $(-\infty,+\infty)$ 上是偶函数;而 $y=x^2+x$ 在 $(-\infty,+\infty)$ 上既不是奇函数也不是偶函数,这样的函数称为**非奇非偶函数**.

在平面直角坐标系中,奇函数的图形关于原点中心对称(见图 1-6).偶函数的图形关于 y 轴对称(见图 1-7).

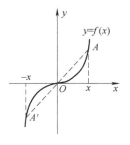

图　1-6

【例 1.1.4】　判断函数 $f(x)=x^2\sin\dfrac{1}{x}$ 的奇偶性.

分析:在对称区间上,根据函数奇偶性的定义判断.

解:因为 $f(x)$ 的定义域为 $(-\infty,0)\cup(0,+\infty)$,关于原点对称,又因为

$$f(-x)=(-x)^2\sin\frac{1}{-x}=-x^2\sin\frac{1}{x}=-f(x),$$

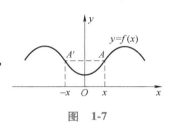

图　1-7

所以 $f(x)=x^2\sin\dfrac{1}{x}$ 是奇函数.

【例 1.1.5】　讨论函数 $f(x)=\lg(x+\sqrt{1+x^2})$ 的奇偶性.

分析:仍然根据定义判断.

解:函数 $f(x)=\lg(x+\sqrt{1+x^2})$ 的定义域为 $(-\infty,+\infty)$,关于原点对称,因为

$$f(-x)=\lg(-x+\sqrt{1+x^2})=\lg(\sqrt{1+x^2}-x)=\lg\left[\frac{(\sqrt{1+x^2}-x)(\sqrt{1+x^2}+x)}{\sqrt{1+x^2}+x}\right]$$

$$=\lg\frac{1}{x+\sqrt{1+x^2}}=\lg(x+\sqrt{1+x^2})^{-1}=-\lg(x+\sqrt{1+x^2})=-f(x).$$

所以,$f(x)$ 是奇函数.

(2) 函数的单调性

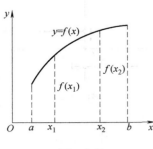

图　1-8

设函数 $f(x)$ 的定义域为 D,区间 $I\subseteq D$,如果对于区间 I 内的任意两点 x_1,x_2,当 $x_1<x_2$ 时,都有

$$f(x_1)<f(x_2),$$

则称函数 $f(x)$ 在 I 上**单调增加**(见图 1-8),此时,区间 I 称为**单调增加区间**;如果对于区间 I 内的任意两点 x_1,x_2,当 $x_1<x_2$ 时,都有

$$f(x_1)>f(x_2),$$

则称函数 $f(x)$ 在 I 上**单调减少**(见图 1-9),此时,区间 I 称为**单调减少区间**.单调增加和单调减少的函数统称为**单调函数**,单调增加区间和单调减少区间统称为**单调区间**.

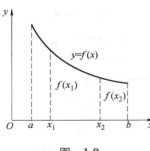

图　1-9

例如,$y=x^2$ 在 $(-\infty,0]$ 上是单调减少函数,在 $(0,+\infty)$ 上是单调增加函数,但 $y=x^2$ 在 $(-\infty,+\infty)$ 上不是单调函数.

(3) 函数的周期性

设函数 $y=f(x)$ 的定义域为 D,若存在一个常数 $T\neq0$,使得对于任一 $x\in D$,必有 $x\pm T\in D$,并且使

$$f(x\pm T)=f(x),$$

则称 $f(x)$ 为**周期函数**,其中 T 称为函数 $f(x)$ 的**周期**.周期函数的周期通常指它的**最小正周期**.例如,$y=\sin x,y=\cos x$ 都是以 2π 为周期的周期函数,函数 $y=\tan x$ 的周期是 π.

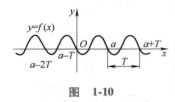

图　1-10

周期函数的图形可以由它在一个周期的区间 $[a,a+T]$ 内的图形沿 x 轴向左、右两个方向平移后得到(见图 1-10).由此可见,对于周期函数的形态,只需要在区间长度为周期 T 的任一区间上考虑即可.

(4) 函数的有界性

设函数 $y=f(x)$ 的定义域为 D,区间 $I\subseteq D$,如果存在一个正数 M,使得对于任一 $x\in I$,都有

$$|f(x)|\leqslant M,$$

则称函数 $f(x)$ 在 I 上**有界**,也称 $f(x)$ 是 I 上的**有界函数**.否则,称 $f(x)$ 在 I 上**无界**,也称 $f(x)$ 为 I 上的**无界函数**.例如,函数 $y=\sin x$,对任一 $x\in(-\infty,+\infty)$,都有不等式 $|\sin x|\leqslant1$,所以 $y=\sin x$ 是 $(-\infty,+\infty)$ 上的有界函数.

1.1.3 反函数与复合函数

（1）反函数

设函数 $y=f(x)$ 的定义域为 D，值域为 W．如果对于 W 中的任一数值 y，都有 D 中唯一的一个 x 与之对应，使得 $f(x)=y$，则所确定的以 y 为自变量的函数 $x=\varphi(y)$ 称为函数 $y=f(x)$ 的**反函数**，记作 $x=f^{-1}(y)$，$y\in W$．

显然，反函数 $x=f^{-1}(y)$ 的定义域是原函数 f 的值域，反函数 $f^{-1}(y)$ 的值域是原函数 f 的定义域．因为习惯上用字母 x 表示自变量，字母 y 表示因变量，$y=f(x)$ 的反函数通常写为 $y=f^{-1}(x)$．

由于互为反函数的两个函数的因变量与自变量是互换的，所以若 (a,b) 是 $y=f(x)$ 的图形上的一点，则 (b,a) 就是 $y=f^{-1}(x)$ 的图形上的点，而在 xOy 平面上，点 (a,b) 与点 (b,a) 关于直线 $y=x$ 对称．故在平面坐标系中，函数 $y=f(x)$ 的图形与其反函数 $y=f^{-1}(x)$ 的图形关于直线 $y=x$ 对称（见图 1-11）．例如，$y=2^x$ 与 $y=\log_2 x$ 互为反函数，它们的图形如图 1-12 所示．

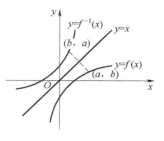

图　1-11

并不是所有函数都存在反函数，例如函数 $y=x^2$ 的定义域为 $(-\infty,+\infty)$，值域为 $(0,+\infty)$，但对每一个 $y\in(0,+\infty)$，有两个 x 值（$x_1=\sqrt{y}$ 和 $x_2=-\sqrt{y}$）与之对应，因此 x 不是 y 的函数，从而 $y=x^2$ 不存在反函数．

定理 1.1（反函数存在定理）　单调函数 $y=f(x)$ 必存在反函数 $y=f^{-1}(x)$，且其与原函数具有相同的单调性．

$y=x^2$ 在 $[0,+\infty)$ 单调增加，其反函数 $y=\sqrt{x}$ 在 $[0,+\infty)$ 也单调增加．函数 $y=x^2$ 在 $(-\infty,0)$ 单调减少，其反函数 $y=-\sqrt{x}$ 在 $(-\infty,0)$ 也单调减少．

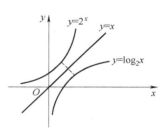

图　1-12

求反函数的一般步骤为：由函数 $y=f(x)$ 得到 $x=f^{-1}(y)$，再将 x 与 y 对换，即得所求的反函数为 $y=f^{-1}(x)$．

【例 1.1.6】　求函数 $y=2x+1$ 的反函数．

分析：从式子中解出 x 即得．

解：由 $y=2x+1$ 得到 $x=\dfrac{y-1}{2}$，故所求反函数为

$$y=\frac{x-1}{2}.$$

（2）复合函数

设函数 $y=f(u)$ 的定义域为 D_1，函数 $u=g(x)$ 在 D 上有定义且 $g(D)\subset D_1$，则函数 $y=f[g(x)]$，$x\in D$，称为由函数 $u=g(x)$ 和函数 $y=f(u)$ 构成的**复合函数**，它的定义域为 D，变量 u 称为**中间变量**．函数 g 与函数 f 构成的复合函数通常记为 $f\circ g$，即 $(f\circ g)(x)=f[g(x)]$．

两个函数能够复合，必须满足 $u=g(x)$ 的值域属于 $y=f(u)$ 的

定义域,或者至少 $y=f(u)$ 的定义域与 $u=g(x)$ 的值域的交集为非空.

例如,由 $y=2^u$ 和 $u=\sin x$ 构成的复合函数为 $y=2^{\sin x}$,由 $y=u^3$ 和 $u=\dfrac{x-1}{x+2}$ 构成的复合函数为 $y=\left(\dfrac{x-1}{x+2}\right)^3$ 等.两个函数的复合也可推广到多个函数复合的情形.

【例 1.1.7】 将下列函数分解为几个简单函数.

(1) $y=(\arctan\sqrt{x})^2$; (2) $y=\ln(1+\sin^2 x)$.

解:将复合函数层层分解为最简单的函数

(1) 可以分解为 $y=u^2,u=\arctan v,v=\sqrt{x}$;

(2) 可以分解为 $y=\ln u,u=1+v^2,v=\sin x$.

1.1.4 初等函数

1. 基本初等函数

幂函数、指数函数、对数函数、三角函数、反三角函数统称为**基本初等函数**,下面我们再对这几类函数进行简单的复习.

① **幂函数**

函数

$$y=x^\mu \quad (\mu \text{ 是常数})$$

称为**幂函数**,如 $y=x,y=x^2,y=x^{\frac{1}{2}},y=x^{-1}$.

当 $\mu>0$ 时,$y=x^\mu$ 在 $[0,+\infty)$ 上是单调增加的,其图形过点 $(0,0)$ 及点 $(1,1)$,图 1-13 给出了 $\mu=\dfrac{1}{2},\mu=1,\mu=2$ 时幂函数在第一象限的图形.

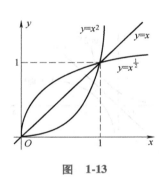

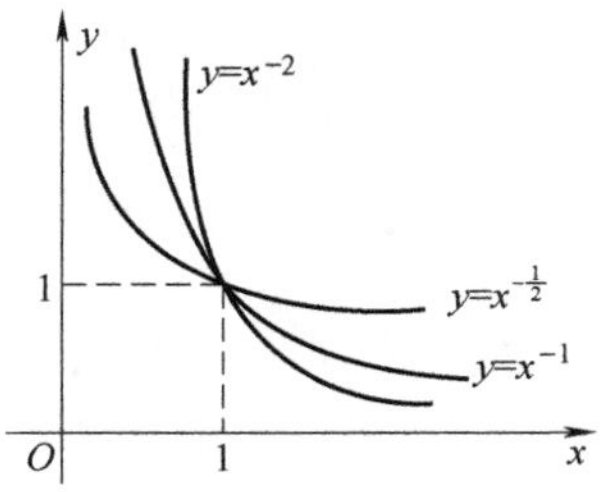

图 1-13

当 $\mu<0$ 时,$y=x^\mu$ 在 $(0,+\infty)$ 上是单调减少的,其图形通过点 $(1,1)$,图 1-14 给出了 $\mu=-\dfrac{1}{2},\mu=-1,\mu=-2$ 时幂函数在第一象限的图像.

图 1-14

② **指数函数**

函数 $y=a^x$(a 是常数,$a>0$ 且 $a\neq 1$)称为**指数函数**.

指数函数 $y=a^x$ 的定义域是 $(-\infty,+\infty)$,其图形过点 $(0,1)$,因为 $a>0$,所以无论 x 取什么值,均有 $a^x>0$,于是指数函数 $y=a^x$ 的图形总在 x 轴的上方.

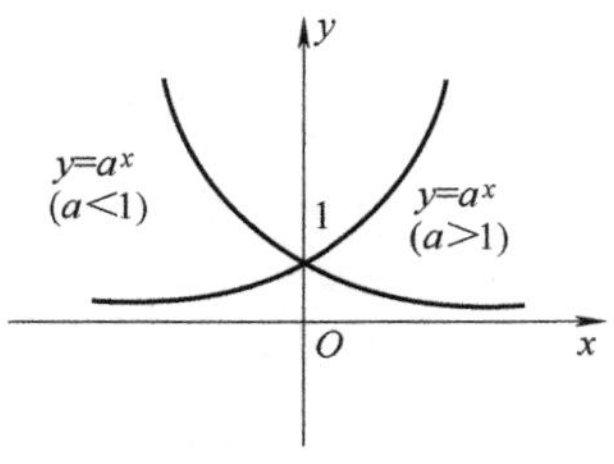

当 $a>1$ 时,$y=a^x$ 是单调增加的;当 $0<a<1$ 时,$y=a^x$ 是单调减少的,如图 1-15 所示.以常数 $e=2.71828182\cdots$ 为底的指数函数 $y=e^x$ 是工程和经济领域中常用的指数函数.

③ **对数函数**

$$y=\log_a x \quad (a \text{ 是常数},a>0 \text{ 且 } a\neq 1),$$

图 1-15

称为**对数函数**.它是指数函数 $y=a^x$ 的反函数.

对数函数 $y=\log_a x$ 的定义域为 $(0,+\infty)$,其图形过点 $(1,0)$. 当 $a>1$ 时,$y=\log_a x$ 单调增加;当 $0<a<1$ 时,$y=\log_a x$ 单调减少,如图 1-16 所示.

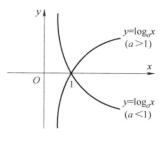

图　1-16

以 e 为底的对数函数

$$y=\log_e x,$$

称为**自然对数函数**,简记作

$$y=\ln x.$$

④ 三角函数

常用的三角函数有:

正弦函数 $y=\sin x$,**余弦函数** $y=\cos x$,**正切函数** $y=\tan x$,**余切函数** $y=\cot x$.

其中自变量以弧度作单位来表示.

它们的图形如图 1-17、图 1-18、图 1-19 和图 1-20 所示,分别称为**正弦曲线**、**余弦曲线**、**正切曲线**和**余切曲线**.

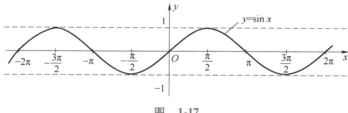

图　1-17

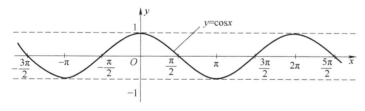

图　1-18

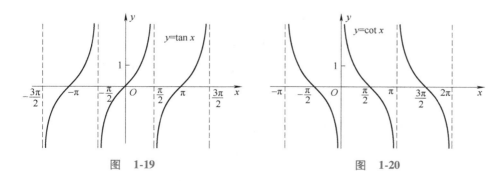

图　1-19　　　　　　　　图　1-20

正弦函数和余弦函数都是以 2π 为周期的周期函数,它们的定义域都为 $(-\infty,+\infty)$,值域都为 $[-1,1]$.正弦函数是奇函数,余弦函数是偶函数.

正切函数 $y=\tan x=\dfrac{\sin x}{\cos x}$ 的定义域为

$$D(f)=\left\{x\mid x\in\mathbf{R},x\neq(2n+1)\dfrac{\pi}{2},n\text{ 为整数}\right\}.$$

余切函数 $y=\cot x=\dfrac{\cos x}{\sin x}$ 的定义域为

$$D(f)=\{x\mid x\in\mathbf{R},x\neq n\pi,n\text{ 为整数}\}.$$

正切函数和余切函数的值域都是 $(-\infty,+\infty)$,且它们都是以 π 为周期的函数,都是奇函数.

另外,常用的三角函数还有:

正割函数 $y=\sec x$,**余割函数** $y=\csc x$.

它们都是以 2π 为周期的周期函数,且

$$\sec x=\dfrac{1}{\cos x},\csc x=\dfrac{1}{\sin x}.$$

⑤ **反三角函数**

常用的反三角函数有:

反正弦函数 $y=\arcsin x$,**反余弦函数** $y=\arccos x$,

反正切函数 $y=\arctan x$,**反余切函数** $y=\text{arccot}x$.

它们分别称为三角函数 $y=\sin x$,$y=\cos x$,$y=\tan x$ 和 $y=\cot x$ 的反函数.根据反函数的概念,三角函数 $y=\sin x$,$y=\cos x$,$y=\tan x$,$y=\cot x$ 在其定义域内不存在反函数,因为对每一个值域中的 y,有多个 x 与之对应.但这些函数在其定义域的每一个单调增加(或单调减少)的子区间上存在反函数.所以,图 1-21~图 1-24 中实线部分才是反函数的图像.

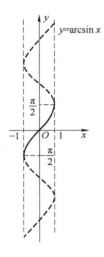

图 1-21

例如,$y=\sin x$ 在闭区间 $\left[-\dfrac{\pi}{2},\dfrac{\pi}{2}\right]$ 上单调增加,从而存在反函数,称此反函数为反正弦函数的**主值**,记作 $y=\arcsin x$.通常称 $y=\arcsin x$ 为**反正弦函数**,其定义域为 $[-1,1]$,值域为 $\left[-\dfrac{\pi}{2},\dfrac{\pi}{2}\right]$.反正弦函数 $y=\arcsin x$ 在 $[-1,1]$ 上是单调增加的,它的图形如图 1-21 中实线部分所示.类似地,可以定义**反余弦函数**,**反正切函数**和**反余切函数**.

反余弦函数 $y=\arccos x$ 的定义域为 $[-1,1]$,值域为 $[0,\pi]$,在 $[-1,1]$ 上是单调减少的,其图像如图 1-22 中实线部分所示.

反正切函数 $y=\arctan x$ 的定义域为 $(-\infty,+\infty)$,值域为 $\left(-\dfrac{\pi}{2},\dfrac{\pi}{2}\right)$,在 $(-\infty,+\infty)$ 上是单调增加的,其图形如图 1-23 所示.

反余切函数 $y=\text{arccot}x$ 的定义域为 $(-\infty,+\infty)$,值域为 $(0,\pi)$,在 $(-\infty,+\infty)$ 上是单调减少的,其图形如图 1-24 所示.

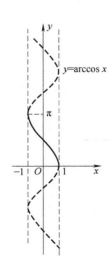

图 1-22

【例 1.1.8】 求下列函数的定义域:

(1) $y = \arcsin(2x+1)$; (2) $y = \ln(x-1) + \arccos\dfrac{x-3}{2}$.

分析:依据反函数的定义域是原函数的值域.

解:(1) 由 $-1 \leqslant 2x+1 \leqslant 1$, 得 $-1 \leqslant x \leqslant 0$, 所以 $y = \arcsin(2x+1)$ 的定义域是 $[-1, 0]$;

(2) 要使 $f(x)$ 有意义,需要满足:

$$\begin{cases} x-1 > 0, \\ -1 < \dfrac{x-3}{2} \leqslant 1, \end{cases} \text{即 } 1 < x \leqslant 5,$$

所以 $f(x)$ 的定义域为 $(1, 5]$.

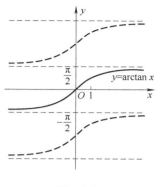

图 1-23

2. 初等函数

由常数和基本初等函数经过有限次四则运算和有限次复合构成,并能用一个解析式表示的函数,称为**初等函数**.

例如,$y = \sqrt{1+2^2}$,$y = (\sqrt{2x} + \cos x)^3$,$y = \cos 2x - e^{3x}$,$y = \dfrac{\ln(x+\sqrt{1+2x^2})}{x^2+2}$ 等都是初等函数.而分段函数

$$f(x) = \begin{cases} x+1, & x > 0, \\ x-1, & x \leqslant 0 \end{cases}$$

不是初等函数,因为它在定义域内不能用一个解析式表示.但分段函数

$$f(x) = \begin{cases} x, & x \geqslant 0, \\ -x, & x < 0 \end{cases}$$

是初等函数,因为它是绝对值函数,可看作由 $y = \sqrt{u}$ 和 $u = x^2$ 复合而成.

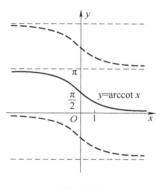

图 1-24

一般由常数和基本初等函数经过四则运算后所构成的函数称为**简单函数**,而一个复合函数可以层层分解为若干个简单函数,如例 1.1.7.

1.1.5 建立函数关系式举例

为解决实际应用问题,首先要将问题量化,从而建立该问题的数学模型,即建立函数关系.要把实际问题中变量之间的函数关系抽象出来,首先应分析哪些是常量,哪些是变量,然后确定选取哪个为自变量,哪个为因变量,最后根据题意建立它们之间的函数关系.

【例 1.1.9】 已知某商品的成本函数与收入函数分别是

$$C(x) = 12 + 3x + x^2, R(x) = 11x,$$

其中 x 表示产销量,试求该商品的盈亏平衡点,并说明盈亏情况.

分析:利润=收入-成本,收入与成本相同时的产量,即利润

$L(x)=0$ 的点 x_0 称为盈亏平衡点（又称为保本点）.

解：利润函数

$$L(x)=R(x)-C(x)=11x-(12+3x+x^2)=8x-12-x^2=(x-2)(6-x),$$

由 $L(x)=0$ 得到两个盈亏平衡点分别为 $x_1=2,x_2=6$.

观察 $L(x)$，可见当 $x<2$ 时，利润为负，亏损；当 $2<x<6$ 时，利润为正，盈利；而当 $x>6$ 时，又转为亏损.

本节主要内容是复习以前所学的函数知识，下节我们将学习微积分的基础概念之一——极限.数列是特殊的、自变量取值比较简单的函数，我们先学习这种简单函数的极限.

练习 1.1

1. 求下列函数的定义域.

（1）$y=\dfrac{1}{1-x^2}+\sqrt{x+2}$；

（2）$y=\lg(2-x)+\sqrt{3+2x-x^2}$；

（3）$f(x)=\ln(x+1)+\arcsin\dfrac{2x-1}{3}$.

2. 若 $f(x)=x^2-3x+2$，求 $f(1),f(x-1)$.

3. 设 $f(x)=\begin{cases}x-1, & -2\leqslant x<0 \\ x+1, & 0\leqslant x\leqslant 2\end{cases}$，求 $f(-1),f(0),f(1)$.

4. 指出下列函数中哪些是奇函数，哪些是偶函数，哪些是非奇非偶函数？

（1）$f(x)=x^3\cos x$；   （2）$y=\dfrac{e^x+e^{-x}}{2}$；

（3）$y=\sin x+\cos x$；   （4）$f(x)=\sin x+e^x-e^{-x}$.

5. 函数 $f(x)=\dfrac{1}{x}$ 在开区间 $(0,1)$ 内是否有界？在开区间 $(1,2)$ 内呢？

6. 求下列函数的反函数.

（1）$y=\dfrac{1-x}{1+x}$；   （2）$y=2^{3x+1}$.

7. 将下列函数分解成简单函数的复合.

（1）$y=\ln\ln\ln x$；   （2）$y=\sqrt{\ln\sin^2 x}$；

（3）$y=e^{\arctan x^2}$；   *（4）$y=\cos^2\ln(2+\sqrt{1+x^2})$.

8. 已知某产品的成本函数与收入函数分别是

$$C(x)=5-4x+x^2,R(x)=2x,$$

其中 x 表示产量，试求该商品的盈亏平衡点，并说明盈亏情况.

9. 火车站收取行李费的规定如下:如从上海到某地,当行李不超过 50kg 时,按 0.15 元/kg 计算基本运费;当超过 50kg 时,超重部分按 0.25 元/kg 收费.试求上海到该地的行李费 y(元)与质量 x(kg)之间的函数关系式,并画出函数的图像.

1.2　数列的极限

预备知识:等比数列的定义;由 $2^n>\dfrac{1}{\varepsilon}$,可得 $n>\log_2\dfrac{1}{\varepsilon}$.

1.2.1　数列极限的定义

如果按照某一法则,使每个 $n\in\mathbf{N}_+$,对应着一个确定的实数,这些实数按照下标从小到大排列得到的一个序列

$$x_1,x_2,x_3,\cdots,x_n,\cdots$$

就叫作数列,简记为数列 $\{x_n\}$.数列中的每一个数叫作数列的项,第 n 项 x_n 叫作数列的一般项.例如:

(1) $2,\dfrac{3}{2},\dfrac{4}{3},\cdots,\dfrac{n+1}{n}$;

(2) $\dfrac{1}{3},\dfrac{1}{9},\dfrac{1}{27},\cdots,\dfrac{1}{3^n}\cdots,$;

(3) $2,4,8,\cdots,2^n\cdots$;

(4) $1,-1,1,\cdots,(-1)^{n+1},\cdots$.

可以看出,随着 n 的增大:数列(3)的各项值越来越大,且无限增大;数列(4)的各项值交替地取 1 与 -1;数列(2)各项的值越来越小,越来越接近于 0;数列(1)各项的值越来越接近于 1.一般地,可以给出下面的定义:

> **定义 1.2**　对于数列 $\{x_n\}$,如果当 n 无限增大时,一般项 x_n 的值无限接近于一个确定的常数 A,则称 A 为数列 $\{x_n\}$ 当 n 趋向于无穷大时的**极限**,记为
> $$\lim_{n\to\infty}x_n=A,\text{或者 } x_n\to A(n\to\infty).$$

此时,也称数列 $\{x_n\}$ **收敛**于 A,称 $\{x_n\}$ 为**收敛数列**.如果数列的极限不存在,则称它为**发散数列**.例如,数列 $\left\{\dfrac{1}{3^n}\right\}$,$\left\{\dfrac{n+1}{n}\right\}$ 是收敛数列,且

$$\lim_{n\to\infty}\frac{1}{3^n}=0,\lim_{n\to\infty}\frac{n+1}{n}=1.$$

而 $2,4,8,\cdots,2^n\cdots$;$1,-1,1,\cdots,(-1)^{n+1},\cdots$ 是发散数列.

观察下列数列,所给出的极限是否正确?

(1) $\lim\limits_{n\to\infty} C = C$ (C 为常数);

(2) $\lim\limits_{n\to\infty} \dfrac{1}{n^{\alpha}} = 0$ ($\alpha > 0$);

(3) $\lim\limits_{n\to\infty} q^n = 0$.

1.2.2 数列极限的精确定义

上述是对数列极限的直观描述,那么如何用数学语言描述"无限接近"? 如何精确定义数列的极限呢?

考察数列 $\{x_n\} = \left\{\dfrac{n+1}{n}\right\}$ 的变化趋势,由于 $|x_n - 1| = \dfrac{1}{n}$,因此当 n 充分大时,$|x_n - 1|$ 可任意小.例如,要使 $|x_n - 1| = \dfrac{1}{n} < \dfrac{1}{100}$,只要 $n > 100$ 即可.这意味着数列 $\left\{\dfrac{n+1}{n}\right\}$ 从第 101 项开始,后面所有的项都能使不等式 $|x_n - 1| < \dfrac{1}{100}$ 成立.同样,若要使 $|x_n - 1| = \dfrac{1}{n} < \dfrac{1}{10000}$,只要 $n > 10000$ 即可.这意味着数列从第 10001 项开始,后面所有的项 $x_{10001}, x_{10002}, \cdots$ 都能使不等式 $|x_n - 1| < \dfrac{1}{10000}$ 成立.

一般地,无论给定的正数 ε 多么小,要使 $|x_n - 1| = \dfrac{1}{n} < \varepsilon$,只要 $n > \dfrac{1}{\varepsilon}$ 即可.如果取正整数 $N \geqslant \dfrac{1}{\varepsilon}$,则当 $n > N$ 时,数列中满足 $n > N$ 的一切 x_n,都能使不等式 $|x_n - 1| = \dfrac{1}{n} < \varepsilon$ 成立.

数列极限的精确定义

> **定义 1.2′** （**数列极限的精确定义**） 如果对于任意给定的正数 ε,总存在正整数 N,使得对于 $n > N$ 的一切 x_n,都有不等式 $|x_n - A| < \varepsilon$ 成立,则称常数 A 为数列 $\{x_n\}$ 当 $n \to \infty$ 时的**极限**,或称数列 $\{x_n\}$ **收敛**于 A,记为 $\lim\limits_{n\to\infty} x_n = A$ 或者 $x_n \to A$ ($n \to \infty$).

下面给出数列极限的几何意义.

将数列 $\{x_n\}$ 中的每一项 $x_1, x_2, \cdots$ 都能用数轴上的对应点来表示.若数列 $\{x_n\}$ 的极限为 A,则对于任意给定的正数 ε,总存在正整数 N,使数列从第 $(N+1)$ 项开始,后面所有的项 x_n 均满足不等式 $|x_n - A| < \varepsilon$,即 $A - \varepsilon < x_n < A + \varepsilon$,即数列在数轴上的对应点中有无穷多个点 $x_{N+1}, x_{N+2}, \cdots$ 都落在开区间 $(A - \varepsilon, A + \varepsilon)$ 内,而在开区间以外,至多只有有限个点 $x_1, x_2, \cdots, x_N$(见图 1-25).

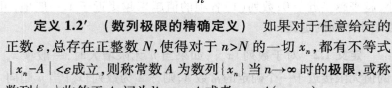

*【例 1.2.1】 证明:$\lim\limits_{n\to+\infty} \dfrac{(-1)^{n-1}}{n} = 0$.

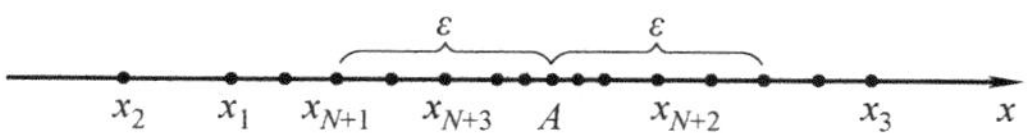

图　1-25

分析:按照数列极限的精确定义证明,找出 N.

证明:
$$|x_n-0|=\left|\frac{(-1)^{n-1}}{n}\right|=\frac{1}{n}$$

对于任意给定的 $\varepsilon>0$,要使 $|x_n-0|<\varepsilon$,只要 $\frac{1}{n}<\varepsilon$,或 $n>\frac{1}{\varepsilon}$ 即可.所以,

对 $\forall\varepsilon>0$,取 $N=\left[\dfrac{1}{\varepsilon}\right]$,当 $n>N$ 时,就有 $|x_n-0|<\varepsilon$,即 $\lim\limits_{n\to+\infty}\dfrac{(-1)^{n-1}}{n}=0$.

*【例 1.2.2】　设 $x_n\equiv C$(C 为常数),证明: $\lim\limits_{n\to+\infty}x_n=C$.

分析:按照数列极限的精确定义证明.

证明:
$$|x_n-C|=|C-C|=0$$

对于任意给定的 $\varepsilon>0$,对于一切自然数 n,都有 $0<\varepsilon$ 成立,所以
$\lim\limits_{n\to+\infty}x_n=C$.

例 1.2.3

*【例 1.2.3】　证明: $\lim\limits_{n\to+\infty}q^n=0$,其中 $|q|<1$.

分析:按照数列极限的精确定义证明,找出 N.

证明:
$$|x_n-0|=|q^n-0|=|q|^n$$

若 $q=0$,则 $\lim\limits_{n\to+\infty}q^n=\lim\limits_{n\to+\infty}0=0$,对任意给定 $\varepsilon>0$,均成立.若 $0<|q|<1$,

要使 $|x_n-0|<\varepsilon$,只要 $|q|^n<\varepsilon$ 即可.取自然对数,得 $n\ln|q|<\ln\varepsilon$,

因 $|q|<1$,故 $n>\dfrac{\ln\varepsilon}{\ln|q|}$.取 $N=\left[\dfrac{\ln\varepsilon}{\ln|q|}\right]$,则当 $n>N$ 时,
$$|q^n-0|<\varepsilon,$$

则
$$\lim\limits_{n\to+\infty}q^n=0.$$

1.2.3　数列极限的性质

定理 1.2(唯一性)　若数列收敛,则其极限唯一.

*证明:(反证法)设数列 $\{x_n\}$ 收敛,但极限不唯一: $\lim\limits_{n\to\infty}x_n=a$,

收敛数列的性质

$\lim\limits_{n\to\infty}x_n=b$,且 $a\neq b$,不妨设 $a<b$,由极限定义,取 $\varepsilon=\dfrac{b-a}{2}$,由 $\lim\limits_{n\to\infty}x_n=a$,

则 $\exists$ 正整数 N_1,当 $n>N_1$ 时, $|x_n-a|<\dfrac{b-a}{2}$,即
$$\frac{3a-b}{2}<x_n<\frac{a+b}{2},$$

由 $\lim\limits_{n\to\infty}x_n=b$,则 $\exists$ 正整数 N_2,当 $n>N_2$ 时, $|x_n-b|<\dfrac{b-a}{2}$,即
$$\frac{a+b}{2}<x_n<\frac{3b-a}{2},$$

取 $N=\max\{N_1,N_2\}$,则当 $n>N$ 时,不等式

$$\frac{3a-b}{2}<x_n<\frac{a+b}{2}\text{ 与 }\frac{a+b}{2}<x_n<\frac{3b-a}{2}$$

应同时成立,显然矛盾.该矛盾证明了收敛数列$\{x_n\}$的极限必唯一.

设有数列$\{x_n\}$,若$\exists M>0$,使对一切$n=1,2,\cdots$有$|x_n|\leqslant M$则称数列$\{x_n\}$是**有界**的,否则称它是**无界**的.

例如,数列$\left\{\dfrac{1}{n^2+1}\right\}$,$\{(-1)^n\}$是有界的;数列$\{n^2\}$是无界的.

定理 1.3(有界性)　若数列$\{x_n\}$收敛,则数列$\{x_n\}$有界.

*证明:设$\lim\limits_{n\to\infty}x_n=a$,由极限定义,$\forall\varepsilon>0$,且$\varepsilon<1$,$\exists$正整数$N$,当$n>N$时,$|x_n-a|<\varepsilon<1$,从而$|x_n|<1+|a|$.

取$M=\max\{1+|a|,|x_1|,|x_2|,\cdots,|x_N|\}$,则有$|x_n|\leqslant M$,对一切$n=1,2,3,\cdots$成立,即$\{x_n\}$有界.

定理 1.3 的逆命题不成立,例如数列$\{(-1)^n\}$有界,但它不收敛.

定理 1.4(保号性)　若$\lim\limits_{n\to\infty}x_n=a,a>0$(或$a<0$),则$\exists$正整数$N$,当$n>N$时,$x_n>0$(或$x_n<0$).

*证明:由极限定义,对$\varepsilon=\dfrac{a}{2}>0$,$\exists$正整数$N$,当$n>N$时,$|x_n-a|<\dfrac{a}{2}$,即$\dfrac{a}{2}<x_n<\dfrac{3}{2}a$,故当$n>N$时,$x_n>\dfrac{a}{2}>0$.

类似可证$a<0$的情形.

推论:设有数列$\{x_n\}$,$\exists$正整数N,当$n>N$时,$x_n\geqslant0$(或$x_n\leqslant0$),若$\lim\limits_{n\to\infty}x_n=a$,则必有$a\geqslant0$(或$a\leqslant0$).

我们研究了特殊的函数——数列极限的定义和性质,对于一般的函数,如$f(x)=\dfrac{1}{x}$,它的自变量是不是只有一种趋势?那么它的极限如何定义?

练习 1.2

1. 观察下列数列的变化趋势,写出其极限.

(1) $x_n=\dfrac{n}{n+1}$;　　(2) $x_n=3+(-1)^n\dfrac{1}{n}$;　　(3) $x_n=-\dfrac{1}{2^n}$;

(4) $x_n=1+\dfrac{1}{n^3}$;　　(5) $x_n=(-1)^{n-1}n$;　　(6) $x_n=\left(\dfrac{2}{3}\right)^n$.

2. 下列说法是否正确.

(1) 收敛数列一定有界;

(2) 有界数列一定收敛;

(3) 无界数列一定发散;

(4) 极限大于 0 的数列的通项也一定大于 0.

*3. 用数列极限的精确定义证明下列极限.

（1）$\lim\limits_{n\to\infty}\dfrac{n+(-1)^{n-1}}{n}=1$；

（2）$\lim\limits_{n\to+\infty}\left(1+\dfrac{1}{n^2}\right)=1$；

（3）$\lim\limits_{n\to+\infty}\dfrac{\sin n\pi}{n}=0$.

1.3 函数的极限

预备知识：$f(x)=2^x, f(x)=2^{-x}, f(x)=\arctan x, f(x)=\operatorname{arccot} x$ 的图像（见图 1-15,图 1-23 和图 1-24）.

数列极限可以看作特殊的函数 $f(n)$ 当 $n\to+\infty$ 时的极限,其中自变量的变化趋势只有一种 $n\to+\infty$.而一般函数 $f(x)$ 中自变量的变化趋势就复杂多了,可以分为：

（1）自变量趋于无穷大（记作 $x\to\infty$）时的函数极限；

（2）自变量趋于有限值（记作 $x\to x_0$）时的函数极限.

其中,$x\to\infty$ 可以分为 $x\to+\infty$ 和 $x\to-\infty$；$x\to x_0$ 可以分为从 x_0 左边和从 x_0 右边趋近.

1.3.1 $x\to\infty$ 时函数的极限

$x\to\infty$,是指 $|x|$ 无限增大,它包含两方面：$x\to+\infty$ 和 $x\to-\infty$.

【例 1.3.1】 观察当 $x\to+\infty$ 和 $x\to-\infty$ 时,函数 $f(x)=\dfrac{1}{x}$ 的变化趋势（见图 1-26）.

解：当 $x\to+\infty$ 时,$f(x)=\dfrac{1}{x}$ 无限接近于常数 0,

当 $x\to-\infty$ 时,$f(x)=\dfrac{1}{x}$ 也无限接近于常数 0.

定义 1.3 如果当 $|x|$ 无限增大时,函数 $f(x)$ 无限趋近于某个确定的常数 A,则称当 $x\to\infty$ 时函数 $f(x)$ 的极限为 A,记作

$$\lim_{x\to\infty}f(x)=A \quad \text{或者} \quad f(x)\to A\ (x\to\infty).$$

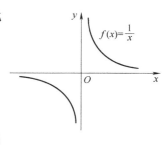

图 1-26

对一般函数 $y=f(x)$ 而言,自变量无限增大时,函数值无限接近一个常数的情形与数列极限类似,所不同的是,自变量的变化可以是连续的.

有时,当 $x\to+\infty$ 和 $x\to-\infty$ 时,函数 $f(x)$ 无限趋近的常数不同.例如反正切函数 $f(x)=\arctan x$.

$$\lim_{x\to+\infty}\arctan x=\frac{\pi}{2},\ \lim_{x\to-\infty}\arctan x=-\frac{\pi}{2}.$$

故有如下定义:

> **定义 1.4** 如果当 $x \to +\infty$ ($x \to -\infty$) 时,函数 $f(x)$ 无限趋近于某个确定的常数 A,则称当 $x \to +\infty$ ($x \to -\infty$) 时,函数 $f(x)$ 的极限为 A,记作
>
> $$\lim_{x \to +\infty} f(x) = A \left(\lim_{x \to -\infty} f(x) = A \right)$$
>
> 利用 $f(x) = 2^x$ 的图像,思考 $\lim\limits_{x \to +\infty} 2^x$, $\lim\limits_{x \to -\infty} 2^x$ 和 $\lim\limits_{x \to \infty} 2^x$ 是否存在? 当 $x \to \infty$ 时,$f(x) = \arctan x$ 是否有极限? 为什么?

定理 1.5 $\lim\limits_{x \to \infty} f(x) = A \Leftrightarrow \lim\limits_{x \to +\infty} f(x) = \lim\limits_{x \to -\infty} f(x) = A$.

【例 1.3.2】 下列极限是否存在?

(1) $\lim\limits_{x \to \infty} \arctan x$; (2) $\lim\limits_{x \to \infty} \dfrac{1}{x}$.

分析:可根据其图像和定理 1.5,判断 $\lim\limits_{x \to +\infty} f(x)$ 和 $\lim\limits_{x \to -\infty} f(x)$ 是否都存在且相等.

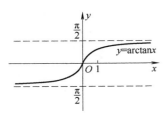

图　1-27

解:(1) 因为 $\lim\limits_{x \to +\infty} \arctan x = \dfrac{\pi}{2}$,$\lim\limits_{x \to -\infty} \arctan x = -\dfrac{\pi}{2}$,所以由定理 1.5 知 $\lim\limits_{x \to \infty} \arctan x$ 不存在(见图 1-27).

(2) 因为 $\lim\limits_{x \to -\infty} \dfrac{1}{x} = 0$,$\lim\limits_{x \to +\infty} \dfrac{1}{x} = 0$,所以 $\lim\limits_{x \to \infty} \dfrac{1}{x} = 0$(见图 1-26).

当 $x \to \infty$ 和 $x \to +\infty$ ($x \to -\infty$) 时,函数 $f(x)$ 有极限,不但有描述性的定义,也有精确的定义.

> **定义 1.3'** 设函数 $f(x)$ 当 $|x|$ 大于某一正数时有定义,A 为一常数,若 $\forall \varepsilon > 0$,$\exists X > 0$,当 $|x| > X$ 时,都有不等式
>
> $$|f(x) - A| < \varepsilon$$
>
> 成立,则称常数 A 为**函数 $f(x)$ 当 $x \to \infty$ 时的极限**,记作
>
> $$\lim_{x \to \infty} f(x) = A \quad \text{或者} \quad f(x) \to A (x \to \infty).$$

> **定义 1.4'** 若 $\forall \varepsilon > 0$,$\exists X > 0$,当 $x > X$ ($x < -X$) 时,都有不等式 $|f(x) - A| < \varepsilon$ 成立,则称常数 A 为**函数 $f(x)$ 当 $x \to +\infty$ ($x \to -\infty$) 时的极限**,记为
>
> $$\lim_{x \to +\infty} f(x) = A \quad \left(\lim_{x \to -\infty} f(x) = A \right).$$

函数趋于无穷大时
极限的精确定义

利用精确定义,可以证明函数的极限.

*【例 1.3.3】 证明:$\lim\limits_{x \to \infty} \dfrac{\sin x}{x} = 0$.

分析:利用定义,找 X.

证明:

$\forall \varepsilon > 0$,要使 $\quad |f(x) - 0| = \left| \dfrac{\sin x}{x} \right| \leqslant \dfrac{1}{|x|} < \varepsilon$,

只要 $|x| > \dfrac{1}{\varepsilon}$ 即可. 所以, $\exists X = \dfrac{1}{\varepsilon}$, 当 $|x| > X$ 时, 即有

$$\left| \frac{\sin x}{x} - 0 \right| < \varepsilon,$$

例 1.3.3

从而证得

$$\lim_{x \to \infty} \frac{\sin x}{x} = 0.$$

1.3.2　$x \to x_0$ 时函数的极限

$x \to x_0$ 在数轴上表示 x 从 x_0 的左、右两侧无限趋近于 x_0, 但 $x \neq x_0$.

【例 1.3.4】　考察当 $x \to 1$ 时, 函数 $f(x) = \dfrac{2x^2 - 2}{x - 1}$ 的变化趋势(见图 1-28).

分析: 当 $x \neq 1$ 时, 函数 $f(x) = \dfrac{2x^2 - 2}{x - 1} = 2(x + 1)$, 考察 x 从 1 的左边和右边无限趋近于 1 时, $f(x)$ 的变化趋势.

解: 当 $x \neq 1$ 时,

$$f(x) = \frac{2x^2 - 2}{x - 1} = 2(x + 1),$$

x 从 1 的左边和右边无限趋近于 1 时, $f(x)$ 的值无限接近于常数 4.

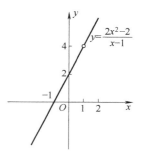

图　1-28

定义 1.5　设函数 $f(x)$ 在点 x_0 的某一去心邻域内有定义, 如果当 $x \to x_0$ 时, 函数 $f(x)$ 无限接近于某个确定的常数 A, 则称当 $x \to x_0$ 时函数 $f(x)$ 的极限为 A, 记作

$$\lim_{x \to x_0} f(x) = A \quad \text{或者} \quad f(x) \to A (x \to x_0).$$

由定义 1.5 可知, 在例 1.3.4 中, $\displaystyle\lim_{x \to 1} \frac{2x^2 - 2}{x - 1} = 4$.

在上述定义 1.5 中, x 是从左、右两侧趋近于 x_0, 但在有些问题中, 只需考虑 x 从一侧趋近于 x_0 时函数的变化趋势, 为此给出以下定义.

定义 1.6　如果当 x 是从左侧(右侧)趋近于 x_0 时, 函数 $f(x)$ 无限接近于某个确定的常数 A, 则称当 x 从左侧(右侧)趋近于 x_0 时, 函数 $f(x)$ 的极限为 A, A 也称为 x_0 点的左极限(右极限), 记作

$$\lim_{x \to x_0^-} f(x) = A \quad \text{或者} \quad f(x_0 - 0) = A.$$

$$\left(\lim_{x \to x_0^+} f(x) = A \quad \text{或者} \quad f(x_0 + 0) = A. \right)$$

由定义 1.5 可知,当 $x \to x_0$ 时,函数 $f(x)$ 无限接近于某个确定的常数 A,包括 $f(x_0-0)=A$ 和 $f(x_0+0)=A$,故有下面的定理.

定理 1.6 $\lim\limits_{x \to x_0} f(x)=A \Leftrightarrow \lim\limits_{x \to x_0^-} f(x) = \lim\limits_{x \to x_0^+} f(x) = A.$

【例 1.3.5】 设 $f(x)=\begin{cases} x, & x \geqslant 0, \\ -x+1, & x<0. \end{cases}$ (见图 1-29),讨论当 $x \to 0$ 时,$f(x)$ 的极限是否存在.

分析: 判断分段函数在分段点处的极限,须考察在该点处的左右极限,因为左、右极限可能不同.

解: $x=0$ 是函数定义域中的分段点,且

$$\lim_{x \to 0^-} f(x) = \lim_{x \to 0^-}(-x+1)=1,$$
$$\lim_{x \to 0^+} f(x) = \lim_{x \to 0^+} x = 0,$$

可知
$$\lim_{x \to 0^-} f(x) \neq \lim_{x \to 0^+} f(x),$$

所以 $\lim\limits_{x \to 0} f(x)$ 不存在.

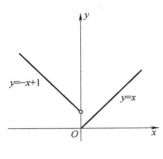

图　1-29

例 1.3.5

> **思考:** 当 $x \to 1$ 时,$f(x)$ 的极限是否存在?

当 $x \to x_0$ 或 $x \to x_0^+(x \to x_0^-)$ 时,函数的极限也有精确定义,按照精确定义可以证明函数的极限.

> **定义 1.5′** 设函数 $f(x)$ 在点 x_0 的某一去心邻域内有定义. 若 $\forall \varepsilon>0$,$\exists \delta>0$,使得当 $x \in \overset{\circ}{U}(x_0,\delta)$(即 $0<|x-x_0|<\delta$)时,都有不等式 $|f(x)-A|<\varepsilon$ 成立,则称常数 A 为函数 $f(x)$ 当 $x \to x_0$ 时的**极限**.记为
> $$\lim_{x \to x_0} f(x)=A \quad 或 \quad f(x) \to A(x \to x_0).$$

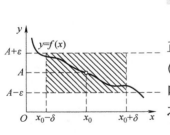

图　1-30

$\lim\limits_{x \to x_0} f(x)=A$ 的几何意义如图 1-30 所示.对于任意的正数 ε,存在正数 δ,当点 $(x,f(x))$ 的横坐标 x 落入 x_0 的去心邻域 $(x_0-\delta,x_0) \cup (x_0,x_0+\delta)$ 之内时,纵坐标 $f(x)$ 的值必定落入区间 $(A-\varepsilon,A+\varepsilon)$ 之内,此时,曲线 $y=f(x)$ 必然介于两条平行直线 $y=A-\varepsilon$ 与 $y=A+\varepsilon$ 之间.

*【例 1.3.6】 证明:$\lim\limits_{x \to 1}(2x+1)=3.$

分析: 按照定义 1.5',找出 δ.

证明: 对于任意的正数 ε,要使 $|f(x)-A|=|(2x+1)-3|=2|x-1|<\varepsilon$,只要 $|x-1|<\dfrac{\varepsilon}{2}$ 即可.

所以 $\forall \varepsilon>0$,取 $\delta=\dfrac{\varepsilon}{2}$,当 $0<|x-1|<\delta$ 时,都有不等式 $|(2x+1)-3|<\varepsilon$ 成立,故

$$\lim_{x \to 1}(2x+1)=3.$$

*定义 1.6′　若 $\forall\,\varepsilon>0$，$\exists\,\delta>0$，当 $0<x-x_0<\delta$ 时，总有 $|f(x)-A|<\varepsilon$，则称 A 为 $f(x)$ 当 $x\to x_0^+$ 时的**右极限**，记作

$$\lim_{x\to x_0^+}f(x)=A\quad\text{或}\quad f(x_0+0)=A.$$

（若 $\forall\,\varepsilon>0$，$\exists\,\delta>0$，当 $-\delta<x-x_0<0$ 时，总有 $|f(x)-A|<\varepsilon$，则称 A 为 $f(x)$ 当 $x\to x_0^-$ 时的**左极限**，记作

$$\lim_{x\to x_0^-}f(x)=A\quad\text{或}\quad f(x_0-0)=A.$$

函数极限的精确定义

1.3.3　函数极限的性质

与数列极限的性质类似，函数极限也具有相似的性质（其证明过程与数列极限相应定理的证明过程相似），今后使用的极限符号"lim"表示任何一种极限过程.

函数的极限具有下面几个性质：

定理 1.7（唯一性）　若极限 $\lim f(x)$ 存在，则其极限是唯一的.

定义 1.7　在 $x\to x_0$（或 $x\to\infty$）过程中，若 $\exists\,M>0$，使 $x\in\mathring{U}(x_0)$（或 $|x|>X$）时，

$$|f(x)|\leqslant M,$$

则称 $f(x)$ 是 $x\to x_0$（或 $x\to\infty$）时的**有界变量**.

定理 1.8　若 $\lim f(x)$ 存在，则 $f(x)$ 是该极限过程中的有界变量.

*证明：仅就 $x\to x_0$ 的情形证明，其他情形类似可证.

若 $\lim\limits_{x\to x_0}f(x)=A$，由极限定义，取 $\varepsilon=1$，$\exists\,\delta>0$，当 $x\in\mathring{U}(x_0,\delta)$ 时，$|f(x)-A|<1$，则 $|f(x)|<1+|A|$.取 $M=1+|A|$，可知，当 $x\to x_0$ 时，$f(x)$ 有界.

定理 1.8 的证明

定理 1.8 的逆命题不成立.如 $\sin x$ 是有界变量，但 $\lim\limits_{x\to\infty}\sin x$ 不存在.

定理 1.9（保号性）　若 $\lim\limits_{x\to x_0}f(x)=A$，且 $A>0$（或 $A<0$），则存在 x_0 的某一去心邻域，当 x 属于该邻域时，有 $f(x)>0$（或 $f(x)<0$）.

若 $\lim\limits_{x\to\infty}f(x)=A$，$A>0$（或 $A<0$），则 $\exists\,X>0$，当 $|x|>X$ 时，有 $f(x)>0$（或 $f(x)<0$）.

*证明：仅就 $x\to x_0$ 的情形证明，其他情形类似可证.

设 $A>0$，因为 $\lim\limits_{x\to x_0}f(x)=A$，所以对于正数 $\varepsilon=\dfrac{A}{2}$，总存在正数 δ，当 $0<|x-x_0|<\delta$ 时，使不等式 $|f(x)-A|<\varepsilon$ 成立.所以有

$$A-\varepsilon<f(x)<A+\varepsilon.$$

因为 $A-\varepsilon=\dfrac{A}{2}>0$，所以 $f(x)>0$.

同理可证 $A<0$ 的情形.

推论：在某极限过程中，若 $f(x)\geqslant0$（或 $f(x)\leqslant0$），且 $\lim f(x)=A$，

则 $A \geqslant 0$(或 $A \leqslant 0$).

简单函数的极限可以通过观察图像或函数式得到,如 $\lim\limits_{x \to 3}(2x+1)=7$;但是较复杂的函数的极限,如 $\lim\limits_{x \to 0}x^2\sin\dfrac{1}{x}$, $\lim\limits_{x \to 2}\dfrac{2x+1}{x^2-3}$ 等,需要借助一些运算法则或技巧才能得到.为了进行极限的运算,我们还需要进一步学习两个概念——无穷大和无穷小.

练习 1.3

1. 观察函数变化趋势,写出下列极限.

(1) $\lim\limits_{x \to \infty}\dfrac{1}{x^2}$;　　　　　　　　　(2) $\lim\limits_{x \to +\infty}e^{-x}$;

(3) $\lim\limits_{x \to +\infty}\arctan x$;　　　　　　　(4) $\lim\limits_{x \to \pi}(\cos x-1)$;

(5) $\lim\limits_{x \to -1}(x^2+1)$;　　　　　　　(6) $\lim\limits_{x \to 1}(\ln x+2)$.

2. 函数 $f(x)$ 在点 x_0 处有定义,是当 $x \to x_0$ 时 $f(x)$ 有极限的(　　)

A. 充分条件　　　　　　　　　B. 必要条件

C. 充要条件　　　　　　　　　D. 无关条件

3. $f(x_0-0)$ 与 $f(x_0+0)$ 都存在是函数 $f(x)$ 在点 x_0 处有极限的(　　)

A. 充分条件　　　　　　　　　B. 必要条件

C. 充要条件　　　　　　　　　D. 无关条件

4. 设 $f(x)=\begin{cases} x^2+3, & x<0, \\ x, & x \geqslant 0. \end{cases}$ 作出 $f(x)$ 的图像并判断 $\lim\limits_{x \to 0}f(x)$ 是否存在?

5. 设 $\varphi(x)=\dfrac{|x|}{x}$,当 $x \to 0$ 时,分别求 $\varphi(x)$ 的左、右极限,问 $\lim\limits_{x \to 0}\varphi(x)$ 是否存在?

*6. 用极限的精确定义证明下列极限.

(1) $\lim\limits_{x \to 0}x\sin\dfrac{1}{x}=0$;　　　　　　　(2) $\lim\limits_{x \to -1}\dfrac{x^2-1}{x+1}=-2$.

1.4　极限的运算法则

预备知识: $e^{-x}=\dfrac{1}{e^x}$;分子有理化; $1-x^3=(1-x)(1+x+x^2)$;

$1+2+3+\cdots+n=\dfrac{1}{2}n(n+1)$

1.4.1　无穷小与无穷大

（1）无穷小

定义 1.8　若 $\lim \alpha(x) = 0$，则称 $\alpha(x)$ 为该极限过程中的一个**无穷小量**，简称**无穷小**.

例如 $\lim\limits_{x \to \infty} \dfrac{1}{x} = 0$，所以当 $x \to \infty$ 时，函数 $\dfrac{1}{x}$ 是无穷小. 又如 $\lim\limits_{x \to 0} \sin x = 0$，所以当 $x \to 0$，函数 $\sin x$ 是无穷小.

无穷小是极限为 0 的量，不能认为无穷小就是很小很小的量，比如，0.00001 不是无穷小.

定理 1.10　$\lim f(x) = A \Leftrightarrow f(x) = A + \alpha(x)$，其中 $\alpha(x)$ 为该极限过程中的无穷小.

*证明：仅对 $x \to x_0$ 的情形证明，其他极限过程可仿照此过程进行证明.

必要性　设 $\lim\limits_{x \to x_0} f(x) = A$，记 $\alpha(x) = f(x) - A$，则 $\forall \varepsilon > 0$，$\exists \delta > 0$，当 $x \in \mathring{U}(x_0, \delta)$ 时，有
$$|f(x) - A| < \varepsilon，\text{即} |\alpha(x) - 0| < \varepsilon.$$
由极限定义可知，$\lim\limits_{x \to x_0} \alpha(x) = 0$，即 $\alpha(x)$ 是 $x \to x_0$ 时的无穷小，且
$$f(x) = A + \alpha(x).$$

充分性　若当 $x \to x_0$ 时，$\alpha(x)$ 是无穷小，则极限为 0，对于 $\forall \varepsilon > 0$，$\exists \delta > 0$，当 $x \in \mathring{U}(x_0, \delta)$ 时，有
$$|\alpha(x) - 0| < \varepsilon，\text{即} |f(x) - A| < \varepsilon，$$
由极限定义可知，$\lim\limits_{x \to x_0} f(x) = A$.

例如，$\lim\limits_{x \to \infty} \dfrac{x+1}{x} = 1$，而 $\dfrac{x+1}{x} = 1 + \dfrac{1}{x}$，其中 $\alpha(x) = \dfrac{1}{x}$ 是当 $x \to \infty$ 时的无穷小.

（2）无穷小的性质

由无穷小的定义，容易得到下面的结论：

性质 1　有限个无穷小的代数和仍为无穷小.

性质 2　有限个无穷小的乘积仍为无穷小.

性质 3　有界变量与无穷小的乘积是无穷小.

【例 1.4.1】　求 $\lim\limits_{x \to \infty} \dfrac{1}{x} \sin x$.

分析：利用性质 3.

解：因为 $\forall x \in (-\infty, +\infty)$，$|\sin x| \leqslant 1$，且 $\lim\limits_{x \to \infty} \dfrac{1}{x} = 0$，故得
$$\lim\limits_{x \to \infty} \dfrac{1}{x} \sin x = 0.$$

(3) 无穷大

> **定义 1.9**　如果在某极限过程中, $|f(x)|$ 无限地增大,则称函数 $f(x)$ 为该极限过程的**无穷大量**,简称**无穷大**.

无穷大包括正无穷大和负无穷大.例如 $\lim\limits_{x\to+\infty} e^x = +\infty$,即当 $x\to+\infty$ 时, e^x 是正无穷大. $\lim\limits_{x\to0^+}\ln x = -\infty$,即 $x\to0^+$ 时, $\ln x$ 是负无穷大. $\lim f(x) = \infty$ 意味着 $f(x)$ 的极限不存在.

在同一变化过程中,无穷小与无穷大之间有如下关系:

定理 1.11　在某极限过程中,若 $f(x)$ 为无穷大,则 $\dfrac{1}{f(x)}$ 为无穷小;反之,若 $f(x)$ 为无穷小,且 $f(x)\neq0$,则 $\dfrac{1}{f(x)}$ 为无穷大.

定理 1.11 表明,无穷小与无穷大类似于倒数关系.例如 $\lim\limits_{x\to+\infty} e^x = +\infty$,则 $\lim\limits_{x\to+\infty} e^{-x} = 0$.

1.4.2　极限的四则运算法则

定理 1.12　若 $\lim f(x) = A, \lim g(x) = B$,则

(1) $\lim[f(x)\pm g(x)] = A\pm B = \lim f(x)\pm\lim g(x)$;

(2) $\lim[f(x)\cdot g(x)] = A\cdot B = \lim f(x)\cdot\lim g(x)$;

(3) $\lim\dfrac{f(x)}{g(x)} = \dfrac{A}{B} = \dfrac{\lim f(x)}{\lim g(x)}(B\neq0)$.

分析:可以利用极限的精确定义证明,也可利用特殊的方法证明,下面利用定理 1.10 证明.

证明:这里仅证(2),(1)和(3)的证明可参考其他书目.

因为 $\lim f(x) = A, \lim g(x) = B$,所以

$$f(x) = A + \alpha(x), g(x) = B + \beta(x),$$

其中 $\lim\alpha(x) = 0, \lim\beta(x) = 0$,于是

$$f(x)\cdot g(x) = [A+\alpha(x)][B+\beta(x)]$$
$$= A\cdot B + A\cdot\beta(x) + B\cdot\alpha(x) + \alpha(x)\cdot\beta(x).$$

由无穷小的性质及其推论可得

$$\lim[B\cdot\alpha(x)] = 0, \lim[A\cdot\beta(x)] = 0, \lim[\alpha(x)\cdot\beta(x)] = 0.$$

故由无穷小量与函数极限的关系定理可知

$$\lim[f(x)\cdot g(x)] = A\cdot B = \lim f(x)\cdot\lim g(x).$$

上述定理 1.12 中(1)(2)可推广到有限项.不难推得下面的结论:

推论 1　若 $\lim f(x)$ 存在, C 为常数,则

$$\lim Cf(x) = C\lim f(x).$$

推论 2　若 $\lim f(x)$ 存在, n 为正整数,则

$$\lim[f(x)]^n = [\lim f(x)]^n.$$

【例 1.4.2】　求 $\lim\limits_{x\to2}(x^2-3x+5)$.

分析:利用极限的四则运算法则及推论.

解:$\lim\limits_{x \to 2}(x^2 - 3x + 5) = \lim\limits_{x \to 2}x^2 - \lim\limits_{x \to 2}3x + \lim\limits_{x \to 2}5$

$= (\lim\limits_{x \to 2}x)^2 - 3 \lim\limits_{x \to 2}x + \lim\limits_{x \to 2}5$

$= 2^2 - 3 \cdot 2 + 5$

$= 3.$

一般地,设多项式为

$$P(x) = a_n x^n + a_{n-1} x^{n-1} + \cdots + a_1 x + a_0,$$

则有 $\qquad \lim\limits_{x \to x_0} P(x) = a_n x_0^n + a_{n-1} x_0^{n-1} + \cdots + a_1 x_0 + a_0.$

即 $\qquad\qquad \lim\limits_{x \to x_0} P(x) = P(x_0).$

【例 1.4.3】　求 $\lim\limits_{x \to 2} \dfrac{x^3 - 1}{x^2 - 5x + 3}$.

分析:因为分母的极限不等于 0,所以可利用运算法则(3).

解: $\lim\limits_{x \to 2} \dfrac{x^3 - 1}{x^2 - 5x + 3} = \dfrac{\lim\limits_{x \to 2}(x^3 - 1)}{\lim\limits_{x \to 2}(x^2 - 5x + 3)} = \dfrac{2^3 - 1}{2^2 - 10 + 3} = -\dfrac{7}{3}$.

【例 1.4.4】　求 $\lim\limits_{x \to 3} \dfrac{x - 3}{x^2 - 9}$.

分析:当 $x \to 3$ 时,由于分子、分母的极限均为零,不能直接运用极限运算法则,通常是设法去掉分母中的"零因子".求极限时 $x \to 3$,不是 $x = 3$,可以化简.

解: $\qquad\qquad \lim\limits_{x \to 3} \dfrac{x - 3}{x^2 - 9} = \lim\limits_{x \to 3} \dfrac{1}{x + 3} = \dfrac{1}{6}$.

【例 1.4.5】　求 $\lim\limits_{x \to 2} \dfrac{\sqrt{x + 7} - 3}{x - 2}$.

分析:分母的极限为零,可采用分子有理化的办法,以便去掉分母中的"零因子".

解: $\qquad \lim\limits_{x \to 2} \dfrac{\sqrt{x + 7} - 3}{x - 2} = \lim\limits_{x \to 2} \dfrac{(\sqrt{x + 7} - 3)(\sqrt{x + 7} + 3)}{(x - 2)(\sqrt{x + 7} + 3)}$

$= \lim\limits_{x \to 2} \dfrac{x - 2}{(x - 2)(\sqrt{x + 7} + 3)}$

$= \lim\limits_{x \to 2} \dfrac{1}{\sqrt{x + 7} + 3} = \dfrac{1}{6}$.

【例 1.4.6】　求 $\lim\limits_{x \to \infty} \dfrac{2x^2 + 3x - 1}{5x^2 - 4x + 3}$.

分析:当 $x \to \infty$ 时,其分子、分母均趋近于 ∞,极限均不存在,这种情形不能运用商的极限的运算法则,可设法将其变形.

解: $\lim\limits_{x \to \infty} \dfrac{2x^2 + 3x - 1}{5x^2 - 4x + 3} = \lim\limits_{x \to \infty} \dfrac{2 + \dfrac{3}{x} - \dfrac{1}{x^2}}{5 - \dfrac{4}{x} + \dfrac{3}{x^2}} = \dfrac{\lim\limits_{x \to \infty}\left(2 + \dfrac{3}{x} - \dfrac{1}{x^2}\right)}{\lim\limits_{x \to \infty}\left(5 - \dfrac{4}{x} + \dfrac{3}{x^2}\right)} = \dfrac{2}{5}$.

【例 1.4.7】　求 $\lim\limits_{x\to\infty}\dfrac{x-2}{x^3+4x}$.

分析:当 $x\to\infty$ 时,分子分母均趋近于 ∞,可把分子、分母同除以分母中自变量的最高次幂.

解:
$$\lim_{x\to\infty}\frac{x-2}{x^3+4x}=\lim_{x\to\infty}\frac{\dfrac{1}{x^2}-\dfrac{2}{x^3}}{1+\dfrac{4}{x^2}}=\frac{0}{1}=0.$$

一般地,设 $a_0\neq0,b_0\neq0,m,n$ 为正整数,则

$$\lim_{x\to\infty}\frac{a_0x^m+a_1x^{m-1}+\cdots+a_m}{b_0x^n+b_1x^{n-1}+\cdots+b_n}$$

$$=\begin{cases}\dfrac{a_0}{b_0}, & n=m,\\[2mm] 0, & n>m,\\[2mm] \infty, & n<m.\end{cases}$$

【例 1.4.8】　求 $\lim\limits_{x\to1}\left(\dfrac{1}{x-1}-\dfrac{2}{x^2-1}\right)$.

分析:当 $x\to1$ 时,上式的两项极限均不存在,所以不能用差的极限的运算法则,可以先通分,再求极限.

解:$\lim\limits_{x\to1}\left(\dfrac{1}{x-1}-\dfrac{2}{x^2-1}\right)=\lim\limits_{x\to1}\dfrac{x^2-1-2(x-1)}{(x-1)(x^2-1)}=\lim\limits_{x\to1}\dfrac{x^2-2x+1}{(x-1)(x^2-1)}$

$=\lim\limits_{x\to1}\dfrac{(x-1)^2}{(x-1)(x-1)(x+1)}=\lim\limits_{x\to1}\dfrac{1}{x+1}=\dfrac{1}{2}.$

【例 1.4.9】　求 $\lim\limits_{n\to\infty}\left(\dfrac{1}{n^2}+\dfrac{2}{n^2}+\cdots+\dfrac{n}{n^2}\right)$.

分析:因为有无穷多项,所以不能用和的极限运算法则,可以先求和,再求极限.

解:
$$\lim_{n\to\infty}\left(\frac{1}{n^2}+\frac{2}{n^2}+\cdots+\frac{n}{n^2}\right)=\lim_{n\to\infty}\frac{1+2+\cdots+n}{n^2}$$

$$=\lim_{n\to\infty}\frac{\dfrac{1}{2}n(n+1)}{n^2}=\frac{1}{2}\lim_{n\to\infty}\left(1+\frac{1}{n}\right)=\frac{1}{2}.$$

1.4.3　复合函数的极限

定理 1.13　设函数 $y=f(\varphi(x))$ 是由 $y=f(u),u=\varphi(x)$ 复合而成,如果 $\lim\limits_{x\to x_0}\varphi(x)=u_0$,且在 x_0 的一个去心邻域内,$\varphi(x)\neq u_0$,又 $\lim\limits_{u\to u_0}f(u)=A$,则

$$\lim_{x\to x_0}f(\varphi(x))=A.$$

【例 1.4.10】　求 $\lim\limits_{x\to 0}e^{\sin 2x}$.

分析：$u=\sin 2x$,利用复合函数求极限法则.

解：因为 $\lim\limits_{x\to 0}\sin 2x=0$, $\lim\limits_{u\to 0}e^{u}=1$,故

$$\lim\limits_{x\to 0}e^{\sin 2x}=1.$$

【例 1.4.11】　求 $\lim\limits_{x\to 1}\sin(\ln x)$.

分析：$u=\ln x$,利用复合函数求极限法则.

解：因为 $\lim\limits_{x\to 1}\ln x=0$, $\lim\limits_{u\to 0}\sin u=0$,故

$$\lim\limits_{x\to 1}\sin(\ln x)=0.$$

有些题目用极限的四则运算法则及变形也不易求出,例如 $\lim\limits_{x\to 0}\dfrac{\tan x}{x}$, $\lim\limits_{x\to\infty}\left(1-\dfrac{1}{x}\right)^{3x+2}$.这样的题目很多,可以归为两类极限,为了学习这两类重要极限,需要先学习两个准则.

练习 1.4

1. 下列函数在什么情况下为无穷小? 在什么情况下为无穷大?

（1）$\dfrac{x+2}{x-1}$;　（2）$\ln x$;　（3）$\dfrac{x+1}{x^{2}}$.

2. 下列运算正确吗? 为什么?

（1）$\lim\limits_{x\to 0}\left(x\cos\dfrac{1}{x}\right)=\lim\limits_{x\to 0}x\cdot\lim\limits_{x\to 0}\cos\dfrac{1}{x}=0\cdot\lim\limits_{x\to 0}\cos\dfrac{1}{x}=0$;

（2）$\lim\limits_{x\to 1}\dfrac{x^{2}}{1-x}=\dfrac{\lim\limits_{x\to 1}x^{2}}{\lim\limits_{x\to 1}(1-x)}=\infty$.

3. 求下列函数的极限.

（1）$\lim\limits_{x\to 0}x^{2}\sin\dfrac{1}{x}$;　（2）$\lim\limits_{x\to\infty}\dfrac{\arctan x}{x}$;　（3）$\lim\limits_{n\to\infty}\dfrac{\cos n^{2}}{n}$.

4. 求下列极限.

（1）$\lim\limits_{x\to 0}\dfrac{x}{\sqrt{x+4}-2}$;

（2）$\lim\limits_{x\to 0}\dfrac{\sqrt{x+9}-3}{x}$;

（3）$\lim\limits_{x\to 2}\dfrac{x^{2}-4x+4}{x-1}$;

（4）$\lim\limits_{x\to\infty}\dfrac{2x^{3}+x^{2}}{3x^{3}+x}$;

（5）$\lim\limits_{x\to +\infty}\dfrac{2^{x}+2^{-x}}{2^{x}-2^{-x}}$;

（6）$\lim\limits_{x\to\infty}\dfrac{(x-1)^{3}+(1-3x)}{x^{2}+2x^{3}}$;

（7）$\lim\limits_{x\to 4}\dfrac{\sqrt{1+2x}-3}{\sqrt{x}-2}$;

（8）$\lim\limits_{x\to\infty}\left(1+\dfrac{1}{x}\right)\left(2-\dfrac{1}{x}\right)$;

（9）$\lim\limits_{x\to 1}\left(\dfrac{1}{x-1}-\dfrac{2}{x^{2}-1}\right)$;

（10）$\lim\limits_{n\to\infty}\dfrac{1+\dfrac{1}{3}+\dfrac{1}{9}+\cdots+\dfrac{1}{3^{n}}}{1+\dfrac{1}{2}+\dfrac{1}{4}+\cdots+\dfrac{1}{2^{n}}}$;

(11) $\lim\limits_{n\to\infty}\left(\dfrac{1+2+3+\cdots+n}{n+2}-\dfrac{n}{2}\right)$；　(12) $\lim\limits_{x\to1}\ln\left[\dfrac{x^2-1}{2(x-1)}\right]$.

1.5　极限的存在准则与两个重要极限

预备知识：二项式定理 $(a+b)^n=a^n+\mathrm{C}_n^1a^{n-1}b^1+\mathrm{C}_n^2a^{n-2}b^2+\cdots+\mathrm{C}_n^ra^{n-r}b^r+\cdots+b^n$；$\mathrm{C}_n^2=\dfrac{n(n-1)}{2\times1}=\dfrac{n(n-1)}{2!}$；$3!=3\times2\times1>2^2,4!=4\times3\times2\times1>2^3$；单位圆中的正弦线、余弦线、正切线；$1-\cos x=2\sin^2\dfrac{x}{2}$；

扇形面积公式 $S=\dfrac{1}{2}r^2\theta$；$\sec x=\dfrac{1}{\cos x}$.

1.5.1　极限存在准则

定理 1.14（两边夹准则）　　如果对于 x_0 的某一去心邻域内的一切 x，都有 $g(x)\leqslant f(x)\leqslant h(x)$，且 $\lim\limits_{x\to x_0}g(x)=A,\lim\limits_{x\to x_0}h(x)=A$，则 $\lim\limits_{x\to x_0}f(x)=A$.

*证明：因为 $\lim\limits_{x\to x_0}g(x)=A,\lim\limits_{x\to x_0}h(x)=A$，所以对于任意给定的正数 ε，

$\exists\delta_1$，当 $0<|x-x_0|<\delta_1$ 时，有 $|g(x)-A|<\varepsilon$ 成立；

$\exists\delta_2$，当 $0<|x-x_0|<\delta_2$ 时，有 $|h(x)-A|<\varepsilon$ 成立.

取 $\delta=\min\{\delta_1,\delta_2\}$，则当 $0<|x-x_0|<\delta$ 时，同时有：

$$|g(x)-A|<\varepsilon \text{ 和 } |h(x)-A|<\varepsilon$$

成立，即

$$A-\varepsilon<g(x)<A+\varepsilon \quad 且 \quad A-\varepsilon<h(x)<A+\varepsilon,$$

所以，当 $0<|x-x_0|<\delta$ 时，有

$$A-\varepsilon<g(x)\leqslant f(x)\leqslant h(x)<A+\varepsilon,$$

从而 $|f(x)-A|<\varepsilon$ 成立，故

$$\lim\limits_{x\to x_0}f(x)=A.$$

定理 1.14 虽然只对 $x\to x_0$ 的情形作了叙述和证明，但是将 $x\to x_0$ 换成其他的极限过程，定理仍成立.

例 1.5.1

【例 1.5.1】　求 $\lim\limits_{n\to+\infty}n\left(\dfrac{1}{n^2+1}+\dfrac{1}{n^2+2}+\cdots+\dfrac{1}{n^2+n}\right)$.

分析：此题不易直接计算，可用两边夹准则.对于分式，分母小的反而大.

解：因为

$$n\left(\dfrac{1}{n^2+n}+\dfrac{1}{n^2+n}+\cdots+\dfrac{1}{n^2+n}\right)\leqslant n\left(\dfrac{1}{n^2+1}+\dfrac{1}{n^2+2}+\cdots+\dfrac{1}{n^2+n}\right)$$

$$\leqslant n\left(\dfrac{1}{n^2+1}+\dfrac{1}{n^2+1}+\cdots+\dfrac{1}{n^2+1}\right)$$

所以　　　$n \cdot \dfrac{n}{n^2+n} \leqslant n\left(\dfrac{1}{n^2+1}+\dfrac{1}{n^2+2}+\cdots+\dfrac{1}{n^2+n}\right) \leqslant n \cdot \dfrac{n}{n^2+1},$

又因　　　　　　$\lim\limits_{n \to +\infty} \dfrac{n^2}{n^2+n}=1, \lim\limits_{n \to +\infty} \dfrac{n^2}{n^2+1}=1,$

由两边夹准则得

$$\lim_{n \to +\infty} n\left(\frac{1}{n^2+1}+\frac{1}{n^2+2}+\cdots+\frac{1}{n^2+n}\right)=1.$$

收敛数列一定有界,但有界数列不一定收敛,如$\{(-1)^n\}$.如果数列有界再加上单调增加或者单调减少的条件,就可以保证其收敛.

定理 1.15(收敛准则)　单调有界数列必有极限.

收敛准则的几何解释如图 1-31 所示,单调增加数列的点只可能向右边一个方向移动,或者无限向右移动,或者无限趋近于某一定点 A;而对于有界数列,只可能是后者发生.

【例 1.5.2】　证明:数列$\left\{\left(1+\dfrac{1}{n}\right)^n\right\}$收敛.

分析:只需证明$\left\{\left(1+\dfrac{1}{n}\right)^n\right\}$单调增加且有界.用二项式定理展开.

例 1.5.2

证明:由二项式定理可得

$$x_n =\left(1+\frac{1}{n}\right)^n$$

$$=1+\frac{n}{1!} \cdot \frac{1}{n}+\frac{n(n-1)}{2!} \cdot \frac{1}{n^2}+\frac{n(n-1)(n-2)}{3!} \cdot \frac{1}{n^3}+\cdots+$$

$$\frac{n(n-1) \cdot \cdots \cdot (n-n+1)}{n!} \cdot \frac{1}{n^n}$$

$$=1+1+\frac{1}{2!}\left(1-\frac{1}{n}\right)+\frac{1}{3!}\left(1-\frac{1}{n}\right)\left(1-\frac{2}{n}\right)+\cdots+$$

$$\frac{1}{n!}\left(1-\frac{1}{n}\right)\left(1-\frac{2}{n}\right)\cdots\left(1-\frac{n-1}{n}\right),$$

类似地,

$$x_{n+1}=1+1+\frac{1}{2!}\left(1-\frac{1}{n+1}\right)+\frac{1}{3!}\left(1-\frac{1}{n+1}\right)\left(1-\frac{2}{n+1}\right)+\cdots+$$

$$\frac{1}{n!}\left(1-\frac{1}{n+1}\right)\left(1-\frac{2}{n+1}\right)\cdots\left(1-\frac{n-1}{n+1}\right)+$$

$$\frac{1}{(n+1)!}\left(1-\frac{1}{n+1}\right)\left(1-\frac{2}{n+1}\right)\cdots\left(1-\frac{n}{n+1}\right).$$

比较 x_n, x_{n+1} 的展开式,可以看出除前两项外,x_n 的每一项都小于 x_{n+1} 的对应项,并且 x_{n+1} 还多了最后一项,其值大于 0,因此

$$x_n < x_{n+1}.$$

这就说明数列 $\{x_n\}$ 是单调增加的.

这个数列同时还是有界的. 因为 x_n 的展开式中各项括号内的数用较大的数 1 代替, 得

$$x_n \leqslant 1+1+\frac{1}{2!}+\frac{1}{3!}+\cdots+\frac{1}{n!} \leqslant 1+1+\frac{1}{2}+\frac{1}{2^2}+\cdots+\frac{1}{2^{n-1}}$$

$$=1+\frac{1-\frac{1}{2^n}}{1-\frac{1}{2}}=3-\frac{1}{2^{n-1}}<3,$$

由定理 1.15 可知 $\left\{\left(1+\dfrac{1}{n}\right)^n\right\}$ 收敛.

那么, 该数列的极限是多少呢? 请看下表:

表 1-1

n	$(1+1/n)^n$
1	2
3	2.37037037
5	2.48832
10	2.59374246
100	2.704813829
1000	2.716923932
10000	2.718145927
100000	2.718268237
−10	2.867971991
−100	2.731999026
−1000	2.719642216
−10000	2.718417755
−100000	2.71829542

从表 1-1 可以看到: 当 $n \to \infty$ 时, $\left(1+\dfrac{1}{n}\right)^n$ 的值无限接近于常数

$e = 2.718281828459045\cdots$, 即 $\lim\limits_{n \to \infty}\left(1+\dfrac{1}{n}\right)^n = e$.

1.5.2　两个重要极限

利用极限存在准则, 可得两个非常重要的极限.

（1）$\lim\limits_{x \to 0}\dfrac{\sin x}{x} = 1$.

证明: 这里不妨设 $x \in \left(0, \dfrac{\pi}{2}\right)$. 如图 1-32 所示, 其中, $\overset{\frown}{EAB}$ 为单位圆弧,

$$OA = OB = 1, \angle AOB = x,$$

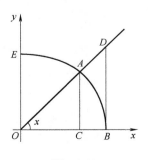

图　1-32

则 $OC=\cos x, AC=\sin x, DB=\tan x$，又 $S_{\triangle AOC}<S_{扇形OAB}<S_{\triangle DOB}$，

即
$$\frac{1}{2}\cos x\sin x<\frac{1}{2}\cdot 1^2\cdot x<\frac{1}{2}\cdot 1\cdot \tan x.$$

有
$$\cos x\sin x<x<\tan x$$

因为 $x\in\left(0,\dfrac{\pi}{2}\right)$，则 $\cos x>0, \sin x>0$，上式两边同除于 $\sin x$，可得

$$\cos x<\frac{x}{\sin x}<\frac{1}{\cos x}$$

有
$$\frac{1}{\cos x}>\frac{\sin x}{x}>\cos x$$

由
$$\lim_{x\to 0}\cos x=1, \lim_{x\to 0}\frac{1}{\cos x}=1,$$

运用两边夹准则得

$$\lim_{x\to 0}\frac{\sin x}{x}=1.$$

如果 $x<0$，令 $t=-x$，$\displaystyle\lim_{x\to 0}\frac{\sin x}{x}=\lim_{x\to 0}\frac{\sin(-x)}{-x}=\lim_{t\to 0}\frac{\sin t}{t}=1$ 也成立. 如果这里 x 不是自变量，而是函数，上式仍然成立.

$$\lim_{u\to 0}\frac{\sin u}{u}=1,\ \text{或}\ \lim_{\varphi(x)\to 0}\frac{\sin\varphi(x)}{\varphi(x)}=1$$

比如 $\displaystyle\lim_{2x\to 0}\frac{\sin 2x}{2x}=1$.

【例 1.5.3】　求 $\displaystyle\lim_{x\to 0}\frac{\tan x}{x}$.

分析：把 $\tan x$ 转化为 $\dfrac{\sin x}{\cos x}$，利用第一个重要极限可求得.

解：$\displaystyle\lim_{x\to 0}\frac{\tan x}{x}=\lim_{x\to 0}\frac{\sin x}{x}\cdot\frac{1}{\cos x}=\lim_{x\to 0}\frac{\sin x}{x}\cdot\lim_{x\to 0}\frac{1}{\cos x}=1.$

【例 1.5.4】　求 $\displaystyle\lim_{x\to 0}\frac{\sin 2x}{x}$.

分析：把 $2x$ 当成一个整体.

解：
$$\lim_{x\to 0}\frac{\sin 2x}{x}=\lim_{x\to 0}\frac{\sin 2x}{2x}\cdot 2=1\times 2=2.$$

【例 1.5.5】　求 $\displaystyle\lim_{x\to 0}\frac{1-\cos x}{x^2}$.

分析：利用 $1-\cos x=2\sin^2\dfrac{x}{2}$，化为第一个重要极限.

解：$\displaystyle\lim_{x\to 0}\frac{1-\cos x}{x^2}=\lim_{x\to 0}\frac{2\sin^2\dfrac{x}{2}}{x^2}=\frac{1}{2}\lim_{x\to 0}\frac{\sin^2\dfrac{x}{2}}{\left(\dfrac{x}{2}\right)^2}=\frac{1}{2}\lim_{x\to 0}\left(\frac{\sin\dfrac{x}{2}}{\dfrac{x}{2}}\right)^2$

$$= \frac{1}{2} \left(\lim_{x \to 0} \frac{\sin \frac{x}{2}}{\frac{x}{2}} \right)^2 = \frac{1}{2} \cdot 1^2 = \frac{1}{2}.$$

【例 1.5.6】　求 $\lim\limits_{n \to \infty} n \cdot \sin \frac{1}{n}$.

分析:当 $n \to \infty$ 时,有 $\frac{1}{n} \to 0$,化成第一个重要极限.

解:
$$\lim_{n \to \infty} n \cdot \sin \frac{1}{n} = \lim_{n \to \infty} \frac{\sin \frac{1}{n}}{\frac{1}{n}} = 1.$$

(2) $\lim\limits_{x \to \infty} \left(1 + \frac{1}{x} \right)^x = e.$

证明:因为对于任意正实数 x,有 $n \leqslant x < n+1$,所以
$$\left(1 + \frac{1}{n+1} \right)^n < \left(1 + \frac{1}{x} \right)^x < \left(1 + \frac{1}{n} \right)^{n+1}$$

又因为
$$\lim_{n \to \infty} \left(1 + \frac{1}{n+1} \right)^n = \lim_{n \to \infty} \frac{\left(1 + \frac{1}{n+1} \right)^{n+1}}{1 + \frac{1}{n+1}} = \frac{e}{1} = e$$

$$\lim_{n \to \infty} \left(1 + \frac{1}{n} \right)^{n+1} = \lim_{n \to \infty} \left[\left(1 + \frac{1}{n} \right)^n \left(1 + \frac{1}{n} \right) \right] = e \cdot 1 = e$$

所以,根据两边夹准则可得
$$\lim_{x \to +\infty} \left(1 + \frac{1}{x} \right)^x = e.$$

再由代换法可证 $\lim\limits_{x \to -\infty} \left(1 + \frac{1}{x} \right)^x = e$(可参看其他书目),因此得到公式:
$$\lim_{x \to \infty} \left(1 + \frac{1}{x} \right)^x = e.$$

令 $t = \frac{1}{x}$,则当 $x \to \infty$ 时,$t \to 0$,这时上式变为
$$\lim_{t \to 0} (1 + t)^{\frac{1}{t}} = e.$$

如果 t 或 x 换成函数,上面两式也成立.
$$\lim_{u(x) \to \infty} \left[1 + \frac{1}{u(x)} \right]^{u(x)} = e, \quad \lim_{v(x) \to 0} \left[1 + v(x) \right]^{\frac{1}{v(x)}} = e.$$

上述两式均为 1^∞ 型.

【例 1.5.7】　求 $\lim\limits_{x \to \infty} \left(1 - \frac{1}{x} \right)^x$.

分析:可转化为第二个重要极限标准形式或利用其变形的

形式.

解 1：令 $t=-x$，当 $x\to\infty$ 时，$t\to\infty$，则

$$\lim_{x\to\infty}\left(1-\frac{1}{x}\right)^{x}=\lim_{t\to\infty}\left(1+\frac{1}{t}\right)^{-t}=\lim_{t\to\infty}\frac{1}{\left(1+\dfrac{1}{t}\right)^{t}}=\frac{1}{e}.$$

解 2：$\lim_{x\to\infty}\left(1-\dfrac{1}{x}\right)^{x}=\lim_{x\to\infty}\left(1+\dfrac{1}{-x}\right)^{-x(-1)}=\left[\lim_{x\to\infty}\left(1+\dfrac{1}{-x}\right)^{-x}\right]^{-1}=e^{-1}.$

【例 1.5.8】　求 $\lim_{x\to\infty}\left(1-\dfrac{1}{x}\right)^{3x+2}$.

分析：可转化为第二个重要极限的标准形式或利用其变形的形式.

解 1：令 $-x=t$，则当 $x\to\infty$ 时，有 $t\to\infty$，所以

$$\lim_{x\to\infty}\left(1-\frac{1}{x}\right)^{3x+2}=\lim_{t\to\infty}\left(1+\frac{1}{t}\right)^{-3t+2}$$

$$=\lim_{t\to\infty}\left(1+\frac{1}{t}\right)^{2}\cdot\lim_{t\to\infty}\left[\left(1+\frac{1}{t}\right)^{t}\right]^{-3}=1^{2}\cdot e^{-3}=e^{-3}$$

解 2：$\lim_{x\to\infty}\left(1-\dfrac{1}{x}\right)^{3x+2}=\lim_{-x\to\infty}\left[\left(1+\dfrac{1}{-x}\right)^{-x}\right]^{-3}\left(1+\dfrac{1}{-x}\right)^{2}=e^{-3}\cdot 1=e^{-3}.$

【例 1.5.9】　求 $\lim_{x\to\infty}\left(\dfrac{3+x}{2+x}\right)^{2x}$.

分析：对底数 $\dfrac{3+x}{2+x}$ 和指数进行变形，化为标准形式.

解：$\lim_{x\to\infty}\left(\dfrac{3+x}{2+x}\right)^{2x}=\lim_{x\to\infty}\left(1+\dfrac{1}{2+x}\right)^{2x}=\lim_{x\to\infty}\left(1+\dfrac{1}{2+x}\right)^{(2+x)\cdot 2}\cdot\left(1+\dfrac{1}{2+x}\right)^{-4}$

$$=\lim_{x\to\infty}\left[\left(1+\frac{1}{2+x}\right)^{2+x}\right]^{2}\cdot\left(1+\frac{1}{2+x}\right)^{-4}=e^{2}\cdot 1^{-4}=e^{2}$$

有些极限，如 $\lim_{x\to 0}\dfrac{\sqrt{1+\tan x}-\sqrt{1-\tan x}}{\sqrt{1+2x}-1}$，利用以前所学的知识不易计算，需要使用一些技巧以简化计算，后面我们将学习这样的技巧.

练习 1.5

1. 求下列函数的极限.

（1）$\lim_{x\to\infty}\dfrac{\sin 2x}{x}$；　　　　　　　（2）$\lim_{x\to\infty}\dfrac{\cos x}{x}$；

（3）$\lim_{x\to 0}\dfrac{\tan 5x}{\sin 3x}$；　　　　　　　（4）$\lim_{x\to\infty}\dfrac{x-\sin x}{x+\sin x}$；

（5）$\lim_{x\to 0}\dfrac{\sin 2x}{\sin 3x}$；　　　　　　　（6）$\lim_{x\to\infty}\dfrac{1-\cos 2x}{x\sin x}$；

（7）$\lim\limits_{x\to\pi}\dfrac{\sin x}{\pi-x}$;

（8）$\lim\limits_{x\to0^+}\dfrac{x}{\sqrt{1-\cos x}}$;

（9）$\lim\limits_{x\to1}\dfrac{\sin(x-1)}{x^2-1}$;

（10）$\lim\limits_{x\to0}\dfrac{\sin4x}{\sqrt{x+1}-1}$.

2. 求下列函数的极限.

（1）$\lim\limits_{x\to0}(1+3x)^{\frac{2}{x}}$;

（2）$\lim\limits_{x\to0}(1-2x)^{\frac{1}{x}}$;

（3）$\lim\limits_{x\to0}\left(\dfrac{2+x}{x}\right)^x$;

（4）$\lim\limits_{x\to\infty}\left(\dfrac{x}{1+x}\right)^{x-3}$;

（5）$\lim\limits_{x\to\frac{\pi}{2}}(1+\cos x)^{3\sec x}$;

（6）$\lim\limits_{x\to0}(1+2\tan x)^{\cot x}$;

（7）$\lim\limits_{x\to\infty}\left(\dfrac{2x+1}{2x-1}\right)^x$.

3. 求$\lim\limits_{n\to0}\left[\dfrac{1}{n^2}+\dfrac{1}{(n+1)^2}+\cdots+\dfrac{1}{(n+n)^2}\right]$.

1.6   无穷小的比较

预备知识: $a^n-b^n=(a-b)(a^{n-1}+a^{n-2}b+\cdots+b^{n-1})$; 若$\arcsin x=t$, 则 $x=\sin t$; 两个重要极限.

两个无穷小的和、差、积是无穷小, 但它们的商的情况却不同. 如$x,3x,x^2$都是当$x\to0$时的无穷小, 而它们趋向于0的速度却不相同, 如何比较呢? 可以看出

$$\lim_{x\to0}\frac{x^2}{3x}=0, \lim_{x\to0}\frac{3x}{x^2}=\infty, \lim_{x\to0}\frac{3x}{x}=3$$

两个无穷小之比的极限的各种不同情况, 反映了不同的无穷小趋于零的"快慢"程度. 为了比较无穷小, 我们引入无穷小"阶的比较"的概念.

定义 1.10 设$\alpha(x),\beta(x)$是同一极限过程中的两个无穷小: $\lim\alpha(x)=0,\lim\beta(x)=0$.

（1）如果$\lim\dfrac{\beta(x)}{\alpha(x)}=0$, 则称$\beta(x)$是比$\alpha(x)$**高阶**的无穷小, 记作$\beta=o(\alpha)$;

（2）如果$\lim\dfrac{\beta(x)}{\alpha(x)}=\infty$, 则称$\beta(x)$是比$\alpha(x)$**低阶**的无穷小;

（3）如果$\lim\dfrac{\beta(x)}{\alpha(x)}=C, C\neq0$, 则称$\alpha(x)$与$\beta(x)$为**同阶无穷小**.

特别地, 当常数$C=1$时, 称$\alpha(x)$与$\beta(x)$为**等价无穷小**, 记作

$\alpha(x) \sim \beta(x)$. 例如, 因为 $\lim\limits_{x \to 0} \dfrac{x^2}{3x} = 0$, 所以 $x^2 = o(3x)\,(x \to 0)$; 因为

$\lim\limits_{x \to 0} \dfrac{\sin x}{x} = 1$, 所以 $\sin x \sim x\,(x \to 0)$.

【例 1.6.1】　当 $x \to 1$ 时, 将 $x^2 - 3x + 2$ 与 $x - 1$ 进行比较.

分析: 当 $x \to 1$ 时, $x^2 - 3x + 2$ 与 $x - 1$ 都是无穷小, 按照定义进行比较.

解: 因为 $\quad \lim\limits_{x \to 1}(x^2 - 3x + 2) = 0, \lim\limits_{x \to 1}(x - 1) = 0,$

$$\lim\limits_{x \to 1} \dfrac{x^2 - 3x + 2}{x - 1} = \lim\limits_{x \to 1} \dfrac{(x-1)(x-2)}{x-1} = -1.$$

所以, $x^2 - 3x + 2$ 是和 $x - 1$ 同阶的无穷小.

等价无穷小在极限计算中有重要作用, 可以简化某些极限的计算, 有下面的定理.

定理 1.16　设 $\alpha \sim \alpha', \beta \sim \beta'$, 若 $\lim \dfrac{\alpha}{\beta}$ 存在, 则

$$\lim \dfrac{\alpha'}{\beta'} = \lim \dfrac{\alpha}{\beta}.$$

证明: 因为 $\alpha \sim \alpha', \beta \sim \beta'$, 则 $\lim \dfrac{\alpha'}{\alpha} = 1, \lim \dfrac{\beta'}{\beta} = 1$, 又因为 $\lim \dfrac{\alpha}{\beta}$ 存在,

所以

$$\lim \dfrac{\alpha'}{\beta'} = \lim \dfrac{\alpha'}{\alpha} \cdot \dfrac{\alpha}{\beta} \cdot \dfrac{\beta}{\beta'} = \lim \dfrac{\alpha'}{\alpha} \lim \dfrac{\alpha}{\beta} \lim \dfrac{\beta}{\beta'} = \lim \dfrac{\alpha}{\beta}.$$

上述定理表明, 在求极限的乘除运算中, 无穷小因子可用其等价无穷小量替换.

【例 1.6.2】　证明: 当 $x \to 0$ 时

（1）$\arcsin x \sim x$; 　　（2）$1 - \cos x \sim \dfrac{1}{2}x^2$;

（3）$e^x - 1 \sim x$; 　　（4）$\sqrt[n]{1+x} - 1 \sim \dfrac{1}{n}x$.

例 1.6.2

分析: 利用定义证明等价关系, 即证比值的极限为 1.

解:（1）令 $\arcsin x = t$, 则 $x = \sin t$. 当 $x \to 0$ 时, $t \to 0$, 有

$$\lim\limits_{x \to 0} \dfrac{\arcsin x}{x} = \lim\limits_{t \to 0} \dfrac{t}{\sin t} = 1$$

所以, 当 $x \to 0$ 时

$$\arcsin x \sim x$$

同理可证 $\quad\quad\quad\quad\quad\quad \arctan x \sim x$

（2）$\quad\quad \lim\limits_{x \to 0} \dfrac{1 - \cos x}{\dfrac{1}{2}x^2} = \lim\limits_{x \to 0} \dfrac{2\sin^2 \dfrac{x}{2}}{\dfrac{1}{2}x^2} = \lim\limits_{x \to 0}\left(\dfrac{\sin \dfrac{x}{2}}{\dfrac{x}{2}}\right)^2 = 1.$

所以, 当 $x \to 0$ 时,

$$1 - \cos x \sim \frac{1}{2} x^2.$$

(3) 令 $y = e^x - 1$, 则 $x = \ln(1+y)$, 且 $x \to 0$ 时, $y \to 0$,

$$\lim_{x \to 0} \frac{e^x - 1}{x} = \lim_{y \to 0} \frac{y}{\ln(1+y)} = \lim_{y \to 0} \frac{1}{\frac{1}{y} \ln(1+y)}$$

$$= \lim_{y \to 0} \frac{1}{\ln(1+y)^{\frac{1}{y}}} = \frac{1}{\ln e} = 1.$$

所以, 当 $x \to 0$ 时, $e^x - 1 \sim x$. 同时, 从上述步骤里可得 $\ln(1+y) \sim y$, 变换字母, 也有 $\ln(1+x) \sim x$.

(4) $\displaystyle \lim_{x \to 0} \frac{\sqrt[n]{1+x} - 1}{\frac{1}{n} x} = \lim_{x \to 0} \frac{(\sqrt[n]{1+x})^n - 1}{\frac{1}{n} x \left[(\sqrt[n]{1+x})^{n-1} + (\sqrt[n]{1+x})^{n-2} + \cdots + 1 \right]}$

$$= \lim_{x \to 0} \frac{x}{\frac{1}{n} x \left[(\sqrt[n]{1+x})^{n-1} + (\sqrt[n]{1+x})^{n-2} + \cdots + 1 \right]}$$

$$= \frac{1}{\frac{1}{n}(1 + 1 + \cdots + 1)} = \frac{1}{\frac{1}{n} \cdot n} = 1.$$

所以, 当 $x \to 0$ 时, $\sqrt[n]{1+x} - 1 \sim \frac{1}{n} x$.

常用的等价无穷小量有下列几种:

当 $x \to 0$ 时, $\sin x \sim x$, $\tan x \sim x$, $\arcsin x \sim x$, $\arctan x \sim x$, $1 - \cos x \sim \frac{1}{2} x^2$,

$e^x - 1 \sim x$, $\ln(1+x) \sim x$, $\sqrt[n]{1+x} - 1 \sim \frac{1}{n} x$, $(1+x)^\alpha - 1 \sim \alpha x \, (\alpha \in \mathbf{R})$.

【例 1.6.3】 求 $\displaystyle \lim_{x \to 0} \frac{\sin 3x}{\tan 5x}$.

分析: 利用 $\sin x \sim x$, $\tan x \sim x$, 可得 $\sin 2x \sim 2x$, $\tan 5x \sim 5x$.

解: 当 $x \to 0$ 时, $\sin 3x \sim 3x$, $\tan 5x \sim 5x$,

故 $\displaystyle \lim_{x \to 0} \frac{\sin 3x}{\tan 5x} = \lim_{x \to 0} \frac{3x}{5x} = \frac{3}{5}$.

【例 1.6.4】 求 $\displaystyle \lim_{x \to 0} \frac{\tan x - \sin x}{x^3}$.

分析: 如果直接将分子中的 $\tan x$, $\sin x$ 替换为 x, 则

$$\lim_{x \to 0} \frac{\tan x - \sin x}{x^3} = \lim_{x \to 0} \frac{x - x}{x^3} = \lim_{x \to 0} \frac{0}{x^3} = 0,$$

这个结果是错误的. 替换时分子或分母应该是一个整体.

解: $\displaystyle \lim_{x \to 0} \frac{\tan x - \sin x}{x^3} = \lim_{x \to 0} \frac{\sin x (1 - \cos x)}{x^3 \cos x}$

$$= \lim_{x \to 0} \frac{x \cdot \dfrac{1}{2} x^2}{x^3 \cos x} = \lim_{x \to 0} \frac{1}{2 \cos x} = \frac{1}{2}.$$

【例 1.6.5】　求 $\lim\limits_{x \to \infty} x^2 \ln\left(1 + \dfrac{2}{x^2}\right)$.

分析:根据当 $x \to 0$ 时,$\ln(1+x) \sim x$,进行替换.

解:当 $x \to \infty$ 时,$\ln\left(1 + \dfrac{2}{x^2}\right) \sim \dfrac{2}{x^2}$,

故

$$\lim_{x \to \infty} x^2 \ln\left(1 + \frac{2}{x^2}\right) = \lim_{x \to \infty}\left(x^2 \cdot \frac{2}{x^2}\right) = 2.$$

【例 1.6.6】　求 $\lim\limits_{x \to 0} \dfrac{(1+x^2)^{1/3} - 1}{\cos x - 1}$.

分析:根据当 $x \to 0$ 时,$(1+x)^\alpha - 1 \sim \alpha x$,$1 - \cos x \sim \dfrac{1}{2} x^2$ 进行替换.

解:当 $x \to 0$ 时,$(1+x^2)^{\frac{1}{3}} - 1 \sim \dfrac{1}{3} x^2$,

故

$$\lim_{x \to 0} \frac{(1+x^2)^{\frac{1}{3}} - 1}{\cos x - 1} = \lim_{x \to 0} \frac{\dfrac{1}{3} x^2}{-\dfrac{1}{2} x^2} = -\frac{2}{3}.$$

【例 1.6.7】　求 $\lim\limits_{x \to 0} \dfrac{\sqrt{1+\tan x} - \sqrt{1-\tan x}}{\sqrt{1+2x} - 1}$.

分析:分子进行有理化,分母可无穷小替换.

解:当 $x \to 0$ 时,$\sqrt{1+2x} - 1 \sim \dfrac{1}{2} \cdot 2x = x$,$\tan x \sim x$,所以

$$\lim_{x \to 0} \frac{\sqrt{1+\tan x} - \sqrt{1-\tan x}}{\sqrt{1+2x} - 1} = \lim_{x \to 0} \frac{(\sqrt{1+\tan x} - \sqrt{1-\tan x})(\sqrt{1+\tan x} + \sqrt{1-\tan x})}{(\sqrt{1+2x} - 1)(\sqrt{1+\tan x} + \sqrt{1-\tan x})}$$

$$= \lim_{x \to 0} \frac{2\tan x}{x(\sqrt{1+\tan x} + \sqrt{1-\tan x})}$$

$$= \lim_{x \to 0} \frac{2x}{x(\sqrt{1+\tan x} + \sqrt{1-\tan x})}$$

$$= \lim_{x \to 0} \frac{2}{\sqrt{1+\tan x} + \sqrt{1-\tan x}} = 1$$

除了极限这个重要概念之外,微积分中的许多定理要用到"连续函数",那么什么样的函数才是连续的? 极限与连续有什么关系呢?

练习 1.6

1.当 $x \to 0$ 时,$2x - x^2$ 与 $x^2 - x^3$ 相比,哪个是高阶无穷小?

2.当 $x \to 1$ 时,无穷小 $1-x$ 与 $(1)\dfrac{1}{2}(1-x^2)$,$(2)\,1-x^3$ 是否同阶?是否等价?

3.求下列极限.

$(1)\ \lim\limits_{x \to 0}\dfrac{\tan 2x}{3x}$; $\qquad$ $(2)\ \lim\limits_{x \to 0}\dfrac{\arctan 3x}{\sin 2x}$;

$(3)\ \lim\limits_{x \to 0}\dfrac{\ln(1+x)}{\arcsin x}$; $\qquad$ $(4)\ \lim\limits_{x \to 0}\dfrac{1-\cos 4x}{x\sin x}$;

$(5)\ \lim\limits_{x \to 0}\dfrac{\dfrac{x}{\sqrt{1-x^2}}}{\ln(1-x)}$; $\qquad$ $(6)\ \lim\limits_{x \to 0}\dfrac{\sqrt[3]{1+x}-1}{\sqrt{1+x}-1}$.

1.7　函数的连续与间断

预备知识:分段函数;极限的定义;$\dfrac{\ln(1+x)}{x}=\ln(1+x)^{\frac{1}{x}}$;$y=\ln x$ 是单调递增函数.

1.7.1　函数连续的概念

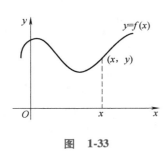

图　1-33

自然界中许多变量都是连续变化的,如气温的变化,植物的生长,放射性物质存量的减少等,这些现象反映到数学上就是函数的连续性.从直观上看,连续函数的图像是连续不断的.如果函数在某点连续,则该函数在该点的极限值和函数值相等(见图1-33).

定义 1.11　设函数 $f(x)$ 在点 x_0 的某个邻域内有定义,如果
$$\lim_{x \to x_0}f(x)=f(x_0),$$
则称函数 $y=f(x)$ 在点 x_0 处连续.

设函数 $y=f(x)$ 在点 x_0 的某个邻域内有定义,当自变量从 x_0 变到 x,相应的函数值从 $f(x_0)$ 变到 $f(x)$,则称 $x-x_0$ 为**自变量的改变量**(或增量),记作 $\Delta x=x-x_0$(它可正可负),称 $f(x)-f(x_0)$ 为函数的**改变量**(或增量),记作 Δy,即
$$\Delta y=f(x)-f(x_0)\ 或\ \Delta y=f(x_0+\Delta x)-f(x_0).$$

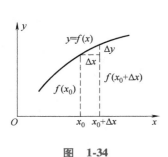

图　1-34

几何上,函数的改变量表示当自变量从 x_0 变到 $x_0+\Delta x$ 时,曲线上相应点的纵坐标的改变量(见图1-34).改变量可能为正,可能为负,还可能为零.

由连续的定义1.11,　　　　　$\lim\limits_{x \to x_0}f(x)=f(x_0)$.

可得　　$\lim\limits_{\Delta x \to 0}\Delta y=\lim\limits_{\Delta x \to 0}[f(x+\Delta x)-f(x_0)]=\lim\limits_{x \to x_0}[f(x)-f(x_0)]$

$\qquad\qquad =\lim\limits_{x \to x_0}f(x)-f(x_0)=0$

所以得到连续的另一个定义:

定义 1.11′　设函数 $f(x)$ 在点 x_0 的某个邻域内有定义,如果
$$\lim_{\Delta x \to 0} \Delta y = 0,$$
则称函数 $y = f(x)$ 在点 x_0 处连续, x_0 称为函数 $f(x)$ 的**连续点**.

【例 1.7.1】　证明:函数 $f(x) = 3x^2 - 1$ 在 $x = 2$ 处连续.

分析:可利用函数在某点的极限值等于函数值证明连续.

证明:因为
$$\lim_{x \to 2} f(x) = \lim_{x \to 2} (3x^2 - 1) = 11,$$
且
$$f(2) = 3 \times 4 - 1 = 11,$$
故函数 $f(x) = 3x^2 - 1$ 在 $x = 2$ 处连续.

有时需要考虑函数在某点 x_0 一侧的连续性,由此引入左、右连续的概念.

定义 1.12　如果 $\lim\limits_{x \to x_0^-} f(x) = f(x_0)$,则称函数 $f(x)$ 在点 x_0 处**左连续**;如果 $\lim\limits_{x \to x_0^+} f(x) = f(x_0)$,则称函数 $f(x)$ 在点 x_0 处**右连续**.

由函数的极限与其左、右极限的关系,容易得到函数的连续性与其左、右连续性的关系.

定理 1.17　函数 $f(x)$ 在点 x_0 连续 $\Leftrightarrow f(x)$ 在点 x_0 左连续且右连续.

【例 1.7.2】　证明函数
$$f(x) = \begin{cases} x\sin\dfrac{1}{x}, & x > 0, \\ 0, & x \leqslant 0. \end{cases}$$

在点 $x = 0$ 处连续.

分析:函数在分段点连续,需要满足其在该点左、右都连续.

证明:因为
$$\lim_{x \to 0^-} f(x) = \lim_{x \to 0^-} 0 = 0, \lim_{x \to 0^+} f(x) = \lim_{x \to 0^+} x\sin\frac{1}{x} = 0$$
且
$$f(0) = 0,$$
即有
$$\lim_{x \to 0} f(x) = f(0) = 0$$
所以, $f(x)$ 在点 $x = 0$ 处连续.

【例 1.7.3】　设函数
$$f(x) = \begin{cases} x^2 + 3, x \geqslant 0, \\ a - x, x < 0. \end{cases}$$

a 为何值时,函数 $y = f(x)$ 在点 $x = 0$ 处连续?

分析:函数在分段点连续,需要满足其在该点左右都连续.

解:因为,

$$\lim_{x \to 0^-} f(x) = \lim_{x \to 0^-} (a-x) = a,$$

$$\lim_{x \to 0^+} f(x) = \lim_{x \to 0^+} (x^2+3) = 3,$$

且 $f(0)=3$,故 $a=3$ 时,$y=f(x)$ 在点 $x=0$ 处连续.

> **定义 1.13**   如果函数 $f(x)$ 在开区间 (a,b) 内每一点都连续,则称函数 $f(x)$ 在**区间 (a,b) 内连续**,记为 $f(x) \in C(a,b)$.其中 $C(a,b)$ 表示区间 (a,b) 内的所有连续函数的集合.

如果 $f(x)$ 在区间 (a,b) 内连续,且在 $x=a$ 处右连续,又在 $x=b$ 处左连续,则称函数 $f(x)$ 在**闭区间 $[a,b]$ 上连续**,记为 $f(x) \in C[a,b]$.其中 $C[a,b]$ 表示区间 $[a,b]$ 上的所有连续函数的集合.

函数 $y=f(x)$ 的连续点全体所构成的区间称为**函数的连续区间**.在连续区间上,连续函数的图形是一条连续不断的曲线.例如函数 $y=\sin x$ 在定义域 $(-\infty,+\infty)$ 内是连续函数.

1.7.2 连续函数的运算法则与初等函数的连续性

函数的连续性是通过极限来定义的,因此由极限运算法则和连续性定义等可得下列连续函数的运算法则.

(1) 连续函数的和、差、积、商(分母不为零)都是连续函数.

(2) 连续函数的复合函数仍为连续函数.

从上述(2)可得到如下结论:

如果 $\lim\limits_{x \to x_0} \varphi(x) = \varphi(x_0)$,$\lim\limits_{u \to u_0} f(u) = f(u_0)$,且 $u_0 = \varphi(x_0)$,

则 $$\lim_{x \to x_0} f(\varphi(x)) = f(\varphi(x_0)).$$

即 $$\lim_{x \to x_0} f(\varphi(x)) = f(\lim_{x \to x_0} \varphi(x)) = f(\varphi(x_0)).$$

这表示极限符号与复合函数的符号 f 可以交换次序.

【例 1.7.4】   讨论函数 $y = \sin \dfrac{1}{x}$ 的连续性.

分析:利用复合函数的连续性.

解:$y = \sin \dfrac{1}{x}$ 是由 $y = \sin u$,$u = \dfrac{1}{x}$ 复合而成.

$u = \dfrac{1}{x}$ 在 $(-\infty,0) \cup (0,+\infty)$ 内是连续的,$y = \sin u$ 在 $(-\infty,+\infty)$ 内也是连续的,所以有

$$y = \sin \frac{1}{x} \text{ 在 } (-\infty,0) \cup (0,+\infty) \text{ 内是连续的.}$$

(3) 单调连续函数的反函数在其对应区间上也是连续的.

(4) 基本初等函数在其定义域内是连续的.

(5) 由初等函数的定义可得出:初等函数在其定义区间内是连续的.所以,初等函数在其有定义区间内的点求极限时,只需求相应函数值即可.

【例 1.7.5】　求函数 $f(x)=\sqrt{4-x^2}$ 的连续区间,并求 $\lim\limits_{x\to 0}\sqrt{4-x^2}$.

分析:初等函数在其定义区间内连续,极限值等于函数值.

解:函数 $f(x)=\sqrt{4-x^2}$ 的定义域为 $[-2,2]$,所以 $f(x)$ 的连续区间也为 $[-2,2]$,而 $0\in[-2,2]$,所以

$$\lim_{x\to 0}\sqrt{4-x^2}=\sqrt{4-0}=2.$$

1.7.3　函数的间断点

间断

定义 1.14　如果函数 $f(x)$ 在点 x_0 处不连续,就称函数 $f(x)$ 在点 x_0 处**间断**,$x=x_0$ 称为函数 $y=f(x)$ 的**间断点**.

由函数 $f(x)$ 在点 x_0 处连续的定义可知,$f(x)$ 在点 x_0 处连续必须同时满足以下三个条件:

(1) 函数 $f(x)$ 在点 x_0 处有定义($x_0\in D$);

(2) $\lim\limits_{x\to x_0} f(x)$ 存在;

(3) $\lim\limits_{x\to x_0} f(x)=f(x_0)$.

如果函数 $f(x)$ 不满足以上三个条件中的任何一个,那么 $x=x_0$ 就是函数 $f(x)$ 的一个间断点.函数的间断点可分为以下几种类型:

(1) 如果函数 $f(x)$ 在点 x_0 处的左、右极限 $f(x_0-0)$ 与 $f(x_0+0)$ 都存在,则称 $x=x_0$ 为函数 $f(x)$ 的**第一类间断点**.

如果 $f(x)$ 在点 x_0 处的左、右极限存在且相等,即 $\lim\limits_{x\to x_0} f(x)$ 存在,但不等于该点处的函数值,即 $\lim\limits_{x\to x_0} f(x)=A\neq f(x_0)$;或者 $\lim\limits_{x\to x_0} f(x)$ 存在,但函数在 x_0 处无定义,则称 $x=x_0$ 为函数的**可去间断点**.如果 $f(x)$ 在点 x_0 处的左、右极限存在但不相等,则称 $x=x_0$ 为函数 $f(x)$ 的**跳跃间断点**.

(2) 如果函数 $f(x)$ 在点 x_0 处的左、右极限 $f(x_0-0)$ 与 $f(x_0+0)$ 中至少有一个不存在,则称 $x=x_0$ 为函数 $f(x)$ 的**第二类间断点**.如果 $\lim\limits_{x\to x_0} f(x)=\infty$,称 $x=x_0$ 为**无穷间断点**.如果当 $x\to x_0$ 时,$f(x)$ 的值无限次地振荡,不能趋向于某一定值,称 $x=x_0$ 为**振荡间断点**.

【例 1.7.6】　判断 $x=1$ 是函数 $f(x)=\dfrac{x^2-1}{x-1}$ 的什么间断点?

分析:根据在 $x=1$ 处是否有极限判断间断点类型.

解:在 $x=1$ 处没有定义,所以 $x=1$ 是 $f(x)$ 的间断点,又因为

$$\lim_{x\to 1} f(x)=\lim_{x\to 1}\frac{x^2-1}{x-1}=\lim_{x\to 1}(x+1)=2,$$

极限存在,所以,$x=1$ 为函数 $f(x)$ 的可去间断点.

【例 1.7.7】　讨论函数

$$f(x)=\begin{cases} 2x, & x\neq 0,\\ 1, & x=0 \end{cases}$$

在点 $x_0 = 0$ 处的连续性.

分析:判断函数在点 $x_0 = 0$ 处是否有极限,若有,其值是否等于函数值.

解:由于

$$\lim_{x \to 0} f(x) = \lim_{x \to 0} 2x = 0,$$

而

$$f(0) = 1$$

故函数 y 在点 $x_0 = 0$ 处不连续.$x = 0$ 为函数 $f(x)$ 的可去间断点.

若修改函数在 $x_0 = 0$ 的定义,令 $f(x_0) = 0$,则函数

$$f(x) = \begin{cases} 2x, & x \neq 0, \\ 0, & x = 0. \end{cases}$$

在点 $x_0 = 0$ 处连续(见图 1-35).

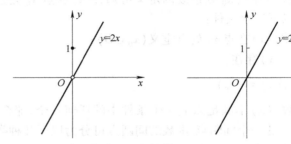

图　1-35

【例 1.7.8】 讨论函数 $f(x) = \begin{cases} x+1, & x<0, \\ 0, & x=0, \\ x-1, & x>0 \end{cases}$ 在 $x=0$ 的连续性.

分析:判断函数在分段点 $x_0 = 0$ 处左、右极限是否相等,若相等,是否等于其函数值.

解:因为

$$\lim_{x \to 0^-} f(x) = \lim_{x \to 0^-} (x+1) = 1, \lim_{x \to 0^+} f(x) = \lim_{x \to 0^+} (x-1) = -1,$$

所以,$x=0$ 为 $f(x)$ 的跳跃间断点(见图 1-36).

【例 1.7.9】 判断函数 $f(x) = \dfrac{1}{x-2}$ 在 $x=2$ 处的间断点类型.

分析:判断函数在 $x=2$ 处是否有极限,若没有,再看函数值其是无穷大还是无限次地振荡.

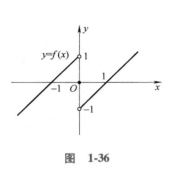

图　1-36

解:函数 $f(x) = \dfrac{1}{x-2}$ 在 $x=2$ 处无定义,所以 $x=2$ 为 $f(x)$ 的间断点.

又因为

$$\lim_{x \to 2} f(x) = \infty,$$

所以 $x=2$ 为 $f(x)$ 的第二类间断点,为无穷间断点.

【例 1.7.10】 判断函数 $f(x) = \sin \dfrac{1}{x}$ 在点 $x=0$ 处的间断点类型.

分析:判断函数在 $x=0$ 处是否有极限,若没有,函数值是无穷大还是无限次地振荡.

解:函数 $f(x)=\sin\dfrac{1}{x}$ 在点 $x=0$ 处无定义,所以 $x=0$ 为 $f(x)$ 的间断点.当 $x\to 0$ 时,$f(x)=\sin\dfrac{1}{x}$ 的值在 -1 与 1 之间无限次地振荡,不能趋向于某一定值,于是 $\lim\limits_{x\to 0}\sin\dfrac{1}{x}$ 不存在,所以 $x=0$ 是 $f(x)$ 的第二类间断点(见图 1-37),为振荡间断点.

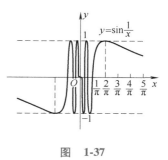

图 1-37

1.7.4 闭区间上连续函数的性质

闭区间上的连续函数的一些重要性质.

定理 1.18(最大值和最小值定理) 在闭区间上的连续函数在该区间上一定能取得最大值和最小值.

如图 1-38 所示,$f(x)$ 在闭区间 $[a,b]$ 上连续,它有最高点 P 和最低点 Q,P 与 Q 的纵坐标正是函数的最大值和最小值.

如果函数在开区间内连续,或者函数在闭区间上有间断点,那么函数在该区间上不一定有最大值或最小值.例如,函数 $y=\tan x$ 在开区间 $\left(-\dfrac{\pi}{2},\dfrac{\pi}{2}\right)$ 内是连续的,但它在开区间 $\left(-\dfrac{\pi}{2},\dfrac{\pi}{2}\right)$ 内既无最大值又无最小值.

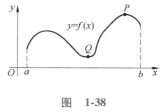

图 1-38

定理 1.19(介值定理) 设函数 $f(x)$ 在闭区间 $[a,b]$ 上连续,M 与 m 分别是 $f(x)$ 在 $[a,b]$ 上的最大值和最小值,则对于满足 $m\leqslant\mu\leqslant M$ 的任何实数 μ,至少存在一点 $\xi\in(a,b)$,使得

$$f(\xi)=\mu.$$

定理 1.16 表明:闭区间 $[a,b]$ 上的连续函数 $f(x)$ 可以取遍 m 与 M 之间的一切数值,这个性质反映了函数连续变化的特征,其几何意义是:闭区间上的连续曲线 $y=f(x)$ 与水平直线 $y=\mu(m\leqslant\mu\leqslant M)$ 至少有一个交点(见图 1-39).

推论(零点定理) 若函数 $f(x)$ 在闭区间 $[a,b]$ 上连续,且 $f(a)\cdot f(b)<0$,则至少存在一点 $\xi\in(a,b)$,使得 $f(\xi)=0$.

$x=\xi$ 称为函数 $y=f(x)$ 的**零点**.由零点定理可知,$x=\xi$ 为方程 $f(x)=0$ 的一个根,所以利用零点定理可以判断方程 $f(x)=0$ 在某个开区间内存在实根.故零点定理也称为**根的存在性定理**,其在图形上表示为:当连续曲线 $y=f(x)$ 的端点 A,B 在 x 轴的上下两侧时,曲线 $y=f(x)$ 与 x 轴至少有一个交点(见图 1-40).

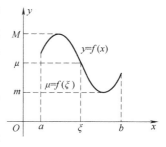

图 1-39

【例 1.7.11】 证明:方程 $x^3-3x^2+1=0$ 在 $(0,1)$ 内至少有一个根.

分析:三次方程没有求根公式,可利用零点定理证明.根据定理首先设一个函数.

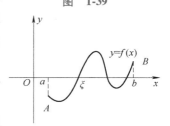

图 1-40

证明：令 $f(x)=x^3-3x^2+1$，则 $f(x)$ 在 $[0,1]$ 上连续.又

$$f(0)=1>0,f(1)=-1<0,$$

根据零点定理，至少存在一点 $\xi\in(0,1)$，使得 $f(\xi)=0$，即方程 $x^3-3x^2+1=0$ 在 $(0,1)$ 内至少有一个根.

【例 1.7.12】 证明：方程 $\ln(1+e^x)=2x$ 至少有一个小于 1 的正根.

分析：利用零点定理证明.小于 1 的正根,指其所在区间为 $(0,1)$.

证明：设 $f(x)=\ln(1+e^x)-2x$，则 $f(x)\in C(0,1)$，又因为

$$f(0)=\ln2>0,f(1)=\ln(1+e)-2=\ln(1+e)-\ln e^2<0,$$

由零点定理知，至少存在一点 $x_0\in(0,1)$，使得 $f(x_0)=0$，即方程 $\ln(1+e^x)=2x$ 至少有一个小于 1 的正根.

练习 1.7

1. 研究下列函数的连续性.

(1) $f(x)=\begin{cases}x^2, & 0\leqslant x\leqslant1,\\ 2-x, & 1<x<2.\end{cases}$

(2) $f(x)=\begin{cases}\dfrac{\sin2x}{x}, & x<0,\\ 3x+1, & x\geqslant0.\end{cases}$

2. 求下列函数的间断点,并判断其类型.

(1) $y=\dfrac{1-\cos2x}{x^2}$; (2) $y=\dfrac{x^2-4}{x^2-3x+2}$;

(3) $y=\dfrac{\tan2x}{x}$; (4) $y=\arctan\dfrac{3}{x}$;

(5) $f(x)=\begin{cases}\dfrac{\sin x}{|x|}, & x\neq0,\\ 0, & x=0.\end{cases}$

3. 在函数 $f(x)=\begin{cases}\dfrac{x^2-9}{x-3}, & x\neq3,\\ a, & x=3\end{cases}$ 中,当 a 取什么值时,函数 $f(x)$ 在其定义域内连续.

4. 适当选择 a 的值,使 $f(x)=\begin{cases}x+a, & x\geqslant0,\\ (1+x)^{\frac{2}{x}}, & x<0\end{cases}$ 在 $x=0$ 处连续.

5. 设 $f(x)=\begin{cases}\dfrac{1}{e^x}, & x<0,\\ \dfrac{a+x}{3}, & x\geqslant0.\end{cases}$ a 取何值时,$f(x)$ 连续?

6. 证明:方程 $2^x = x^2$ 在 $(-1,1)$ 内必有实根.

7. 证明:方程 $x^5 - 3x - 1 = 0$ 在区间 $(1,2)$ 内至少有一个实根.

　　学习极限和连续,是为学习微积分做准备的,下章我们将学习微积分的重要内容:导数与微分.

本 章 小 结

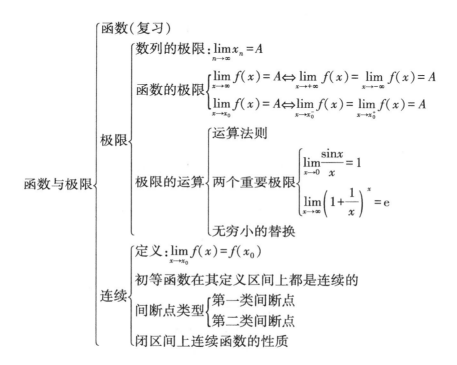

复习题 1

1. 单项选择题.

（1）若 $f(x)$ 在点 x_0 处的极限存在,则（　　）.

A. $f(x_0)$ 必存在且等于极限值

B. $f(x_0)$ 存在但不一定等于极限值

C. $f(x_0)$ 在 x_0 处的函数值可以不存在

D. 如果 $f(x_0)$ 存在,则必等于极限值

（2）下列运算中正确的是（　　）.

A. $\lim\limits_{x \to 1} \dfrac{x^2 - 1}{x - 1} = \lim\limits_{x \to 1}(x + 1) = 2$

B. $\lim\limits_{x \to 2} \dfrac{x^2 - 1}{x - 2} = \dfrac{\lim\limits_{x \to 2}(x^2 - 1)}{\lim\limits_{x \to 2}(x - 2)} = \dfrac{3}{0} = \infty$

C. $\lim\limits_{x\to 2}\left(\dfrac{1}{x-2}-\dfrac{4}{x^2-4}\right)=\lim\limits_{x\to 2}\dfrac{1}{x-2}-\lim\limits_{x\to 2}\dfrac{4}{x^2-4}=\infty-\infty=0$

D. $\lim\limits_{x\to 0}\dfrac{\sqrt{1+x}-1}{\sqrt[3]{1+x}-1}=\dfrac{\lim\limits_{x\to 0}(\sqrt{1+x}-1)}{\lim\limits_{x\to 0}(\sqrt[3]{1+x}-1)}=\dfrac{0}{0}=1$

(3) $\lim\limits_{x\to 0}x\sqrt{\cos\dfrac{2}{x^2}}$ (　　).

A. 等于 0　　　　　　　B. 等于 $\sqrt{2}$

C. 为无穷大　　　　　　D. 不存在,但不为无穷大

(4) $\lim\limits_{x\to 0}\dfrac{\sin\dfrac{1}{x}}{\dfrac{1}{x}}$ 的值(　　).

A. 等于 1　　　　　　　B. 等于 0

C. 为无穷大　　　　　　D. 不存在,但不为无穷大

(5) 当 $x\to 0$ 时,与 x 是等价无穷小的为(　　).

A. $\sin 2x$　　　　　　B. $\ln(1-x)$

C. $\sqrt{1+x}-\sqrt{1-x}$　　D. $x(x+\sin x)$

(6) 设 $\alpha=\ln\dfrac{x+1}{x}$,$\beta=\arctan x$,当 $x\to+\infty$ 时,(　　).

A. $\alpha\sim\beta$

B. α 与 β 是同阶无穷小,但不是等价无穷小

C. α 是 β 的高阶无穷小

D. α 与 β 不全是无穷小

2. 求下列函数的定义域.

(1) $y=\sqrt{2-x}+\arcsin\dfrac{1}{x}$;　　(2) $y=\sqrt{x+3}+\dfrac{1}{\ln(1-x)}$;

(3) $y=\arccos(2\cos x)$;　　(4) $f(x)=\dfrac{\lg(3-x)}{\sin x}+\sqrt{5+4x-x^2}$.

3. 判断下列函数的奇偶性.

(1) $y=\mathrm{e}^{2x}-\mathrm{e}^{-2x}+\sin x$;

(2) $y=\ln(x+\sqrt{1+x^2})$.

4. 下列函数是由哪些简单函数复合而成的?

(1) $y=3^{\cos 4x}$;

(2) $y=\cos^2(2x+1)$.

5. 求下列极限.

(1) $\lim\limits_{n\to\infty}\dfrac{(n+1)(2n+2)(3n+3)}{2n^3}$;　　(2) $\lim\limits_{x\to\infty}\dfrac{2x-\sin x}{5x+\sin x}$;

(3) $\lim\limits_{x\to+\infty}[\sqrt{(x+1)(x+2)}-x]$;　　(4) $\lim\limits_{x\to 4}\dfrac{2-\sqrt{x}}{3-\sqrt{2x+1}}$;

（5）$\lim\limits_{x\to 0}\dfrac{1-\cos ax}{x^2}$；

（6）$\lim\limits_{x\to 0}\dfrac{\sqrt{1+\tan x}-\sqrt{1+\sin x}}{x^3}$；

（7）$\lim\limits_{x\to\infty}\dfrac{\arctan(x^2)}{x}$；

（8）$\lim\limits_{x\to 0}\ln\dfrac{\sin 3x}{2x}$；

（9）$\lim\limits_{x\to 0}\dfrac{e^{2x}-1}{\ln(1+4x)}$；

（10）$\lim\limits_{x\to 0}(2\csc 2x-\cot x)$；

（11）$\lim\limits_{x\to\infty}\left(\dfrac{x+1}{x-1}\right)^{x}$；

（12）$\lim\limits_{x\to 0}(\cos x)^{\frac{1}{x^2}}$；

（13）$\lim\limits_{x\to 0}(1+2x)^{\frac{\sin x}{x}}$；

（14）$\lim\limits_{x\to 0}\dfrac{1-\cos x}{(e^x-1)\ln(1+x)}$.

6. 求下列函数的间断点, 并判断其类型.

（1）$y=\dfrac{x^2-1}{x^2-4x+3}$；

（2）$y=\dfrac{x^2-x}{|x|(x^2-1)}$.

7. 设 $f(x)=\begin{cases}x\sin\dfrac{1}{x}, & x>0,\\ a+x, & x\leqslant 0.\end{cases}$ 要使 $f(x)$ 在 $(-\infty,+\infty)$ 内连续,

a 应当取何值?

8. 设 $f(x)=\begin{cases}\dfrac{\sin 2x}{x}, & x<0,\\ x^2+a, & x\geqslant 0.\end{cases}$ 试确定 a 的值, 使函数 $f(x)$ 在 $x=0$

处连续.

9. 试证方程 $x\cdot 2^x=1$ 至少有一个小于 1 的正根.

10. 证明: 方程 $x^5-2x^4-x-3=0$ 在区间 $(2,3)$ 内存在一个根.

11. 证明: 方程 $\sin x+x+1=0$ 在开区间 $\left(-\dfrac{\pi}{2},0\right)$ 内至少有一个根.

学习极限是为学习微积分做准备的, 从下章开始将学习微积分的主要内容之一——导数.

【阅读 1】

极限的历史（一）
——极限的产生与发展

1. 极限的产生

极限思想在近代数学中是十分重要的一部分, 它与其他科学思维方式一样, 是经过大量的社会实践得到的一种抽象思维. 极限的思维在古代就开始萌芽, 直至现代, 极限概念才得到精确的定义.

极限的思想在中国早已出现. 三国时期, 虽然战事不断, 但数学方面还是有所进展的, 刘徽就是其中极具代表性的数学家, 为我国古代早期数学文献《九章算术》的传播做出突出贡献. 他的极限思维从中得以体现, 并且很好地运用到了数学问题中. 在这部书《方田》第三十二题中, 他提出了割圆术方法:"割之弥细, 所失弥少, 割之又割, 以至于

不可割,则与圆周合体而无所失矣".他的这种方法是一种基于直观图形进行"逼近"的思想.中国在极限方面的研究更倾向于哲学上的思考,不像西方世界采用公式推导.在古希腊时期,数学界流行着穷竭法思想,这种思想就体现着极限思想,但是在当时的历史背景下,对于宗教的无比崇尚,使得希腊人对于"无限"只存在"恐惧",在学术研究方面尽量避免直接"取极限",通过其他间接的方法来处理关于极限的问题.后来,斯泰文在处理三角形重心问题的过程中,摆脱固有思想,利用极限的思维来思考问题,推动了极限思想向概念的发展.

2. 极限的发展

十六世纪,在欧洲,近代科学开始兴起,资本主义开始萌芽,生产力飞速发展,各方面对知识的需求很大,传统数学已经不能满足当时发展的需求.这迫使人们向非常规的数学方向进发,寻找新的数学工具来解决物体运动过程中的问题.这个过程促进了极限思维的发展,推动了微积分的建立.

在刚开始,牛顿和莱布尼茨都是在无穷小思想上建立了微积分.后来,由于在逻辑上遇到了困难,他们才开始接受极限的思想.牛顿用距离变化量 ΔS 与时间变化量 Δt 之比 $\dfrac{\Delta S}{\Delta t}$ 表示运动物体的平均速度,使 Δt 无限接近于零,得到了物体的瞬时速度,从而导出了导数的概念和微分理论.他认识到极限概念的重要性,并试图将其作为微积分的基础.但是,牛顿的极限概念是建立在几何直觉的基础上的,所以他不能给出一个严格的极限表示.牛顿当时想表达的极限概念,我们可以用以下语言进行描述:如果当 n 无限增大时,数列无限地接近于常数 A,那么该数列就以 A 为极限.

极限在当时还没有真正意义上的定义,人们对于微积分理论没有明确的认识,为此微积分受到大众的怀疑.比如说,在物理学的"瞬时速度"概念中,变化量 Δt 是否等于零?如果它是零,它怎么能除距离呢?(事实上,变化量不可能是0)人们认为,如果不是0,如果计算过程中函数发生了变形,它的那些"微小的量"怎么去掉呢?当时人们并不理解,他们认为变量的计算是没有任何误差的,这就产生了悖论.这就是为何数学史上会存在无穷小悖论的原因.在关于微积分的偏见问题上,英国哲学家贝克莱最具有攻击性.他毫不留情地对微积分的发展进行抨击,认为微积分的推导过程是一种"明显的诡辩".后来科学的发展成功证明了他的观点是错误的.贝克莱对微积分的抨击不止是因为微积分没有理论基础的支持,还有一个原因就是贝克莱是一位大主教,他还在为宗教服务,所以无法对微积分有清楚的认识.即便是牛顿,作为伟大的数学家,也无法逃脱由于概念不清楚而产生的混乱.通过这些事情,把极限的概念弄清楚就显得更迫切了.

2

在自然科学、经济和生活中,我们经常需要解决一些问题:计算运动物体的瞬时速度和瞬时加速度、电学中的电流强度、化学中的反应速度、生物学中的繁殖率、几何中的切线斜率、经济学中的边际利润等等;有时还会遇到近似计算,求函数改变量的近似值.前者是与导数相关的问题,后者是与微分相关的内容.

2.1 导数的概念

预备知识:直线的点斜式方程 $y-y_0=k(x-x_0)$;已知两点求直线斜率 $k=\tan\varphi=\dfrac{\Delta y}{\Delta x}=\dfrac{y_2-y_1}{x_2-x_1}$;$(x+h)^n=x^n+\mathrm{C}_n^1x^{n-1}h+\cdots+h^n=x^n+\dfrac{n}{1}x^{n-1}h+\cdots+h^n$;

$f(x)=|x|$ 的图像;$\sin x-\sin y=2\cos\dfrac{x+y}{2}\sin\dfrac{x-y}{2}$;$e^x-1\sim x$;$a^h=e^{\ln a h}=$

$e^{h\ln a}$;$\lim\limits_{h\to0}\log_a\left(1+\dfrac{h}{x}\right)^{\frac{x}{h}}=\log_a\lim\limits_{h\to0}\left(1+\dfrac{h}{x}\right)^{\frac{x}{h}}$;$\log_a e=\dfrac{\ln e}{\ln a}=\dfrac{1}{\ln a}$;连续的定

义 $\lim\limits_{\Delta x\to0}\Delta y=0$;$\cos x-\cos y=-2\sin\dfrac{x+y}{2}\sin\dfrac{x-y}{2}$.

2.1.1 引入

(1) 求平面曲线的切线方程

如图 2-1 所示,已知平面曲线 C 为 $y=f(x)$,点 $M(x_0,y_0)$ 是 C 上的一点,求过点 M 的切线方程.

据高中所学,已知两点可求直线方程,已知一点难以求直线方程.

在 C 上近 M 处另取一点 $N(x_0+\Delta x,y_0+\Delta y)$,当点 N 沿曲线趋近于点 M 时,割线 MN 所趋近的确定位置即为切线 MT.由于割线 MN 的斜率为

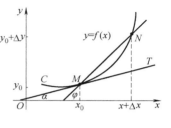

图 2-1

$$\tan\varphi=\frac{\Delta y}{\Delta x}=\frac{f(x_0+\Delta x)-f(x_0)}{\Delta x}.$$

当点 N 沿曲线趋近于点 M 时,即 $\Delta x\to0$,则切线 MT 的斜率就是极限

$$k=\lim_{\Delta x\to0}\frac{\Delta y}{\Delta x}=\lim_{\Delta x\to0}\frac{f(x_0+\Delta x)-f(x_0)}{\Delta x},$$

故切线 MT 的方程为

$$y-y_0=k(x-x_0).$$

（2）求做直线运动物体的瞬时速度

汽车在高速路上匀速前进，当遇到障碍时，必须减速. 汽车从高速到低速，最后速度为 0，如何求某时刻 t_0 汽车的瞬时速度呢？

设汽车的位置 $s=s(t)$，任取接近于 t_0 的时刻 $t_0+\Delta t$，则汽车在这段时间内所经过的路程为

$$\Delta s=s(t_0+\Delta t)-s(t_0).$$

汽车在这段时间内的平均速度为

$$\bar{v}=\frac{\Delta s}{\Delta t}=\frac{s(t_0+\Delta t)-s(t_0)}{\Delta t}.$$

显然，Δt 越小，平均速度 $\bar{v}$ 与 t_0 时刻的瞬时速度 $v(t_0)$ 越接近. 因此，当 $\Delta t\to 0$ 时，平均速度 $\bar{v}$ 的极限值即为 t_0 时刻的瞬时速度 $v(t_0)$，即

$$v(t_0)=\lim_{\Delta t\to 0}\frac{\Delta s}{\Delta t}=\lim_{\Delta t\to 0}\frac{s(t_0+\Delta t)-s(t_0)}{\Delta t}.$$

以上两个实例虽然背景不同，其实质都是：当自变量的改变量趋于零时，函数的改变量与自变量增量之比的极限. 这个特殊的极限就称为**导数**.

2.1.2 导数的定义

导数的定义

定义 2.1　设函数 $y=f(x)$ 在点 x_0 的某邻域内有定义，当自变量 x 在点 x_0 处取得改变量 Δx 时，函数取得相应的改变量 Δy

$$\Delta y=f(x_0+\Delta x)-f(x_0).$$

若极限

$$\lim_{\Delta x\to 0}\frac{\Delta y}{\Delta x}=\lim_{\Delta x\to 0}\frac{f(x_0+\Delta x)-f(x_0)}{\Delta x}$$

存在，则称函数 $y=f(x)$ 在点 x_0 可导，并称此极限值为函数 $y=f(x)$ 在点 x_0 处的**导数**，记为

$$f'(x_0),y'\Big|_{x=x_0},\frac{\mathrm{d}y}{\mathrm{d}x}\Big|_{x=x_0}\text{或}\frac{\mathrm{d}f(x)}{\mathrm{d}x}\Big|_{x=x_0}.$$

导数 $f'(x_0)$ 是函数 $y=f(x)$ 在点 x_0 处的瞬时变化率，它反映了函数随自变量变化而变化的快慢程度.

根据导数的定义，上述实例中，曲线 $y=f(x)$ 在点 (x_0,y_0) 处切线的斜率为导数 $f'(x_0)$. 做直线运动的物体的瞬时速度 $v(t)$ 是路程 $s(t)$ 对时间 t 的导数，即 $v(t)=s'(t)$.

导数的定义式也可采取不同的形式，例如令 $h=\Delta x$，则导数的形式可以改写为

$$f'(x_0) = \lim_{h \to 0} \frac{f(x_0+h) - f(x_0)}{h},$$

或有

$$f'(x_0) = \lim_{x \to x_0} \frac{\Delta y}{\Delta x} = \lim_{x \to x_0} \frac{f(x) - f(x_0)}{x - x_0}.$$

【例 2.1.1】　利用定义求函数 $y = x^2$ 在 $x = 1$ 处的导数 $f'(1)$.

分析：利用定义，求 $\lim\limits_{\Delta x \to 0} \dfrac{\Delta y}{\Delta x}$.

解：当 x 由 1 变到 $1+\Delta x$ 时，函数相应的增量为

$$\Delta y = (1+\Delta x)^2 - 1^2 = 2\Delta x + (\Delta x)^2,$$

可知

$$\frac{\Delta y}{\Delta x} = \frac{2\Delta x + (\Delta x)^2}{\Delta x} = 2 + \Delta x,$$

所以

$$\lim_{\Delta x \to 0} \frac{\Delta y}{\Delta x} = \lim_{\Delta x \to 0} (2 + \Delta x) = 2.$$

【例 2.1.2】　讨论函数 $y = \sqrt[4]{x}$ 在 $x = 0$ 处的导数是否存在.

分析：根据定义判断 $\lim\limits_{\Delta x \to 0} \dfrac{\Delta y}{\Delta x}$ 是否存在.

解：　$f'(0) = \lim\limits_{h \to 0} \dfrac{f(0+h) - f(0)}{h} = \lim\limits_{h \to 0} \dfrac{\sqrt[4]{h}}{h} = \lim\limits_{h \to 0} \dfrac{1}{\sqrt[4]{h^3}} = \infty$.

故函数 $y = \sqrt[4]{x}$ 在 $x = 0$ 处不可导.

根据图 2-1 我们知道函数 $y = \sqrt[4]{x}$ 在 $x = 0$ 处是连续的，但在 $x = 0$ 处的导数不存在.

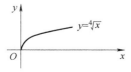

可导与连续的关系有如下定理.

定理 2.1　如果函数 $y = f(x)$ 在点 x_0 处可导，则 $y = f(x)$ 在 x_0 处连续.

证明：$\Delta y = f(x_0 + \Delta x) - f(x_0)$，则

$$\lim_{\Delta x \to 0} \Delta y = \lim_{\Delta x \to 0} \frac{\Delta y}{\Delta x} \cdot \lim_{\Delta x \to 0} \Delta x = f'(x_0) \cdot 0 = 0,$$

故 $y = f(x)$ 在 x_0 处连续.

反之不一定成立，即如果函数在某一点连续，在该点不一定可导（如例 2.1.2 和例 2.1.3）.

【例 2.1.3】　讨论函数 $f(x) = \begin{cases} x\sin\dfrac{1}{x}, & x \neq 0 \\ 0, & x = 0 \end{cases}$ 在 $x = 0$ 处的连

续性与可导性.

分析:按照可导与连续的定义证明.

解:因为 $\sin\dfrac{1}{x}$ 是有界函数,所以

$$\lim_{x\to 0}f(x)=\lim_{x\to 0}x\sin\frac{1}{x}=0=f(0),$$

故 $f(x)$ 在 $x=0$ 处连续.

另一方面,

$$\lim_{\Delta x\to 0}\frac{\Delta y}{\Delta x}=\lim_{\Delta x\to 0}\frac{\Delta x\sin\dfrac{1}{\Delta x}-0}{\Delta x}=\lim_{\Delta x\to 0}\sin\frac{1}{\Delta x},$$

极限不存在,因此 $f(x)$ 在 $x=0$ 处不可导.

2.1.3 左导数和右导数

由于函数 $y=f(x)$ 在点 x_0 的导数是否存在取决于极限

$$\lim_{\Delta x\to 0}\frac{\Delta y}{\Delta x}=\lim_{\Delta x\to 0}\frac{f(x_0+\Delta x)-f(x_0)}{\Delta x}$$

是否存在,而极限又分为左极限和右极限,所以导数也有左、右导数.

> **定义 2.2** 若 $\lim\limits_{\Delta x\to 0^-}\dfrac{\Delta y}{\Delta x}=\lim\limits_{\Delta x\to 0^-}\dfrac{f(x_0+\Delta x)-f(x_0)}{\Delta x}$ 存在,则称此极
> 限值为函数 $y=f(x)$ 在 x_0 点的左导数,记作 $f'_-(x_0)$.
> 若 $\lim\limits_{\Delta x\to 0^+}\dfrac{\Delta y}{\Delta x}=\lim\limits_{\Delta x\to 0^+}\dfrac{f(x_0+\Delta x)-f(x_0)}{\Delta x}$ 存在,则称此极限值为函数
> $y=f(x)$ 在 x_0 点的右导数,记作 $f'_+(x_0)$.

左导数和右导数统称为单侧导数.

导数本身为一种极限,因为极限存在的充分必要条件是左、右极限都存在且相等,因此有:

定理 2.2 函数 $y=f(x)$ 在点 x_0 处可导的充分必要条件是:函数 $y=f(x)$ 在点 x_0 的左导数和右导数都存在且相等.

【例 2.1.4】 讨论函数 $f(x)=|x|$ 在 $x=0$ 处的可导性.

分析:$f(x)=|x|$ 是分段函数,需要讨论 $x=0$ 处左右导数是否都存在且相等.

解:$f'_-(0)=\lim\limits_{h\to 0^-}\dfrac{f(0+h)-f(0)}{h}=\lim\limits_{h\to 0^-}\dfrac{|h|}{h}=\lim\limits_{h\to 0^-}\dfrac{-h}{h}=-1,$

$$f'_+(0)=\lim_{h\to 0^+}\frac{f(0+h)-f(0)}{h}=\lim_{h\to 0^+}\frac{|h|}{h}=\lim_{h\to 0^+}\frac{h}{h}=1,$$

由于 $f'_-(0)\neq f'_+(0),$

故 $f(x)=|x|$ 在 $x=0$ 处不可导.

$f(x)=|x|$ 的图像在点 $x=0$ 处出现一个"尖".由此可见,如果

函数在某点可导,其图形在该点必定处于"光滑"状态.

2.1.4　函数的导数

前面研究的是函数在某点的导数,如果函数 $y=f(x)$ 在开区间 (a,b) 内每点均可导,则称函数 $y=f(x)$ 在**开区间 (a,b) 内可导**.此时,对于 (a,b) 内的每一个点 x,都对应着一个导数值 $f'(x)$,因此也就构成了一个新的函数,这个函数为 $f(x)$ 的**导函数**,通常称为**导数**,记为

$$f'(x),y',\frac{\mathrm{d}y}{\mathrm{d}x}\text{或}\frac{\mathrm{d}f(x)}{\mathrm{d}x}.$$

根据定义 2.1,函数导数计算式为

$$f'(x)=\lim_{\Delta x\to 0}\frac{\Delta y}{\Delta x}\text{或者}f'(x)=\lim_{h\to 0}\frac{f(x+h)-f(x)}{h}.$$

下面计算一些常用的初等函数的导数.

【例 2.1.5】　求函数 $f(x)=C$(C 为常数)的导数.

分析:按照定义求导数.

解:
$$f'(x)=\lim_{\Delta x\to 0}\frac{\Delta y}{\Delta x}=\lim_{\Delta x\to 0}\frac{C-C}{\Delta x}=0,$$

即
$$(C)'=0.$$

【例 2.1.6】　求函数 $y=x^n$(n 为正整数)的导数.

分析:按照定义求导数.

解:
$$(x^n)'=\lim_{h\to 0}\frac{(x+h)^n-x^n}{h}=\lim_{h\to 0}\left[nx^{n-1}+\frac{n(n-1)}{2!}x^{n-2}h+\cdots+h^{n-1}\right]=nx^{n-1},$$

即
$$(x^n)'=nx^{n-1}.$$

更一般地:
$$(x^\mu)'=\mu x^{\mu-1}(\mu\in\mathbf{R}).$$

例如,$(\sqrt{x})'=\frac{1}{2}x^{\frac{1}{2}-1}=\frac{1}{2\sqrt{x}}$,$\left(\frac{1}{x}\right)'=(x^{-1})'=(-1)x^{-1-1}=-\frac{1}{x^2}$.

【例 2.1.7】　设函数 $f(x)=\sin x$,求 $(\sin x)'$.

分析:利用导数定义及正弦的和差化积公式(见本节预备知识).

解:
$$(\sin x)'=\lim_{h\to 0}\frac{\sin(x+h)-\sin x}{h}$$

$$=\lim_{h\to 0}\frac{2\cos\dfrac{(x+h)+x}{2}\sin\dfrac{(x+h)-x}{2}}{h}$$

$$=\lim_{h\to 0}\cos\left(x+\frac{h}{2}\right)\cdot\frac{\sin\dfrac{h}{2}}{\dfrac{h}{2}}=\cos x,$$

即 $(\sin x)' = \cos x.$

类似的可得: $(\cos x)' = -\sin x.$

例 2.1.8

【例 2.1.8】　求函数 $f(x) = a^x (a>0$ 且 $a \neq 1)$ 的导数.

分析:利用导数定义证明,其中用到恒等式 $a^h = e^{\ln a^h} = e^{h\ln a}$ 及等价无穷小替换 $e^x - 1 \sim x.$

解:
$$(a^x)' = \lim_{h \to 0} \frac{a^{x+h} - a^x}{h} = a^x \lim_{h \to 0} \frac{a^h - 1}{h}$$
$$= a^x \lim_{h \to 0} \frac{e^{h\ln a} - 1}{h} = a^x \lim_{h \to 0} \frac{h\ln a}{h} = a^x \ln a,$$

即 $(a^x)' = a^x \ln a.$

特别地,当 $a = e$ 时, $(e^x)' = e^x.$

例 2.1.9

【例 2.1.9】　求函数 $y = \log_a x (a>0$ 且 $a \neq 1)$ 的导数.

分析:利用导数定义证明,其中用到对数的性质及第二个重要极限 $\lim_{h \to 0} \left(1 + \frac{h}{x}\right)^{\frac{x}{h}} = e.$

解:
$$y' = \lim_{h \to 0} \frac{\log_a(x+h) - \log_a x}{h}$$
$$= \lim_{h \to 0} \frac{\log_a \left(1 + \dfrac{h}{x}\right)}{\dfrac{h}{x}} \cdot \frac{1}{x} = \frac{1}{x} \lim_{h \to 0} \log_a \left(1 + \frac{h}{x}\right)^{\frac{x}{h}}$$
$$= \frac{1}{x} \log_a e = \frac{1}{x} \cdot \frac{\ln e}{\ln a},$$

即 $(\log_a x)' = \frac{1}{x \ln a}.$

特别地,有 $(\ln x)' = \frac{1}{x}.$

2.1.5　导数的几何意义

曲线 $y = f(x)$ 在点 (x_0, y_0) 处的切线的斜率为导数 $f'(x_0)$,这即为导数 $f'(x_0)$ 的几何意义.当 $f'(x_0)$ 存在时,曲线 $y = f(x)$ 在点 (x_0, y_0) 的切线方程为

$$y - y_0 = f'(x_0)(x - x_0).$$

若 $f'(x_0) = \pm\infty$,则曲线 $y = f(x)$ 在点 (x_0, y_0) 有垂直于 x 轴的切线 $x = x_0.$

过切点 (x_0, y_0) 且与切线垂直的直线称为曲线 $y = f(x)$ 在点 (x_0, y_0) 的**法线**,故相对应的法线方程为

$$y - y_0 = -\frac{1}{f'(x_0)}(x - x_0) (f'(x_0) \neq 0).$$

当 $f'(x_0) = 0$ 时,曲线 $y = f(x)$ 在点 (x_0, y_0) 的法线方程为怎样

的方程？请大家思考.

【例 2.1.10】　求曲线 $y=\sqrt{x}$ 在点 $(4,2)$ 处的切线及法线方程.

分析：先求切线斜率，再求法线斜率，然后求相应方程.

解：$y'=\dfrac{1}{2\sqrt{x}}$，该函数曲线在点 $(4,2)$ 处的切线斜率为 $f'(4)=\dfrac{1}{4}$，

法线斜率为 $-\dfrac{1}{f'(4)}=-4$，故

切线方程为

$$y-2=\frac{1}{4}(x-4)，即\ x-4y+4=0，$$

法线方程为

$$y-2=-4(x-4)，即\ 4x+y-18=0.$$

【例 2.1.11】　求曲线 $y=\ln x$ 在点 $(1,0)$ 处的切线与 y 轴的交点.

分析：求出切线方程，当切线与 y 轴相交时，$x=0$.

解：曲线 $y=\ln x$ 在点 $(1,0)$ 处的切线斜率为

$$k=y'\big|_{x=1}=\left(\frac{1}{x}\right)\Big|_{x=1}=1，$$

故切线方程为　　　　　　$y=x-1.$

上式中，令 $x=0$，得 $y=-1$.所以，曲线 $y=\ln x$ 在点 $(1,0)$ 处的切线与 y 轴的交点为 $(0,-1)$.

【例 2.1.12】　求与直线 $x+27y-1=0$ 垂直的曲线 $y=x^3$ 的切线方程.

分析：求切线方程需要知道切点和斜率，根据切线与已知直线垂直可得斜率，而斜率又是导数，可得切点.

解：设切点为 (x_0,y_0)，曲线 $y=x^3$ 在点 (x_0,y_0) 处的切线斜率为 k_1，已知直线的斜率为 k_2，则

$$k_1=y'\big|_{x=x_0}=3x_0^2，k_2=-\frac{1}{27}，$$

而 $k_1\cdot k_2=-1$，得 $x_0=\pm3$，所以切点为 $(3,27)$ 或 $(-3,-27)$，切线方程为

$$y-27=27(x-3)，即\ 27x-y-54=0，$$

与

$$y+27=27(x+3)，即\ 27x-y+54=0.$$

很多函数，无法直接用定义求导数，比如求 $y=\tan x$，$y=\arcsin x$ 的导数，此时，需要使用一些导数的运算法则.下面我们将学习一些导数的运算法则，并据此推出一系列导数公式.

练习 2.1

1. 用定义求下列函数的导数.

（1）$y=ax+b$;　　　（2）$y=\cos x$.

2. 讨论 $f(x)=\begin{cases}\mathrm{e}^x, & x\geqslant 0 \\ \cos x, & x<0\end{cases}$ 在 $x=0$ 处的连续性和可导性.

3. 讨论函数 $y=\begin{cases}x^2\sin\dfrac{1}{x}, & x\neq 0 \\ 0, & x=0\end{cases}$ 在 $x=0$ 处的连续性与可导性.

4. 已知 $f'(x_0)=k$,利用导数的定义求下列极限.

（1）$\lim\limits_{\Delta x\to 0}\dfrac{f(x_0-\Delta x)-f(x_0)}{\Delta x}$;

（2）$\lim\limits_{h\to 0}\dfrac{f(x_0+h)-f(x_0-h)}{h}$;

（3）$\lim\limits_{\Delta x\to 0}\dfrac{f(x_0+\Delta x)-f(x_0-2\Delta x)}{\Delta x}$.

5. 求下列函数的导数.

（1）$y=x^7$;　　　（2）$y=\sqrt{x\sqrt{x}}$;　　　（3）$y=2^x\mathrm{e}^x$;

（4）$y=\lg x$;　　　（5）$y=\sin\dfrac{\pi}{3}$.

6. 求曲线 $y=\mathrm{e}^x$ 在点 $(0,1)$ 处的切线方程和法线方程.

7. 求曲线 $y=\ln x$ 的平行于直线 $y=2x$ 的切线方程.

8. 设函数 $f(x)=\begin{cases}x^2, & x\leqslant 1 \\ ax+b, & x>1\end{cases}$ 为了使 $f(x)$ 在 $x=1$ 处连续且可导,a,b 应取什么值?

2.2　导数的运算法则与导数公式

预备知识: $(\ln x)'=\dfrac{1}{x}$; $(\sin x)'=\cos x$; $(\cos x)'=-\sin x$; $(x^\mu)'=\mu x^{\mu-1}(\mu\in\mathbf{R})$; $(a^x)'=a^x\ln a$; $(\mathrm{e}^x)'=\mathrm{e}^x$; $\sec x=\dfrac{1}{\cos x}$; 函数与极限的关系: 由 $\lim\limits_{\Delta u\to 0}\dfrac{\Delta y}{\Delta u}=f'(u)$,可得 $\dfrac{\Delta y}{\Delta u}=f'(u)+\alpha$($\alpha$ 是无穷小).

2.2.1　导数的四则运算法则

定理 2.3　设函数 $u=u(x),v=v(x)$ 是可导函数,则有以下法则:

（1）$(u\pm v)'=u'\pm v'$;

（2）$(uv)'=u'v+uv'$;

（3）$\left(\dfrac{u}{v}\right)'=\dfrac{u'v-uv'}{v^2}(v\neq 0)$.

分析:上述法则可直接或变形后由导数定义推出.

证明: (1) $(u+v)' = \lim\limits_{h \to 0} \dfrac{[u(x+h)+v(x+h)]-[u(x)+v(x)]}{h}$

$$= \lim\limits_{h \to 0} \dfrac{u(x+h)-u(x)}{h} + \lim\limits_{h \to 0} \dfrac{v(x+h)-v(x)}{h}$$

$$= u'+v'$$

同理可证 $(u-v)' = u'-v'.$

(2) $(uv)' = \lim\limits_{h \to 0} \dfrac{u(x+h) \cdot v(x+h)-u(x) \cdot v(x)}{h}$

$$= \lim\limits_{h \to 0} \left[\dfrac{u(x+h)-u(x)}{h} \cdot v(x+h)+u(x) \cdot \dfrac{v(x+h)-v(x)}{h} \right]$$

$$= \lim\limits_{h \to 0} \dfrac{u(x+h)-u(x)}{h} \cdot \lim\limits_{h \to 0} v(x+h)+u(x) \cdot$$

$$\lim\limits_{h \to 0} \dfrac{v(x+h)-v(x)}{h}$$

$$= u'v+uv'.$$

特别地, $(cu)' = cu'$, c 为常数.

(3) $\left(\dfrac{u}{v} \right)' = \lim\limits_{h \to 0} \dfrac{\dfrac{u(x+h)}{v(x+h)}-\dfrac{u(x)}{v(x)}}{h}$

$$= \lim\limits_{h \to 0} \dfrac{u(x+h)v(x)-u(x)v(x+h)}{v(x+h)v(x)h}$$

$$= \lim\limits_{h \to 0} \dfrac{[u(x+h)-u(x)]v(x)-u(x)[v(x+h)-v(x)]}{v(x+h)v(x)h}$$

$$= \lim\limits_{h \to 0} \dfrac{\dfrac{u(x+h)-u(x)}{h}v(x)-u(x)\dfrac{v(x+h)-v(x)}{h}}{v(x+h)v(x)}$$

$$= \dfrac{u'v-uv'}{v^2}.$$

证明法则(3),也可由法则(2)推得.

特别地,利用(3)可推得

$$\left(\dfrac{1}{v} \right)' = -\dfrac{1}{v^2} \cdot v'$$

法则(1)与法则(2)可推广到更一般的情形:

$$\left(\sum\limits_{i=1}^{n} \alpha_i u_i \right)' = \sum\limits_{i=1}^{n} \alpha_i u_i';$$

$$(u_1 u_2 \cdots u_n)' = u_1' u_2 \cdots u_n + u_1 u_2' \cdots u_n + \cdots + u_1 u_2 \cdots u_n'.$$

【例 2.2.1】 求 $y = x^4 - 2x^3 + 3\sin x + \ln 5$ 的导数.

分析:利用四则运算法则求导. $\ln 5$ 是常数.

解: $y' = (x^4)' - 2(x^3)' + 3(\sin x)' + (\ln 5)' = 4x^3 - 6x^2 + 3\cos x.$

【例 2.2.2】 求 $y = 5x^2 - 3^x + 3e^x$ 的导数.

分析:利用 $(x^\mu)' = \mu x^{\mu-1} (\mu \in \mathbf{R})$; $(a^x)' = a^x \ln a$; $(e^x)' = e^x.$

解: $y'=(5x^2-3^x+3e^x)'=(5x^2)'-(3^x)'+(3e^x)'=10x-3^x\ln3+3e^x$.

【例 2.2.3】 求 $f(x)=2\sqrt{x}\cos x$ 的导数,并求 $f'\left(\dfrac{\pi}{2}\right)$.

分析:$(\cos x)'=-\sin x$,$(x^\mu)'=\mu x^{\mu-1}(\mu\in\mathbf{R})$

解:$f'(x)=(2\sqrt{x}\cos x)'=2(\sqrt{x}\cos x)'$

$$=2[(\sqrt{x})'\cos x+\sqrt{x}(\cos x)']=2\left(\frac{1}{2\sqrt{x}}\cos x-\sqrt{x}\sin x\right)$$

$$=\frac{1}{\sqrt{x}}\cos x-2\sqrt{x}\sin x.$$

$$f'\left(\frac{\pi}{2}\right)=\left[\frac{1}{\sqrt{x}}\cos x-2\sqrt{x}\sin x\right]_{x=\frac{\pi}{2}}=-\sqrt{2\pi}.$$

【例 2.2.4】 求 $y=e^x\cos x$ 的导数.

分析:利用积的导数运算法则计算.

解:$y'=(e^x\cos x)'=(e^x)'\cos x+e^x(\cos x)'=e^x\cos x-e^x\sin x=e^x(\cos x-\sin x)$.

【例 2.2.5】 求 $y=\tan x$ 的导数.

分析:利用商的导数运算法则计算.

解:$(\tan x)'=\left(\dfrac{\sin x}{\cos x}\right)'=\dfrac{(\sin x)'\cos x-\sin x(\cos x)'}{\cos^2 x}$

$$=\frac{\cos^2 x+\sin^2 x}{\cos^2 x}=\frac{1}{\cos^2 x}=\sec^2 x.$$

同理可得　　　　　　　　　　$(\cot x)'=-\csc^2 x.$

【例 2.2.6】 求 $y=\sec x$ 的导数.

分析:$\sec x=\dfrac{1}{\cos x}$,利用商的导数运算法则计算.

解:$(\sec x)'=\left(\dfrac{1}{\cos x}\right)'=\dfrac{-(\cos x)'}{\cos^2 x}=\dfrac{\sin x}{\cos^2 x}=\sec x\tan x.$

同理可得　　　　　　　　　　$(\csc x)'=-\csc x\cot x.$

2.2.2　复合函数的求导法则

复合函数的求导法则

定理 2.4(链式法则)　若函数 $u=g(x)$ 在点 x 处可导,而 $y=f(u)$ 在点 $u=g(x)$ 处可导,则复合函数 $y=f[g(x)]$ 在点 x 处可导,且其导数为

$$\frac{\mathrm{d}y}{\mathrm{d}x}=f'(u)\cdot g'(x)\quad\text{或}\quad\frac{\mathrm{d}y}{\mathrm{d}x}=\frac{\mathrm{d}y}{\mathrm{d}u}\cdot\frac{\mathrm{d}u}{\mathrm{d}x}.$$

*证明:因为 $u=g(x)$ 可导,则对于 $\Delta x\neq0$,有函数的改变量 Δu,且有

$$\lim_{\Delta x\to0}\frac{\Delta u}{\Delta x}=g'(x),$$

如果 $\Delta u\neq0$,对于函数 $y=f(u)$ 有相应的改变量 Δy,由于函数

$y=f(u)$ 在 u 点

$$\lim_{\Delta u \to 0}\frac{\Delta y}{\Delta u}=f'(u),$$

由函数极限与无穷小的关系,有

$$\frac{\Delta y}{\Delta u}=f'(u)+\alpha\ (\alpha \to 0),$$

所以

$$\Delta y=f'(u)\Delta u+\alpha\Delta u,$$

则

$$\frac{\Delta y}{\Delta x}=f'(u)\frac{\Delta u}{\Delta x}+\alpha\frac{\Delta u}{\Delta x},$$

于是

$$\frac{\mathrm{d}y}{\mathrm{d}x}=\lim_{\Delta x \to 0}\frac{\Delta y}{\Delta x}=\lim_{\Delta x \to 0}\left[f'(u)\frac{\Delta u}{\Delta x}+\alpha \cdot \frac{\Delta u}{\Delta x}\right]$$
$$=f'(u) \cdot g'(x),$$

即

$$y'_x=y'_u \cdot u'_x.$$

复合函数求导的链式法则可叙述如下:复合函数的导数,等于函数对中间变量的导数乘以中间变量对自变量的导数.

【例 2.2.7】　求函数 $y=(4x+1)^3$ 的导数.

分析:按照复合函数求导的链式法则计算.

解:设 $y=u^3,u=4x+1$,则

$$\frac{\mathrm{d}y}{\mathrm{d}x}=\frac{\mathrm{d}y}{\mathrm{d}u} \cdot \frac{\mathrm{d}u}{\mathrm{d}x}=3u^2 \cdot 4=3(4x+1)^2 \cdot 4=12(4x+1)^2.$$

【例 2.2.8】　求函数 $y=\ln\cos x$ 的导数.

分析:按照复合函数求导的链式法则计算.

解:设 $y=\ln u,u=\cos x$,则

$$\frac{\mathrm{d}y}{\mathrm{d}x}=\frac{\mathrm{d}y}{\mathrm{d}u} \cdot \frac{\mathrm{d}u}{\mathrm{d}x}=\frac{1}{u} \cdot (-\sin x)=-\frac{\sin x}{\cos x}=-\tan x.$$

熟练之后,计算过程可不写出中间变量.

【例 2.2.9】　已知 $y=\sqrt{a^2-x^2}$,求 $\dfrac{\mathrm{d}y}{\mathrm{d}x}$.

分析:$y=\sqrt{a^2-x^2}=(a^2-x^2)^{\frac{1}{2}}$,利用幂函数求导公式和复合函数求导的链式法则计算.

解:$y'=\dfrac{1}{2}(a^2-x^2)^{-\frac{1}{2}}(a^2-x^2)'=\dfrac{(a^2-x^2)'}{2\sqrt{a^2-x^2}}=\dfrac{1}{2\sqrt{a^2-x^2}} \cdot (-2x)$

$$=-\frac{x}{\sqrt{a^2-x^2}}.$$

【例 2.2.10】　求 $y=\mathrm{e}^x \cdot \sin 2x$ 的导数.

分析:若将 $\sin 2x=2\sin x\cos x$ 进行变形,计算会更麻烦,所以,按照求积的导数法则计算.

解:　　　　　$y'=(\mathrm{e}^x)'\sin 2x+\mathrm{e}^x(\sin 2x)'$
$$=\mathrm{e}^x\sin 2x+\mathrm{e}^x(\cos 2x \cdot 2)$$

$$= e^x(\sin2x + 2\cos2x)$$

求导的链式法则可推广到有多个中间变量的情形.如,$y = f(u)$,$u = u(v)$,$v = v(x)$可导,则

$$\frac{dy}{dx} = f'(u) \cdot u'(v) \cdot v'(x) \quad 或 \quad \frac{dy}{dx} = \frac{dy}{du} \cdot \frac{du}{dv} \cdot \frac{dv}{dx}.$$

【例 2.2.11】　求函数 $y = \sqrt{\tan\sqrt{x}}$ 的导数.

分析:利用求导的链式法则,其中 $(\tan x)' = \sec^2 x$.

解:
$$y' = \left[(\tan\sqrt{x})^{\frac{1}{2}} \right]' = \frac{1}{2}(\tan\sqrt{x})^{-\frac{1}{2}}(\tan\sqrt{x})'$$

$$= \frac{1}{2\sqrt{\tan\sqrt{x}}} \cdot \sec^2\sqrt{x} \cdot (\sqrt{x})'$$

$$= \frac{1}{2\sqrt{\tan\sqrt{x}}} \cdot \sec^2\sqrt{x} \cdot \frac{1}{2\sqrt{x}} = \frac{\sec^2\sqrt{x}}{4\sqrt{x}\sqrt{\tan\sqrt{x}}}.$$

2.2.3　反函数的求导法则

定理 2.5　设函数 $x = \varphi(y)$ 在区间 I_y 上单调、可导且 $\varphi'(y) \neq 0$,则其反函数 $y = f(x)$ 在对应的区间 I 上也可导,且

$$f'(x) = \frac{1}{\varphi'(y)} \quad 或 \quad \frac{dy}{dx} = \frac{1}{\dfrac{dx}{dy}}$$

*证明:因为 $x = \varphi(y)$ 在 I_y 内单调、可导(从而连续),从而 $x = \varphi(y)$ 的反函数 $y = f(x)$ 存在,且在 I_x 内单调、连续.

$\forall x \in I_x$,给 x 以增量 $\Delta x(\Delta x \neq 0, x + \Delta x \in I_x)$,由函数 $y = f(x)$ 的单调性知

$$\Delta y = f(x + \Delta x) - f(x) \neq 0,$$

所以

$$\frac{\Delta y}{\Delta x} = \frac{1}{\dfrac{\Delta x}{\Delta y}}.$$

因 $y = f(x)$ 连续,故 $\lim\limits_{\Delta x \to 0}\Delta y = 0$,从而

$$f'(x) = \lim_{\Delta x \to 0}\frac{\Delta y}{\Delta x} = \lim_{\Delta y \to 0}\frac{1}{\dfrac{\Delta x}{\Delta y}} = \frac{1}{\varphi'(y)}.$$

上述结论可简单地说成:反函数的导数等于原函数的导数的倒数.

【例 2.2.12】　求函数 $y = \arcsin x$ 的导数.

分析:利用反函数的求导法则. $y = \arcsin x$ 的反函数是 $x = \sin y$.

解:因为 $x = \sin y$ 在 $\left(-\dfrac{\pi}{2}, \dfrac{\pi}{2} \right)$ 内单调、可导,且 $(\sin y)' = \cos y > 0$

所以
$$(\arcsin x)' = \frac{1}{(\sin y)'} = \frac{1}{\cos y}$$

$$= \frac{1}{\sqrt{1-\sin^2 y}} = \frac{1}{\sqrt{1-x^2}}.$$

类似地可得

$$(\arccos x)' = -\frac{1}{\sqrt{1-x^2}},$$

$$(\arctan x)' = \frac{1}{1+x^2},$$

$$(\text{arccot}\,x)' = -\frac{1}{1+x^2}.$$

现将前面所学公式汇总如下.

2.2.4　基本初等函数的导数公式

（1）$(C)' = 0$,　　　　　　　　（2）$(x^\mu)' = \mu x^{\mu-1}$,

（3）$(a^x)' = a^x \ln a$,　　　　　（4）$(e^x)' = e^x$,

（5）$(\log_a x)' = \dfrac{1}{x \ln a}$,　　　（6）$(\ln x)' = \dfrac{1}{x}$,

（7）$(\sin x)' = \cos x$,　　　　（8）$(\cos x)' = -\sin x$,

（9）$(\tan x)' = \sec^2 x$,　　　（10）$(\cot x)' = -\csc^2 x$

（11）$(\sec x)' = \sec x \tan x$,　　（12）$(\csc x)' = -\csc x \cot x$

（13）$(\arcsin x)' = \dfrac{1}{\sqrt{1-x^2}}$,　（14）$(\arccos x)' = -\dfrac{1}{\sqrt{1-x^2}}$,

（15）$(\arctan x)' = \dfrac{1}{1+x^2}$,　（16）$(\text{arccot}\,x)' = -\dfrac{1}{1+x^2}$.

【例 2.2.13】　求函数 $y = \arcsin \sqrt{\sin x}$ 的导数.

分析：利用复合函数及反函数的求导法则，$y = \arcsin u$，$u = \sqrt{v}$，$v = \sin x$.

例 2.2.13 和例 2.2.14

解：
$$y' = \frac{1}{\sqrt{1-(\sqrt{\sin x})^2}}(\sqrt{\sin x})'$$

$$= \frac{1}{\sqrt{1-\sin x}} \cdot \frac{1}{2\sqrt{\sin x}}(\sin x)'$$

$$= \frac{\cos x}{2\sqrt{\sin x(1-\sin x)}}.$$

【例 2.2.14】　已知 $f(u)$ 可导，求函数 $y = e^{\sin f(2x)}$ 的导数.

分析：已知抽象函数 $f(u)$，其关于 x 的导数为 $f'(u) \cdot u'_x$.

解：
$$y' = e^{\sin f(2x)} \cdot [(\sin f(2x)]'$$

$$= e^{\sin f(2x)} \cdot \cos f(2x) \cdot [f(2x)]'$$

$$= 2e^{\sin f(2x)} \cdot \cos f(2x) \cdot f'(2x)$$

【例 2.2.15】　求 $y = f(x^2) + [f(x)]^2$ 导数，其中 $f(x)$ 可导.

分析：利用复合函数的求导法则.

解：
$$y' = f'(x^2) \cdot (x^2)' + 2[f(x)] \cdot f'(x)$$
$$= 2xf'(x^2) + 2f(x) \cdot f'(x).$$

本节我们学习了函数的求导法则和公式，可以求许多函数的导数.但有些函数,如 $x^2 + y\sin x - \cos(x-y) = 0$,又如 $\begin{cases} x = t - \sin t, \\ y = 1 - \cos t, \end{cases}$ 利用本节所学仍然无法求出 y'.这些函数的导数应该如何求解呢?

练习 2.2

1. 求下列函数的导数.

(1) $y = x^2 + 3x - \sin x$;　　　　　(2) $y = \dfrac{x^6 + 2\sqrt{x} - 1}{x^3}$;

(3) $y = 3^x + 2e^x + \ln 2$;　　　　　(4) $s = \sqrt{t}\sin t + \ln 2$;

(5) $y = \sqrt{x}\ln x$;　　　　　　　(6) $y = \dfrac{\ln x}{x}$;

(7) $y = \dfrac{x+1}{x-1}$.

2. 求下列函数在给定点处的导数.

(1) $y = x\arccos x$,求 $y'\Big|_{x=\frac{1}{2}}$;　　(2) $\rho = \theta\tan\theta + \sec\theta$,求 $\dfrac{\mathrm{d}\rho}{\mathrm{d}\theta}\Big|_{\theta=\frac{\pi}{4}}$;

(3) $y = \dfrac{3}{3-x} + \dfrac{x^3}{3}$,求 $y'(0)$.

3. 求曲线 $y = x - \dfrac{1}{x}$ 与 x 轴交点处的切线方程.

4. 曲线 $y = x^3 - x + 2$ 上哪一点的切线与直线 $2x - y - 1 = 0$ 平行?

5. 求下列函数的导数.

(1) $y = (x^3 - 1)^{10}$;　　　　　(2) $y = e^{-3x^4}$;

(3) $y = \arctan(e^x)$;　　　　　(4) $y = \arcsin\dfrac{1}{x}$;

(5) $y = \ln(\sec x + \tan x)$;　　(6) $y = \ln\dfrac{1 - \sqrt{x}}{1 + \sqrt{x}}$;

(7) $y = \ln\cot\dfrac{x}{2}$;　　　　(8) $y = \ln(x + \sqrt{1 + x^2})$;

(9) $y = 2^{\sin\frac{1}{x}}$;　　　　　(10) $y = e^{-\sin^2\frac{1}{x}}$.

6. 已知 $f(u)$ 可导,求下列函数的导数.

(1) $y = f(x^3)$;

(2) $y = f(\tan x) + \tan[f(x)]$.

2.3　隐函数与参变量函数求导法则

预备知识:复合函数求导法则;积的求导法则;积的对数和商的对数计算方法:$\ln xy = \ln x + \ln y$,$\ln \dfrac{x}{y} = \ln x - \ln y$;求导公式.

前面所讨论的函数 $y = f(x)$ 的特点是:等号的一侧是因变量,含有自变量的式子都在等号另一侧,如 $y = x^3 - 2\tan x$ 等,这种形式的函数称为**显函数**.实际上,函数 $y = f(x)$ 还可以由类似 $xy + \mathrm{e}^{-x} - \mathrm{e}^y = 0$ 的方程确定,这种形式的函数就叫作**隐函数**.此外,函数 $y = f(x)$ 还可由参数方程确定.本节讨论隐函数和参变量函数的求导.

2.3.1　隐函数的求导法则

隐函数求导法:假设 $y = y(x)$ 是由方程 $F(x, y) = 0$ 所确定的函数,恒等式
$$F[x, y(x)] \equiv 0$$
的两边同时对自变量 x 求导,利用复合函数求导法则,视 y 为中间变量,就可解出所求导数 $\dfrac{\mathrm{d}y}{\mathrm{d}x}$.

【**例 2.3.1**】　求由 $x^2 + y\sin x - \cos(x - y) = 0$ 所确定的函数 $y = y(x)$ 的导数 $\dfrac{\mathrm{d}y}{\mathrm{d}x}$.

例 2.3.1 和例 2.3.2

分析:利用隐函数的求导法则,即两边同时对 x 求导,视 y 为中间变量.

解:方程两边同时对自变量 x 求导,得
$$2x + y\cos x + \sin x \cdot \frac{\mathrm{d}y}{\mathrm{d}x} + \sin(x - y) \cdot \left(1 - \frac{\mathrm{d}y}{\mathrm{d}x}\right) = 0,$$

整理得　　$2x + y\cos x + \sin(x - y) = \left[\sin(x - y) - \sin x\right]\dfrac{\mathrm{d}y}{\mathrm{d}x}$,

解得
$$\frac{\mathrm{d}y}{\mathrm{d}x} = \frac{2x + y\cos x + \sin(x - y)}{\sin(x - y) - \sin x}.$$

【**例 2.3.2**】　求由方程 $xy + \mathrm{e}^{-x} - \mathrm{e}^y = 0$ 所确定的隐函数 y 的导数 $\dfrac{\mathrm{d}y}{\mathrm{d}x}$ 以及 $\dfrac{\mathrm{d}y}{\mathrm{d}x}\bigg|_{x=0}$.

分析:利用隐函数的求导法则,即两边同时对 x 求导,视 y 为中间变量.

解:方程两边对 x 求导,得
$$y + x\frac{\mathrm{d}y}{\mathrm{d}x} - \mathrm{e}^{-x} - \mathrm{e}^y\frac{\mathrm{d}y}{\mathrm{d}x} = 0,$$

解得
$$\frac{dy}{dx}=\frac{e^{-x}-y}{x-e^y}.$$

由原方程知当 $x=0$ 时, $y=0$,所以

$$\frac{dy}{dx}\bigg|_{x=0}=\frac{e^{-x}-y}{x-e^y}\bigg|_{\substack{x=0\\y=0}}=-1.$$

【例 2.3.3】 求曲线 $x-y+\dfrac{1}{2}\sin y=0$ 在点 $\left(\dfrac{\pi-1}{2},\dfrac{\pi}{2}\right)$ 处的切线方程.

分析:利用隐函数的求导法则求斜率,即 y' ,然后求切线方程.

解:方程两边同时对 x 求导,得

$$1-y'+\frac{1}{2}\cos y\cdot y'=0,$$

解得
$$y'=\frac{2}{2-\cos y},$$

从而
$$y'\bigg|_{\left(\frac{\pi-1}{2},\frac{\pi}{2}\right)}=1,$$

于是,在点 $\left(\dfrac{\pi-1}{2},\dfrac{\pi}{2}\right)$ 处的切线方程为

$$y-\frac{\pi}{2}=1\cdot\left(x-\frac{\pi-1}{2}\right),\text{即 } x-y+\frac{1}{2}=0.$$

2.3.2 对数求导法

有些函数,如

$$y=x^x,y=\sqrt{\frac{(x-5)(x-2)}{x-3}},$$

直接使用求导法难以求出导数.利用先取对数再求导的对数求导法,可以比较简便地求出这种**幂指函数**[形如 $y=u(x)^{v(x)}$, $u(x)>0$ 的函数]以及由多个因子的积(商)的形式构成的函数的导数.

对数求导法:在函数两边取对数,利用对数的性质化简,等式两边同时对自变量 x 求导,最后解出所求导数.

【例 2.3.4】 求函数 $y=x^x(x>0)$ 的导数 $\dfrac{dy}{dx}$.

分析:利用对数求导法. $\ln y$ 是复合函数.

解:等式两边取对数

$$\ln y=x\cdot\ln x,$$

两边对 x 求导得

$$\frac{1}{y}y'=\ln x+x\cdot\frac{1}{x},$$

故
$$y'=y(\ln x+1)=x^x(\ln x+1).$$

【例 2.3.5】 求函数 $y=\sqrt{\dfrac{(x-1)(x-2)}{(x-3)(x-4)}}$ 的导数.

分析:此题不易直接求导,需使用对数求导法.

解:先在两边取对数(假定 $x > 4$),得

$$\ln y = \frac{1}{2}\left[\ln(x-1) + \ln(x-2) - \ln(x-3) - \ln(x-4)\right],$$

两边同时对 x 求导,得

$$\frac{1}{y}y' = \frac{1}{2}\left(\frac{1}{x-1} + \frac{1}{x-2} - \frac{1}{x-3} - \frac{1}{x-4}\right),$$

于是

$$y' = \frac{y}{2}\left(\frac{1}{x-1} + \frac{1}{x-2} - \frac{1}{x-3} - \frac{1}{x-4}\right)$$

$$= \frac{1}{2}\sqrt{\frac{(x-1)(x-2)}{(x-3)(x-4)}}\left(\frac{1}{x-1} + \frac{1}{x-2} - \frac{1}{x-3} - \frac{1}{x-4}\right).$$

当 $x < 1$ 时, $\qquad y = \sqrt{\dfrac{(1-x)(2-x)}{(3-x)(4-x)}}$;

当 $2 < x < 3$ 时, $\qquad y = \sqrt{\dfrac{(x-1)(x-2)}{(3-x)(4-x)}}$.

用同样方法可得与上面相同的结果.

【例 2.3.6】 设 $(\sin x)^y = (\cos y)^x$,求 $\dfrac{\mathrm{d}y}{\mathrm{d}x}$.

分析:使用对数求导法,其中需用到复合函数求导法则和积的求导法则.

解:等式两边取对数

$$y\ln\sin x = x\ln\cos y$$

上式两边对 x 求导,得

$$y' \cdot \ln\sin x + y \cdot \frac{1}{\sin x} \cdot \cos x = 1 \cdot \ln\cos y + x \cdot \frac{1}{\cos y} \cdot (-\sin y) \cdot y'$$

由此解得

$$\frac{\mathrm{d}y}{\mathrm{d}x} = y' = \frac{\ln\cos y - y\cot x}{\ln\sin x + x\tan y}.$$

2.3.3 参变量函数的导数

物理中经常遇到参变量方程,所谓**参变量函数**是指由参数方程

$$\begin{cases} x = x(t), \\ y = y(t) \end{cases}$$

所确定的 y 与 x 之间的函数 $y = f(x)$. 在实际问题中,当需要计算参变量函数的导数时,有时要从参数方程中消去参数 t 会比较困难.因此,需要一种能直接由参数方程出发计算出参变量函数导数的方法.

事实上,

$$\frac{\mathrm{d}y}{\mathrm{d}x}=\frac{\mathrm{d}y}{\mathrm{d}t}\cdot\frac{\mathrm{d}t}{\mathrm{d}x}=\frac{\mathrm{d}y}{\mathrm{d}t}\cdot\frac{1}{\frac{\mathrm{d}x}{\mathrm{d}t}}=\frac{\frac{\mathrm{d}y}{\mathrm{d}t}}{\frac{\mathrm{d}x}{\mathrm{d}t}}=\frac{y'(t)}{x'(t)},$$

即
$$\frac{\mathrm{d}y}{\mathrm{d}x}=\frac{y'(t)}{x'(t)}.$$

上式成立的条件是函数 $x(t),y(t)$ 可导且 $x'(t)\neq0,x=x(t)$ 具有单调连续的反函数.

【例 2.3.7】 求由参数方程 $\begin{cases}x=t-\arctan t,\\y=\ln(1+t^2)\end{cases}$ 所表示的函数 $y=y(x)$ 的导数.

分析:利用参变量的求导法则.

解:
$$\frac{\mathrm{d}y}{\mathrm{d}x}=\frac{y'(t)}{x'(t)}=\frac{\frac{2t}{1+t^2}}{1-\frac{1}{1+t^2}}=\frac{2}{t}.$$

【例 2.3.8】 设曲线方程由参变量函数 $\begin{cases}x=2(1-\cos\theta),\\y=4\sin\theta\end{cases}$ 所确定,求该函数在 $\theta=\frac{\pi}{4}$ 处的切线方程.

分析:利用参变量的求导法则先求 $\frac{\mathrm{d}y}{\mathrm{d}x}\Big|_{\theta=\frac{\pi}{4}}$,然后再求切线方程.

解:由
$$\frac{\mathrm{d}y}{\mathrm{d}\theta}=4\cos\theta,\frac{\mathrm{d}x}{\mathrm{d}\theta}=2\sin\theta,$$

得
$$\frac{\mathrm{d}y}{\mathrm{d}x}=\frac{4\cos\theta}{2\sin\theta}=2\cot\theta,$$

故
$$\frac{\mathrm{d}y}{\mathrm{d}x}\Big|_{\theta=\frac{\pi}{4}}=2\cot\frac{\pi}{4}=2.$$

$\theta=\frac{\pi}{4}$ 对应的切点为 $(2-\sqrt{2},2\sqrt{2})$,切线的斜率为 $k=\frac{\mathrm{d}y}{\mathrm{d}x}\Big|_{\theta=\frac{\pi}{4}}=2$,故切线方程为

$$y-2\sqrt{2}=2(x-2+\sqrt{2}),\text{即 } y=2x-4+4\sqrt{2}.$$

瞬时速度 $v(t)$ 是路程 $s(t)$ 的导数,即 $v(t)=s'(t)$.它是位移的瞬时变化率,而加速度是速度的瞬时变化率,是速度的导数,即位移的导数的导数,称为位移的二阶导数.所以,高阶导数有其实际意义,我们接下来学习高阶导数.

练习 2.3

1. 求下列由方程所确定的隐函数 $y=y(x)$ 的导数 $\frac{\mathrm{d}y}{\mathrm{d}x}$.

（1）$x^3-y^3=5-2xy$；　　　　　（2）$\mathrm{e}^{xy}+y^3-2x^2=0$；

（3）$y\sin x+\cos(x-y)=0$；　　　（4）$\arctan\dfrac{y}{x}=\ln\sqrt{x^2+y^2}$.

2. 求曲线 $x^3+2xy+y^3=4$ 在点 $(1,1)$ 处的切线方程和法线方程.

3. 求曲线 $y-x\mathrm{e}^y=1$ 上横坐标为 $x=0$ 的点处的切线方程与法线方程.

4. 用对数求导法求下列各函数的导数 $\dfrac{\mathrm{d}y}{\mathrm{d}x}$.

（1）$y=\ln\sqrt{\dfrac{\mathrm{e}^{3x}}{\mathrm{e}^{3x}+1}}$；　　　　（2）$y=\sqrt{x\sin x\sqrt{1-\mathrm{e}^x}}$；

（3）$y=\dfrac{\sqrt{x+2}(3-x)^4}{(x+1)^5}$；　　（4）$y=x^{\sin x}(x>0)$；

（5）$(\sin x)^y=(\cos y)^x$.

5. 求下列参数方程所确定的函数的导数 $\dfrac{\mathrm{d}y}{\mathrm{d}x}$.

（1）$\begin{cases}x=t-t^2,\\ y=1-t^2;\end{cases}$　　　　（2）$\begin{cases}x=a\cos^3\theta,\\ y=a\sin^3\theta;\end{cases}$

（3）$\begin{cases}x=\mathrm{e}^t\sin t,\\ y=\mathrm{e}^t\cos t;\end{cases}$　　　　*（4）$\begin{cases}x=3t^2+2t+3,\\ \mathrm{e}^y\sin t-y+1=0.\end{cases}$

6. 求摆线 $\begin{cases}x=t-\sin t,\\ y=1-\cos t\end{cases}$ 在 $t=\dfrac{\pi}{2}$ 相应点处的切线方程.

2.4　高　阶　导　数

预备知识：复合函数的求导法则为 $y'_x=y'_u\cdot u'_x$；参数方程求导法则为 $\dfrac{\mathrm{d}y}{\mathrm{d}x}=\dfrac{y'(t)}{x'(t)}$；当 $y=x^n$ 时，$y^{(n)}=n(n-1)\cdots(n-n+1)x^{n-n}=n(n-1)\cdots1=n!$；$\cos x=\sin\left(x+\dfrac{\pi}{2}\right)$.

2.4.1　高阶导数的概念

定义 2.3　如果函数 $f(x)$ 的导数 $f'(x)$ 在点 x 处可导，即

$$[f'(x)]'=\lim_{\Delta x\to0}\frac{f'(x+\Delta x)-f'(x)}{\Delta x}$$

存在，则称 $(f'(x))'$ 为函数 $f(x)$ 在点 x 处的**二阶导数**，记为

$$f''(x)\ 或\ y'',\frac{\mathrm{d}^2y}{\mathrm{d}x^2},\frac{\mathrm{d}^2f(x)}{\mathrm{d}x^2}.$$

类似地，二阶导数的导数称为**三阶导数**，记为

$$f'''(x) \text{ 或 } y''', \frac{\mathrm{d}^3 y}{\mathrm{d}x^3}, \frac{\mathrm{d}^3 f(x)}{\mathrm{d}x^3}.$$

一般地, $f(x)$ 的 $(n-1)$ 阶导数的导数称为 $f(x)$ 的 **n 阶导数**, 记为

$$f^{(n)}(x) \text{ 或 } y^{(n)}, \frac{\mathrm{d}^n y}{\mathrm{d}x^n}, \frac{\mathrm{d}^n f(x)}{\mathrm{d}x^n}.$$

函数 $f(x)$ 的各阶导数在 x_0 处的导数值记为

$$f'(x_0), f''(x_0), \cdots, f^{(n)}(x_0)$$

或

$$y' \mid_{x=x_0}, y'' \mid_{x=x_0}, \cdots, y^{(n)} \mid_{x=x_0}.$$

二阶和二阶以上的导数统称为高阶导数.

瞬时速度 $v(t)$ 是路程函数 $s = s(t)$ 对时间 t 的导数, 即

$$v(t) = s'(t).$$

速度 $v(t)$ 对于时间 t 的变化率就是加速度 $a(t)$, 即 $a(t)$ 是 $v(t)$ 对于时间 t 的导数

$$a(t) = v'(t) = [s'(t)]' = s''(t).$$

因此, 变速直线运动的加速度就是路程函数 $s(t)$ 对 t 的二阶导数.

2.4.2　高阶导数的计算

当 n 不太大时, 只需对函数 $f(x)$ 逐次求出导数 $f'(x), f''(x), \cdots$. 如果 n 比较大或者求任意阶导数, 则需要从较低阶的导数中寻找规律.

【例 2.4.1】　求函数 $y = \ln(x + \sqrt{1+x^2})$ 的二阶导数.

分析: 用到复合函数的求导法则.

解:　　　$$y' = \frac{1}{x+\sqrt{1+x^2}} \cdot \left(1 + \frac{2x}{2\sqrt{1+x^2}}\right) = \frac{1}{\sqrt{1+x^2}},$$

$$y'' = (y')' = \left(\frac{1}{\sqrt{1+x^2}}\right)' = -\frac{1}{2}(1+x^2)^{-\frac{3}{2}} \cdot 2x = = -\frac{x}{(1+x^2)^{\frac{3}{2}}}.$$

【例 2.4.2】　已知函数 $f(x) = \dfrac{1}{x^2+1}$, 求 $f''(1)$.

分析: $f(x) = \dfrac{1}{x^2+1}$ 可以看成商, 也可以看成 $(x^2+1)^{-1}$.

解:　　　$$f'(x) = \frac{-(x^2+1)'}{(x^2+1)^2} = -\frac{2x}{(x^2+1)^2},$$

$$f''(x) = -\frac{(2x)'(x^2+1)^2 - 2x \cdot [(x^2+1)^2]'}{(x^2+1)^4}$$

$$= -\frac{2(x^2+1)^2 - 2x \cdot 2(x^2+1) \cdot 2x}{(x^2+1)^4}$$

$$= \frac{6x^2-2}{(x^2+1)^3}.$$

所以
$$f''(1) = \frac{1}{2}.$$

【例 2.4.3】　已知函数 $y=y(x)$ 由方程 $y-x=\ln(x+y)$ 所确定，求 $\dfrac{\mathrm{d}^2 y}{\mathrm{d}x^2}$.

分析：可利用隐函数求导法则求出一阶导数，然后两边继续求导或利用导数法则求二阶导数.

解：方程两边同时对 x 求导，可得
$$y'-1 = \frac{1}{x+y}(1+y'),$$

化简后，可得
$$y' = \frac{x+y+1}{x+y-1} = 1 + \frac{2}{x+y-1}.$$

因此求得
$$\frac{\mathrm{d}^2 y}{\mathrm{d}x^2} = -\frac{2}{(x+y-1)^2}(1+y')$$

$$= -\frac{2}{(x+y-1)^2}\left(1+\frac{x+y+1}{x+y-1}\right)$$

$$= -\frac{4(x+y)}{(x+y-1)^3}.$$

【例 2.4.4】　求由参数方程 $\begin{cases} x=t-\arctan t, \\ y=\ln(1+t^2) \end{cases}$ 所表示的函数 $y=y(x)$ 的二阶导数 $\dfrac{\mathrm{d}^2 y}{\mathrm{d}x^2}$.

例 2.4.4

分析：利用参数方程的求导法则，t 是中间变量. $\dfrac{\mathrm{d}^2 y}{\mathrm{d}x^2}$ 是 y' 对 x 求导，不是 y' 对 t 求导.

解：
$$\frac{\mathrm{d}y}{\mathrm{d}x} = \frac{y'(t)}{x'(t)} = \frac{\dfrac{2t}{1+t^2}}{1-\dfrac{1}{1+t^2}} = \frac{2}{t}.$$

故
$$\frac{\mathrm{d}^2 y}{\mathrm{d}x^2} = \frac{\mathrm{d}}{\mathrm{d}x}\left(\frac{2}{t}\right) = \frac{\mathrm{d}}{\mathrm{d}t}\left(\frac{2}{t}\right)\cdot\frac{\mathrm{d}t}{\mathrm{d}x} = \frac{\mathrm{d}}{\mathrm{d}t}\left(\frac{2}{t}\right)\Big/\left(\frac{\mathrm{d}x}{\mathrm{d}t}\right)$$

$$= \frac{-\dfrac{2}{t^2}}{1-\dfrac{1}{1+t^2}} = -\frac{2(1+t^2)}{t^4}.$$

【例 2.4.5】　设 $y=x^n$，求 $y^{(n)}$.

分析：逐阶求导.

解: $y' = nx^{n-1}, y'' = (nx^{n-1})' = n(n-1)x^{n-2}, \cdots$

$$y^{(n)} = n(n-1)\cdots(n-n+1)x^{n-n} = n(n-1)\cdots1 = n!$$

想一想:$(x^n)^{(n+1)} = ?$

【例 2.4.6】 设 $y = x^2(3x^5 - 2x^4 - 3x + 1)^5$,求 $y^{(27)}$,$y^{(28)}$.

分析:等式右边是个 27 次多项式,首项以后的项都是 26 次及以下的,求 27 阶导数,除首项外,其余都是 0,所以不必把每项都写出来,可利用上面例题例 2.4.4 的结果.

解: $y = 3^5 x^{27} + \cdots,$

则 $y^{(27)} = 3^5 \cdot (27)!, y^{(28)} = 0.$

【例 2.4.7】 设 $y = \ln(1+x)$,求任意阶导数 $y^{(n)}$.

分析:逐阶求导,从中找规律.

解: $y' = \dfrac{1}{1+x},$

$$y'' = [(1+x)^{-1}]' = -(1+x)^{-2} = -\dfrac{1}{(1+x)^2},$$

$$y''' = -[(1+x)^{-2}]' = 2(1+x)^{-3} = \dfrac{2}{(1+x)^3} = \dfrac{2 \cdot 1}{(1+x)^3},$$

$$y^{(4)} = [2(1+x)^{-3}]' = -3 \cdot 2(1+x)^{-4} = -\dfrac{3 \cdot 2 \cdot 1}{(1+x)^4},$$

一般地,可得

$$y^{(n)} = (-1)^{n-1}\dfrac{(n-1)!}{(1+x)^n}.$$

【例 2.4.8】 设 $y = \sin x$,求 $y^{(n)}$.

分析:逐阶求导,从中找规律.

解: $y' = \cos x = \sin\left(x + \dfrac{\pi}{2}\right),$

$$y'' = (y')' = \cos\left(x + \dfrac{\pi}{2}\right) = \sin\left[\left(x + \dfrac{\pi}{2}\right) + \dfrac{\pi}{2}\right] = \sin\left(x + 2 \cdot \dfrac{\pi}{2}\right),$$

$$y''' = (y'')' = \cos\left(x + 2 \cdot \dfrac{\pi}{2}\right) = \sin\left(x + 3 \cdot \dfrac{\pi}{2}\right),$$

一般地,可得

$$y^{(n)} = \sin\left(x + n \cdot \dfrac{\pi}{2}\right),$$

即 $(\sin x)^{(n)} = \sin\left(x + \dfrac{n\pi}{2}\right).$

用同样方法可得到如下常用的任意阶导数公式:

$$(\cos x)^{(n)} = \cos\left(x + \dfrac{n\pi}{2}\right).$$

不难证明: $(a^x)^{(n)} = a^x(\ln a)^n (0 < a, 且 a \neq 1),$

$$(e^x)^{(n)} = e^x,$$

$$(x^\mu)^{(n)} = \mu(\mu-1)\cdots(\mu-n+1)x^{\mu-n}.$$

前面学习了导数,微积分中还有另外一个重要的概念和导数有密切的关系,即"微分".

练习 2.4

1. 求下列函数的二阶导数.

（1）$y = x^5 + 4x^3 + \cos x$；　　　　（2）$y = x\sin 2x$；

（3）$y = xe^{x^2}$；　　　　（4）$y = \sqrt{1-x^2}$；

（5）$y = \ln(1-x^2)$.　　　　（6）$y = \ln(x+\sqrt{1+x^2})$

2. 若 $f''(x)$ 存在,求下列函数的二阶导数 $\dfrac{d^2y}{dx^2}$.

（1）$y = f(x^3)$；　　　　（2）$y = \ln[f(x)]$.

3. 验证函数 $y = C_1 e^{2x} + C_2 e^{-3x}$（其中,$C_1, C_2$ 为任意常数）满足方程
$$y'' + y' - 6y = 0.$$

4. 求下列方程所确定的隐函数 y 的二阶导数 $\dfrac{d^2y}{dx^2}$.

（1）$4x^2 + 9y^2 = 36$；　　　　（2）$e^y + xy = e^2$.

5. 若下列参数方程所确定的函数 $y = y(x)$,求 $\dfrac{d^2y}{dx^2}$.

（1）$\begin{cases} x = 2e^{-t}, \\ y = 3e^t, \end{cases} (t \neq 1)$；　　　　（2）$\begin{cases} x = a(t - \sin t), \\ y = a(1 - \cos t). \end{cases}$

6. 求下列函数的 n 阶导数：

（1）$y = \sin^2 x$；　　　　（2）$y = \dfrac{1}{x}$.

2.5　函数的微分

预备知识：高阶无穷小的定义是 $\lim\limits_{\Delta x \to 0} \dfrac{o(\Delta x)}{\Delta x} = 0$；导数公式与法则.

2.5.1　微分的概念

在理论研究和实际应用中,常常需要考虑这样的问题:当自变量 x 发生微小的变化时,求函数 $y = f(x)$ 相应的微小增量
$$\Delta y = f(x_0 + \Delta x) - f(x_0).$$

通常函数增量的计算比较复杂,我们希望可以找到函数增量的近似计算方法.本节要介绍的微分,在研究函数增量的近似计算问题中起着重要的作用.下面我们从一个简单例子来看如何计算函数

增量的近似值.

如图 2-2 所示,一块边长为 x_0 的正方形薄片受热后,边长增加了 Δx,从而其面积的改变量为

$$\Delta S=(x_0+\Delta x)^2-x_0^2=2x_0 \cdot \Delta x+(\Delta x)^2.$$

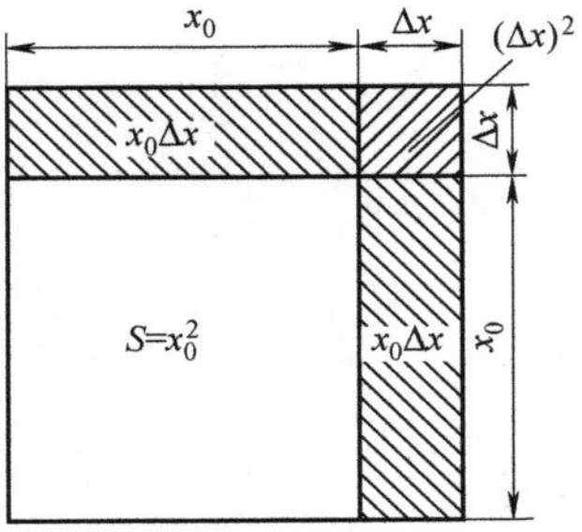

因为 Δx 很小,$(\Delta x)^2$ 必定比 Δx 小很多,故可认为

$$\Delta S \approx 2x_0 \cdot \Delta x.$$

这个近似公式表明,正方形薄片面积的改变量可以近似地由 Δx 的线性部分来代替,由此产生的误差只不过是一个当 $\Delta x \rightarrow 0$ 时的关于 Δx 的高阶无穷小(即图 2-2 中以 Δx 为边长的小正方形面积).由此可以引出微分的概念.

定义 2.4　设函数 $y=f(x)$ 在某邻域内有定义,若存在与 Δx 无关的常数 A,使函数的改变量 $\Delta y=f(x_0+\Delta x)-f(x_0)$ 可表示为

$$\Delta y=A \cdot \Delta x+o(\Delta x)$$

则称函数 $y=f(x)$ 在点 x_0 可微,且称 $A \cdot \Delta x$ 为函数 $y=f(x)$ 在点 x_0 的**微分**,记作 $\mathrm{d}y$,即

$$\mathrm{d}y=A \cdot \Delta x$$

也称 $\mathrm{d}y$ 是 Δy 的**线性主部**.可导与可微的关系如下.

定理 2.6　函数 $y=f(x)$ 在点 x_0 处可微 $\Leftrightarrow$ 函数 $y=f(x)$ 在点 x_0 处可导,且

$$\mathrm{d}y=f'(x_0) \cdot \Delta x.$$

证明:($\Rightarrow$) 设函数 $y=f(x)$ 在点 x_0 处可微,即 $\Delta y=A \cdot \Delta x+o(\Delta x)$,则

$$\lim_{\Delta x \rightarrow 0} \frac{\Delta y}{\Delta x}=\lim_{\Delta x \rightarrow 0} \frac{A \cdot \Delta x+o(\Delta x)}{\Delta x}=\lim_{\Delta x \rightarrow 0}\left[A+\frac{o(\Delta x)}{\Delta x}\right]=A,$$

表明函数 $y=f(x)$ 在点 x_0 处可导,且 $f'(x_0)=A$.所以 $\mathrm{d}y=f'(x_0) \cdot \Delta x$.

($\Leftarrow$) 设函数 $y=f(x)$ 在点 x_0 处可导,即 $f'(x_0)=\lim\limits_{\Delta x \rightarrow 0} \frac{\Delta y}{\Delta x}$.根据函数极限与无穷小的关系,有 $\frac{\Delta y}{\Delta x}=f'(x_0)+\alpha$,其中 α 是 $\Delta x \rightarrow 0$ 时的无穷小,因此

$$\Delta y=f'(x_0) \cdot \Delta x+\alpha \Delta x,$$

因为

$$\lim_{\Delta x \rightarrow 0} \frac{\alpha \Delta x}{\Delta x}=\lim_{\Delta x \rightarrow 0} \alpha=0,$$

故 $\alpha \Delta x$ 是比 Δx 高阶的无穷小,记作 $o(\Delta x)$,从而

$$\Delta y=f'(x_0) \cdot \Delta x+o(\Delta x),$$

这表明函数 $y=f(x)$ 在点 x_0 处可微.

因此通常称可导函数为可微函数.即可导一定可微,可微一定可导.

函数在 $y=f(x)$ 在任意点 x 处的微分称为函数 $y=f(x)$ 的微分,记作 $\mathrm{d}y$ 或 $\mathrm{d}f(x)$,即

图　2-2

微分

定理 2.6

$$dy = f'(x) \cdot \Delta x.$$

当 $y \equiv x$ 时, $dx = x' \cdot \Delta x = \Delta x$. 因此, 通常把自变量的改变量 Δx 作为自变量的微分 dx. 于是函数 $f(x)$ 在点 x_0 的微分可写成

$$dy = f'(x_0) \cdot dx.$$

函数的微分可写成

$$dy = f'(x)dx.$$

从而有

$$\frac{dy}{dx} = f'(x).$$

因此, 导数又称为**微商**.

【例 2.5.1】 求函数 $y = x^3$ 在 $x = 2$ 处的微分.

分析: 据定义 $dy = y'dx$, 先求函数在 x 处的微分, 再代入求解.

解: 函数 $y = x^3$ 在 $x = 2$ 处的微分为

$$dy = (x^3)' |_{x=2} \cdot dx = (3x^2) |_{x=2} \cdot dx = 12dx.$$

【例 2.5.2】 求函数 $y = \ln x$ 当 x 由 2 改变到 2.01 时的微分.

分析: 据定义 $dy = y'dx$ 求微分. 先求函数在 x 处的微分, 再代入 x 和 Δx 的值.

解:
$$dy = (\ln x)' \cdot dx = \frac{1}{x}dx,$$

由条件知
$$x = 2, dx = \Delta x = 2.01 - 2 = 0.01,$$

故所求微分为
$$dy = \frac{1}{2} \times 0.01 = 0.005.$$

2.5.2 微分公式

根据微分定义 $dy = f'(x) \cdot dx$, 只要求出导数 $f'(x)$, 再乘以 dx, 即可得微分. 由导数的基本公式和运算法则, 可得到相应的微分基本公式和运算法则.

（1） $dC = 0$,

（2） $d(x^\mu) = \mu x^{\mu-1}dx$,

（3） $d(a^x) = a^x \ln a dx \, (a > 0, \text{且 } a \neq 1)$,

（4） $d(e^x) = e^x dx$,

（5） $d(\log_a x) = \frac{1}{x \ln a}dx \, (a > 0, \text{且 } a \neq 1)$,

（6） $d(\ln x) = \frac{1}{x}dx$, 　　　　（7） $d(\sin x) = \cos x dx$,

（8） $d(\cos x) = -\sin x dx$, 　　　（9） $d(\tan x) = \sec^2 x dx$,

（10） $d(\cot x) = -\csc^2 x dx$ 　　（11） $d(\sec x) = \sec x \tan x dx$,

（12） $d(\csc x) = -\csc x \cot x dx$ 　（13） $d(\arcsin x) = \frac{1}{\sqrt{1-x^2}}dx$,

（14）$d(\arccos x) = -\dfrac{1}{\sqrt{1-x^2}}dx$,   （15）$d(\arctan x) = \dfrac{1}{1+x^2}dx$,

（16）$d(\text{arccot}x) = -\dfrac{1}{1+x^2}dx$.

2.5.3 微分的运算法则

（1）四则运算法则（设 u,v 可微）：

$d(u\pm v) = du\pm dv$;

$d(uv) = vdu+udv$;

$d\left(\dfrac{u}{v}\right) = \dfrac{vdu-udv}{v^2}(v\neq 0)$.

（2）复合函数的微分——微分的形式不变性

设 $y=f(u)$ 和 $u=g(x)$ 都可导，即 $f'(u),g'(x)$ 存在，则根据复合函数求导的链式法则，可以得到复合函数 $y=f[g(x)]$ 的微分的表达式：

$$dy = d\{f[g(x)]\} = \{[f(g(x))]\}'dx = f'(u)g'(x)dx = f'(u)du.$$

可见，不论 u 是中间变量还是自变量，微分的形式 $dy=f'(u)du$ 总是一样的，称此性质为**一阶微分的形式不变性**.

一阶微分的形式不变性

【例 2.5.3】 求函数 $y=\tan x^2$ 的微分.

分析：可以利用微分的定义求解，也可以利用一阶微分的形式不变性求解.

解（1）：　　　　　$y' = (\tan x^2)' = 2x\sec^2 x^2$,

所以　　　　　　　　$dy = y'dx = 2x\sec^2 x^2 dx$.

解（2）：利用微分的形式不变性，令 $u=x^2$，得

$$dy = d(\tan u) = \sec^2 udu = \sec^2 x^2 dx^2 = 2x\sec^2 x^2 dx.$$

【例 2.5.4】 求函数 $y=x^2 e^{-x}$ 的微分.

分析：利用微分的运算法则和一阶微分的形式不变性求解比较好.

解：　　　$dy = d(e^{-x}\cdot x^2) = e^{-x}d(x^2)+x^2 d(e^{-x})$

$$= e^{-x}\cdot 2xdx+x^2\cdot(-e^{-x})dx = xe^{-x}(2-x)dx.$$

【例 2.5.5】 求函数 $y=\ln\cos x^2$ 的微分.

分析：利用一阶微分的形式不变性求解.

解：　　　　　$dy = \dfrac{1}{\cos x^2}d\cos x^2 = \dfrac{-\sin x^2}{\cos x^2}dx^2$

$$= -\tan x^2\cdot 2xdx = -2x\tan x^2 dx.$$

【例 2.5.6】 已知 $x^2+xy+y^2=1$，求微分 dy.

分析：可以把方程两边同时求微分，也可以先求导数.

解（1）：把方程两边同时求微分得

$$2xdx+ydx+xdy+2ydy = 0,$$

得
$$dy = -\frac{2x+y}{x+2y}dx.$$

方程两边同时对 x 求导,得
$$2x+y+xy'+2yy'=0,$$

解(2):方程两边同时对 x 求导,得
$$2x+(x'y+xy')+2y\cdot y'=0$$
$$y'=-\frac{2x+y}{x+2y},$$

所以
$$dy=y'dx=-\frac{2x+y}{x+2y}dx.$$

2.5.4　微分的几何意义

在图 2-3 中,设曲线 $y=f(x)$ 在点 $M(x_0,y_0)$ 处的切线为 MT,由导数的几何意义可知,MT 的斜率为 $\tan\alpha=f'(x_0)$,$N(x_0+\Delta x,y_0+\Delta y)$ 为曲线上的另一个点,则
$$MQ=\Delta x,NQ=\Delta y,$$

所以
$$PQ=MQ\cdot\tan\alpha=\Delta x\cdot f'(x_0)=dy.$$

因此,函数 $y=f(x)$ 在点 x_0 处的微分的几何意义是:当曲线上一点 $M(x_0,y_0)$ 的纵坐标的改变量时,dy 就是曲线的切线上点的纵坐标的改变量.当 Δx 很小时,$\Delta y\approx dy$.

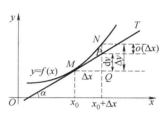

图　2-3

2.5.5　微分在近似计算中的应用

微分是近似计算中的一个重要方法.有 Δx 很小时,
$$\Delta y=f(x_0+\Delta x)-f(x_0)\approx f'(x_0)\cdot\Delta x.$$
或
$$f(x_0+\Delta x)\approx f(x_0)+f'(x_0)\Delta x.$$
这种近似法的精度未必很高,但其简单实用的形式得到广泛应用.

若取 $x_0=0$,用 x 替换 Δx,则可以得到形式更为简单的近似公式:
$$f(x)\approx f(0)+f'(0)\cdot x.$$
由此可以推出下列常用的近似公式($|x|$ 充分小):

(1) $(1+x)^\alpha\approx1+\alpha x(\alpha\in\mathbf{R})$;

(2) $e^x\approx1+x$;

(3) $\ln(1+x)\approx x$;

(4) $\sin x\approx x$;

(5) $\tan x\approx x$.

【例 2.5.7】　计算 $\sin29°$ 的近似值.

分析:$\sin29°$ 与 $\sin30°$ 近似相等,利用 $f(x_0+\Delta x)\approx f(x_0)+f'(x_0)\Delta x$ 进行计算,取 $x_0=30°=\dfrac{\pi}{6}$.

解：取 $x_0 = 30° = \dfrac{\pi}{6}$，$x = 29° = \dfrac{29}{180}\pi$，$\mathrm{d}x = -\dfrac{\pi}{180}$，则

$$\sin 29° = \sin\frac{29}{180}\pi = \sin\left(\frac{\pi}{6} - \frac{\pi}{180}\right) \approx \sin\frac{\pi}{6} + \cos\frac{\pi}{6}\cdot\left(-\frac{\pi}{180}\right)$$

$$= \frac{1}{2} + \frac{\sqrt{3}}{2}\cdot(-0.0175) \approx 0.485.$$

【例 2.5.8】　计算下列各数的近似值：

（1）$\sqrt[3]{1.03}$；　　　　　　　（2）$\mathrm{e}^{-0.01}$.

分析：因为 Δx 很小，所以可利用近似公式 $(1+x)^{\alpha} \approx 1 + \alpha x$ 和 $\mathrm{e}^{x} \approx 1 + x$ 进行计算.

解：（1）$\sqrt[3]{1.03} = \sqrt[3]{1+0.03} \approx 1 + \dfrac{1}{3}\times 0.03 = 1.01$.

（2）$\mathrm{e}^{-0.01} \approx 1 - 0.01 = 0.99$.

【例 2.5.9】　计算 $\sqrt[5]{30}$ 的近似值.

分析：不能直接应用简易近似公式 $(1+x)^{\alpha} \approx 1 + \alpha x$，应先变形.

解：$\sqrt[5]{30} = (32-2)^{\frac{1}{5}} = 2\left(1 - \dfrac{1}{16}\right)^{\frac{1}{5}} \approx 2\times\left(1 - \dfrac{1}{5}\times\dfrac{1}{16}\right) = 1.975$.

练习 2.5

1. 求函数 $y = \sin 2x$ 在 $x = 0$ 处的微分.

2. 求函数 $y = x^2$ 当 x 由 1 改变到 1.005 时的微分.

3. 求下列各微分 $\mathrm{d}y$.

（1）$y = \ln x + \sqrt{x}$；　　　　　（2）$y = x\sin 2x$；

（3）$y = x^2 \mathrm{e}^{2x}$；　　　　　　（4）$y = \dfrac{\sin 2x}{x^2}$；

（5）$y = \ln(1 + \mathrm{e}^{-x^2})$；　　　（6）$y = \arctan\sqrt{1+x^2}$；

（7）$xy^2 + x^2 y = 1$；　　　　（8）$y = (\mathrm{e}^x + \mathrm{e}^{-x})^2$；

（9）$\mathrm{e}^{xy} = 3x + y^2$.

4. 计算下列各数的近似值.

（1）$\mathrm{e}^{0.03}$；　　　　　　　　（2）$\sqrt[100]{1.002}$；

（3）$\sqrt[4]{17}$；　　　　　　　（4）$\cos 29°$.

5. 在下列等式的括号中填入适当的函数，使等式成立.

（1）$\mathrm{d}(\quad) = 3\mathrm{d}x$；　　（2）$\mathrm{d}(\quad) = 2x\mathrm{d}x$；

（3）$\mathrm{d}(\quad) = \cos\omega x\mathrm{d}x$；　（4）$\mathrm{d}(\quad) = \dfrac{1}{1+x}\mathrm{d}x$；

（5）$\mathrm{d}(\quad) = \dfrac{1}{\sqrt{x}}\mathrm{d}x$.

　　本章我们学习了导数的定义、导数的计算,那么导数可以应用在哪里呢? 下一章即将学习一些导数的应用.

本 章 小 结

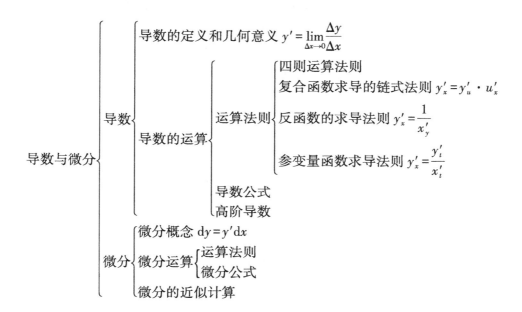

复习题 2

1. 填空题.

已知 $f'(x_0)=k(k$ 为常数$)$,则

(1) $\lim\limits_{\Delta x \to 0} \dfrac{f(x_0+2\Delta x)-f(x_0)}{\Delta x}=$ _____;

(2) $\lim\limits_{n \to \infty} n\left[f\left(x_0+\dfrac{1}{n}\right)-f(x_0)\right]=$ _____;

(3) $\lim\limits_{h \to 0} \dfrac{f(x_0+h)-f(x_0-2h)}{h}=$ _____.

2. 选择题.

(1) 函数 $y=f(x)$ 在点 x_0 处的左导数 $f'_-(x_0)$ 和右导数 $f'_+(x_0)$ 都存在,这是 $f(x)$ 在 x_0 可导的(　　)

A. 充分必要条件;　　　　　B. 充分但非必要条件;

C. 必要但非充分条件;　　　D. 既非充分又非必要条件.

(2) 函数 $f(x)=|\sin x|$ 在 $x=0$ 处(　　)

A. 可导;　　　　　　　　　B. 连续但不可导;

C. 不连续；　　　　　　　　　　D. 极限不存在.

3. 设 $f(x)$ 在 $x=1$ 处连续，且 $\lim\limits_{x\to1}\dfrac{f(x)}{x-1}=2$，求 $f'(1)$.

4. 设函数 $f(x)=\begin{cases}ax+b, & x<1\\ x^2, & x\geq1\end{cases}$ 在 $x=1$ 处可导，求 a,b 的值.

5. 设 $f(x)=x(x-1)(x-2)\cdots(x-1000)$，求 $f'(0)$.

6. 求 $y=\ln x+e^x$ 的反函数 $x=x(y)$ 的导数.

7. 求下列各式的 y'.

(1) $y=x^a+a^x+x^x+a^a$（$a>0$，且 $a\neq1$）；

(2) $y=\sqrt{\sin x^2}+\ln 2$；

(3) $y=\dfrac{\sqrt{1+x}+\sqrt{1-x}}{\sqrt{1+x}-\sqrt{1-x}}$；

(4) $y=x\arcsin\dfrac{x}{2}+\sqrt{4-x^2}$；

(5) $y=\sqrt{\left(\dfrac{b}{a}\right)^x\left(\dfrac{a}{x}\right)^b\left(\dfrac{x}{b}\right)^a}$；

(6) $y=f(\tan^2 x)+f(\cot^2 x)$.

(7) $y=x^2\cdot f(e^{2x})$，$f(u)$ 可导.

8. 求曲线 $y=\sin 2x+x^2$ 上横坐标为 $x=0$ 的点处的切线方程与法线方程.

9. 求与直线 $x+9y-1=0$ 垂直的曲线 $y=x^3-3x^2+5$ 的切线方程.

10. 求下列函数的高阶导数.

(1) 已知 $y=(1+x^2)\arctan x$，求 y''；

(2) 已知 $y=\ln(\sqrt{1+x^2}-x)$，求 y''.

11. 验证函数 $y=C_1e^{\sqrt{x}}+C_2e^{-\sqrt{x}}$（其中，$C_1$，$C_2$ 为任意常数）满足方程

$$4xy''-2y'+y=0.$$

12. 求下列方程所确定的函数的二阶导数 $\dfrac{\mathrm{d}^2y}{\mathrm{d}x^2}$.

(1) $y=\tan(x+y)$；

(2) $\begin{cases}x=f'(t), \\ y=tf'(t)-f(t),\end{cases}\quad f''(t)\neq0$；

(3) $\begin{cases}x=a\cos^3 t, \\ y=a\sin^3 t.\end{cases}$

13. 设 $f'(\sin x)=\cos 2x+\csc x$，求 $f''(x)$.

14. 求下列函数的微分.

(1) $y=e^{-x}\cos(3-x)$；

(2) $y=\arcsin\sqrt{1-x^2}$.

【阅读 2】

极限的历史（二）
——极限思想的完善

　　在极限思想产生之后，极限与微积分联系到了一起.许多人都想要完美地解决微积分理论基础的问题，但都以失败告终.这是因为数学的研究对象在长期的研究过程中已经从简单的常数扩展到变量，但人们还是习惯于用不变的常数思想来思考和分析问题.这就导致对"变量"这一特有的概念的理解不是很透彻，对"变量数学"与"常数数学"之间的区别和联系仍缺乏认识，"有限"与"无限"对立统一的问题认知不清晰.这样人们用处理常量数学时的思维去处理变量数学的问题，就无法适应新型的变量数学问题，处理问题的思想过于僵化.

　　在极限定义的研究上，人们从未停止过脚步，一直在不断努力，罗宾斯、达朗贝尔和罗依里埃分别是其中一员.他们认为极限一定要成为微积分的基本概念，并开始对极限定义进行研究，发表了自己对极限的理解.其中达朗贝尔的结论比较接近现在所定义的极限，他的解释是"一个量是另一个量的极限，如果第二个量比任何给定的值更接近于第一个量."此时他所描述的意义已经非常接近"极限"的正确定义.由于当时条件所限，在十九世纪之前，人们在处理数学问题时还是过多运用几何直观的方法，在定义上还是过于依赖几何图像."具象化"并不是落后思维的同义词，思维落后也不等同于对几何直观的研究，因为当今我们仍然可以使用函数"映射"成图的方法来研究更复杂的趋势问题.如果有趋势，我们就可以建立极限概念.

　　在极限的基础上，导数随之而来，开始进入人们的视野，这也就避免不了数学家们对其进行定义，捷克数学家波尔查诺也参与其中.他把差商 $\dfrac{\Delta S}{\Delta t}$ 的极限定义为导数，还特别指出导数并不是两个零的商.他是第一位正确地用极限定义导数的人.每一次数学革命都会有像波尔查诺一样的人存在，他的数学思想在当时是非常有价值的，但他对于"极限的本质"仍然没有向大家解释清楚.

　　进入十九世纪柯西再次对极限概念进行阐述："当一个变量无限靠近某个固定值时，该变量的值与固定值之间的差值最终会变得非常小，那么就可以把这个固定值看作所有其他值的极限值.在特殊情况下，当无限缩小一个变量的值（绝对值）时，也就是说差不多收敛到 0 的时候，意味着这个变量变得无穷小."这些内容收录在文献《分析课程》中.柯西把"以 0 为极限的变量"看作是无穷小的，这样一来，他就用"似零不是零却可以人为用等于 0 处理"的办法正确地给出了"无穷小"的概念，也就是说，在变量不断变化的过程中，他的值是不等于零的，但是它一直向 0 靠近的，无限接近于 0 的.这个时候，人们处理问题时就可以用"等于 0"来近似，它是不会产生错误的结果的.

　　柯西在对极限概念进行叙述时，也遇到了与之前的数学家相似的问题，就是几何直观在极限中的影子总是抹除不去，以至于无法正确定义极限.但并不是说"几何直观"是一种不好的方法.在研究函数时，我们也可以使用想象力——体现动态趋势的可变图像.把图像放大到一个非常大的倍数之后，你想看到变量值"与零重合"，那是不可能的，所以用不等式来表示极限会更清晰.柯西在对极限进行叙述时，还是会用到描述性词语，比如使用"无限逼近""要多小就有多小"等这些更容易让大家理解的描述，让概念显得更通俗易懂.由此，定义仍然会保留几何或物理痕迹，而且保留直视痕迹也是有益的，但是通过结合抽象定义，"极限"

的概念可以更容易理解.后来,维尔斯特拉斯尝试着用静态的抽象去定义极限,这样极限概念中的直观痕迹就可以消除,这在微积分以后的发展中有很大的作用.对于 $x_n \to x$,其实就是:"如果对任何 $\varepsilon > 0$,总是存在自然数 N,使 $n > N$ 时,不等式 $|x_n - x| < \varepsilon$ 恒成立".这个定义,在不等式的帮助下,通过 ε 和 N 之间的关系,定量地、具体地刻画了两个"无限过程"之间的联系.因此,在目前看来,这个定义应该是一个相对严格的定义,是可以作为科学论证的基础的.目前数学课本中的严格定义使用的都是这个定义.这个定义的内容涉及的只是"数与数的大小关系",而且为了不再使用"趋近"这个词,选择"任何、存在"等词语来代替,这样就不用再诉之于运动的直观性.

我们可以把常数理解为"不变的量".在很长一段时间,人们研究数学都是停留在常数的思维层面,且一直都是使用静态图像思维,直到微积分的出现,人们考虑问题的思维才开始有所转变.自从解析几何和微积分被发现,考虑"变化量"的运动思维方式在数学领域运用开来,人们开始用数学工具对物理量等变化过程进行动态研究.在这之后,维尔斯特拉斯创建了 ε-N 语言,给出了用来描述变量的趋势的静态定义.这种"静态—动态—静态"的螺旋演化,很好地体现出数学发展中的辩证规律.

在上一章中,我们从因变量相对于自变量的变化快慢,抽象出"导数"的概念及其计算方法,并且解释了导数的几何意义以及物理意义等.为了进一步研究函数的性质,我们还需要在此基础上了解建立微分学的基本定理——中值定理.

本章将介绍微分学中几个最为重要的基本定理,进一步利用导数来研究函数以及其对应曲线的各种性态,并由此解决生活中的实际问题.

3.1 中 值 定 理

预备知识:函数极限的保号性定理 $\lim\limits_{x \to x_0} f(x) = A$,若 $f(x) \geqslant (\leqslant) 0$,则 $A \geqslant (\leqslant) 0$;导数的定义 $f'(x_0) = \lim\limits_{\Delta x \to 0} \dfrac{\Delta y}{\Delta x}$ 及左导数、右导数定义.

3.1.1 罗尔定理

首先介绍极值的概念.

定义 3.1 设函数 $f(x)$ 在区间 I 上有定义.若存在点 x_0 的某邻域 $U(x_0) \subset I$,使得对于 $\forall x \in U(x_0)$,有
$$f(x) \leqslant f(x_0) \ (\text{或} f(x) \geqslant f(x_0)),$$
则称点 x_0 是函数 $f(x)$ 的极大值点(或极小值点),并称函数值 $f(x_0)$ 是函数 $f(x)$ 的极大值(或极小值).

极大值点与极小值点统称为极值点,极大值与极小值统称为极值.

从极值的定义可以看出,极值是与极值点的某邻域内的函数值相比较而言的,因而极值是一个局部概念.一个函数在某区间上可以有不止一个极大值(或极小值),而且可能某个极小值要比极大值大,如图 3-1 所示.

需要注意的是,极值是否存在与函数在该极值点是否可导无关.另外,从图 3-1 中我们可以看出,极大(小)值在极大(小)值点的

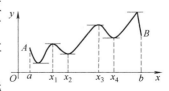

图 3-1

邻域内是最大(小)的,但在整个区间上却不一定是最大(小)的.需要指出的是,最大(小)值(如果存在)是一个全局概念,即在整个区间上至多有一个最大(小)值(如果存在).显然,最值可以是极值,也可以不是极值,也就是说,最值是所有极值加上边界点处的函数值中最大(小)的那一个.

定理 3.1(费马定理)　设函数 $f(x)$ 在区间 I 上有定义.若函数 $f(x)$ 在 x_0 处可导,且 x_0 是函数 $f(x)$ 的极值点,则 $f'(x_0) = 0$.

费马定理阐述了一个简明的事实:可导极值点处的导数为零.定理的几何意义:曲线 $f(x)$ 在点 $(x_0, f(x_0))$ 处存在切线并且切线斜率为 0,即在极值点处曲线 $y=f(x)$ 的切线平行于 x 轴,如图 3-2 所示.

曲线 $y=f(x)$ 在极值点 x_1, x_2 处的切线都是平行于 x 轴的.

分析:利用"导数存在的充要条件是左导数等于右导数",以及极值定义,易证结论.

证明:不妨设 x_0 为函数 $f(x)$ 的极大值点,即存在邻域 $U(x_0) \subset I$,对 $\forall x \in U(x_0)$,都有 $f(x) \leqslant f(x_0)$.于是,当 $x < x_0$ 时,$\dfrac{f(x)-f(x_0)}{x-x_0} \geqslant 0$;

当 $x > x_0$ 时,$\dfrac{f(x)-f(x_0)}{x-x_0} \leqslant 0$.

根据函数极限的保号性,

$$f'_-(x_0) = \lim_{x \to x_0^-} \frac{f(x)-f(x_0)}{x-x_0} \geqslant 0;$$

$$f'_+(x_0) = \lim_{x \to x_0^+} \frac{f(x)-f(x_0)}{x-x_0} \leqslant 0.$$

由导数存在的充要条件可知 $f'(x_0) = f'_-(x_0) = f'_+(x_0) = 0$.

进一步地,有下面的定理:

定理 3.2(罗尔定理)　如果函数 $f(x)$ 满足:(1)在闭区间 $[a,b]$ 上连续,(2)在开区间 (a,b) 内可导,(3)在区间两端点处的函数值相等,即 $f(a)=f(b)$,则在 (a,b) 内至少存在一点 c,使得 $f'(c) = 0$.

如图 3-3 所示,罗尔定理指出了对于区间 $[a,b]$ 上的一条连续光滑曲线,且在区间两端点处函数值相等,即 $f(a)=f(b)$,那么在曲线上至少存在一点,使得其在该点处有水平切线.

证明:由条件(1),函数 $f(x)$ 在 $[a,b]$ 上连续,因而存在最大值 M 和最小值 m.

下面分两种情况讨论:

(1) 若 $M=m$,即 $f(x)$ 在 $[a,b]$ 上恒为常数,显然对 $\forall c \in [a,b]$,有 $f'(c)=0$;

(2) 若 $M>m$,则显然 M 和 m 不能同时取值 $f(a)$,即在 (a,b) 内,函数 $f(x)$ 必然至少存在一个极值点 c,于是根据费马定理,有 $f'(c) = 0$.

由此,定理证毕.

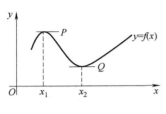

图　3-2

费马定理

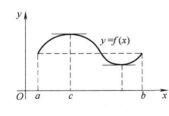

图　3-3

罗尔定理

【例 3.1.1】　已知函数 $y=x^2-3x+2$ 在闭区间 $[1,2]$ 上连续,在开区间 $(1,2)$ 内可导,$f(1)=f(2)=0$.求在区间 $(1,2)$ 内的一点 ξ,使 $f'(\xi)=0$.

例 3.1.1

分析:从 $f(1)=f(2)=0$ 入手,利用罗尔定理解决.

解:函数 $y=x^2-3x+2$ 在 $[1,2]$ 上满足罗尔定理条件,因此在区间 $(1,2)$ 内至少存在一点 ξ,使 $f'(\xi)=2\xi-3=0$,得 $\xi=\dfrac{3}{2}$.

需要指出的是,罗尔定理中的条件都是充分条件而非必要条件,读者可自行作图举例.

3.1.2　拉格朗日中值定理

在罗尔定理中,条件 $f(a)=f(b)$ 比较特殊,若去掉这一条件而保留其余的两个条件,相应的结论也会改变,这便得到了微分学中一个十分重要的定理,即拉格朗日中值定理,有时也称为微分中值定理.

拉格朗日中值定理

定理 3.3(拉格朗日中值定理)　如果函数 $f(x)$ 满足:(1)在闭区间 $[a,b]$ 上连续,(2)在开区间 (a,b) 内可导,则在 (a,b) 内至少存在一点 ξ,使得

$$f'(\xi)=\frac{f(b)-f(a)}{b-a}.$$

由图 3-4 所示,$\dfrac{f(b)-f(a)}{b-a}$ 为弦 AB 所在直线的斜率,$f'(\xi)$ 为函数 $y=f(x)$ 在点 ξ 处的导数.由导数的意义可知,过点 $(\xi,f(\xi))$ 的曲线的斜率为 $f'(\xi)$,即该切线平行于弦 AB.

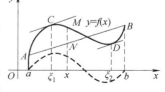

图　3-4

从上述表达式可知,若 $f(b)=f(a)$,则 $f'(\xi)=0$,即罗尔定理是拉格朗日中值定理的特例,而拉格朗日中值定理是罗尔定理的推广,因而可以考虑用罗尔定理证明拉格朗日中值定理.

证明:构造辅助函数

$$F(x)=f(x)-\left[f(a)+\frac{f(b)-f(a)}{b-a}(x-a)\right].$$

显然,函数 $F(x)$ 满足在闭区间 $[a,b]$ 上连续,在开区间 (a,b) 内可导,$F'(x)=f'(x)-\dfrac{f(b)-f(a)}{b-a}$,且 $F(a)=F(b)$.由罗尔定理可知,在区间 (a,b) 内至少存在一点 ξ,使得 $F'(\xi)=0$,即

$$f'(\xi)=\frac{f(b)-f(a)}{b-a}.$$

拉格朗日中值定理是微分学中最重要的定理之一,上式右端描述的是函数 $y=f(x)$ 在 $[a,b]$ 上的平均变化率,而左端 $f'(\xi)$ 表示的是在开区间 (a,b) 上某点 ξ 的局部变化率.因此,拉格朗日中值定理是沟通函数与导数之间的桥梁,是应用导数的局部性研究函数的整

体性的重要工具.同时,该定理的结论还有多种等价形式:

(1) $f(x+\Delta x)-f(x)=f'(\xi)\Delta x, x\leqslant\xi\leqslant x+\Delta x$,称为拉格朗日中值公式(简称拉氏公式);

(2) 设 $\xi=a+\theta(b-a), 0<\theta<1$,从而有
$$f(b)-f(a)=f'[a+\theta(b-a)](b-a),(0<\theta<1);$$

(3) 设 $[x,x+\Delta x]\subset(a,b),\forall\Delta x\geqslant0$,于是有
$$f(x+\Delta x)-f(x)=f'(\xi)\Delta x(x\leqslant\xi\leqslant x+\Delta x),$$
即
$$\Delta y=f'(x+\theta\Delta x)\Delta x, 0<\theta<1.$$

上式称为有限增量公式,公式中导数的取值点存在但不必求出.在 x 取得有限增量 Δx 而需要求函数增量的精确表达时,该式就显得非常重要.

【例 3.1.2】 验证函数 $y=x^2$ 在 $[0,2]$ 上满足拉格朗日中值定理的条件,求出相应的 ξ.

分析:根据拉格朗日中值定理的条件,对比可知 ξ 的存在;再求导可得 ξ 的值.

解:函数 $f(x)=x^2$ 显然在 $[0,2]$ 上连续,在 $(0,2)$ 内可导,且 $f'(x)=2x$,因此 $f(x)=x^2$ 在 $[0,2]$ 上满足拉格朗日中值定理的条件,在 $(0,2)$ 内至少存在一点 ξ,使
$$f'(\xi)=\frac{f(2)-f(0)}{2-0}=\frac{4-0}{2-0}=2,$$
即 $2\xi=2$,所以 $\xi=1$.

例 3.1.3

【例 3.1.3】 证明: $\frac{b-a}{b}<\ln\frac{b}{a}<\frac{b-a}{a}(0<a<b)$.

分析:根据拉格朗日中值定理的结论可知,当 $a<\xi<b$ 时,$f'(x)$ 有界,即
$$|f'(x)|\leqslant C(\text{或者} m\leqslant f'(x)\leqslant M),$$
于是有 $|f(b)-f(a)|\leqslant C|b-a|[\text{或} m(b-a)\leqslant f(b)-f(a)\leqslant M(b-a)]$.

结合上述结论,不等式等价于 $\frac{1}{b}<\frac{\ln b-\ln a}{b-a}<\frac{1}{a}$,从而出现拉格朗日中值定理的结论,于是我们可以使用 $[a,b]$ 上的函数 $f(x)=\ln x$ 完成证明.

证明:构造函数 $f(x)=\ln x, x\in[a,b], a>0$.易知函数 $f(x)=\ln x$ 在 (a,b) 内可导,且 $f'(x)=\frac{1}{x}$.由拉格朗日中值定理知,至少存在一点 $\xi\in(a,b)$,使
$$f'(\xi)=\frac{f(b)-f(a)}{b-a}=\frac{\ln b-\ln a}{b-a},\text{即}\frac{\ln b-\ln a}{b-a}=\frac{1}{\xi}.$$
由于 $\frac{1}{b}<\frac{1}{\xi}<\frac{1}{a}(a<\xi<b)$,于是 $\frac{1}{b}<\frac{\ln b-\ln a}{b-a}<\frac{1}{a}$,
即
$$\frac{b-a}{b}<\ln\frac{b}{a}<\frac{b-a}{a}(0<a<b).$$

两个重要推论:

推论 3.1　若函数 $f(x)$ 在区间 (a,b) 内可导,则 $f(x)$ 在区间 (a,b) 内恒等于常数的充要条件是 $f'(x)\equiv 0$.

证明:必要性显然.下面证明充分性:任取 (a,b) 内两点 x_1 和 x_2,不妨设 $x_1<x_2$,显然函数 $f(x)$ 在 $[x_1,x_2]$ 上满足拉格朗日中值定理的条件,因而有

$$f(x_2)-f(x_1)=f'(\xi)(x_2-x_1),\xi\in(x_1,x_2).$$

由已知条件 $f'(x)\equiv 0$,可得

$$f(x_2)-f(x_1)=0.$$

又因 x_1,x_2 两点是任意的,所以在区间 (a,b) 内,函数值均相等,即 $f(x)$ 在 (a,b) 内恒等于常数.

由推论 3.1 立即得到下面的推论:

推论 3.2　若在区间 I 内函数 $f(x)$ 和 $g(x)$ 均可导且导数相等,则两个函数只相差一个常数 C.

【例 3.1.4】　证明等式 $\arcsin x+\arccos x=\dfrac{\pi}{2}(-1\leqslant x\leqslant 1)$.

分析:若能证明一个函数的导数为 0,则该函数为常函数.

证明:设 $f(x)=\arcsin x+\arccos x,x\in[-1,1]$,于是

例 3.1.4

$$f'(x)=\frac{1}{\sqrt{1-x^2}}+\left(-\frac{1}{\sqrt{1-x^2}}\right)=0(-1\leqslant x\leqslant 1).$$

由推论可知 $\forall x\in(-1,1),f(x)\equiv C,C$ 为常数.

由 $f(0)=\arcsin 0+\arccos 0=0+\dfrac{\pi}{2}=\dfrac{\pi}{2}$,可得 $C=\dfrac{\pi}{2}$.

又 $$f(1)=f(-1)=\frac{\pi}{2},$$

故 $$\arcsin x+\arccos x=\frac{\pi}{2}(-1\leqslant x\leqslant 1).$$

3.1.3　柯西中值定理

定理 3.4(柯西中值定理):如果函数 $f(x)$ 及 $g(x)$ 满足条件:(1) 在闭区间 $[a,b]$ 上连续,(2) 在开区间 (a,b) 内可导,且 $g'(x)\neq 0$,则在 (a,b) 内至少有一点 $\xi(a<\xi<b)$,使得

$$\frac{f(b)-f(a)}{g(b)-g(a)}=\frac{f'(\xi)}{g'(\xi)}.$$

*证明:显然 $g(b)-g(a)\neq 0$.事实上,如果 $g(b)-g(a)=0$,则由罗尔定理可知,在 (a,b) 内至少有一点 m,使得 $g'(m)=0$,与已知条件 $g'(x)\neq 0$ 矛盾.

构造函数 $F(x)=f(x)-\dfrac{f(b)-f(a)}{g(b)-g(a)}[g(x)-g(a)]$.

容易验证 $F(a)=F(b)=0$,且函数 $F(x)$ 在闭区间 $[a,b]$ 上连

续,在开区间(a,b)内可导,其导函数为$F'(x)=f'(x)-\dfrac{f(b)-f(a)}{g(b)-g(a)}g'(x)$,根据罗尔定理可知,在$(a,b)$内至少有一点$\xi(a<\xi<b)$,使$F'(\xi)=0$.

于是
$$f'(\xi)-\frac{f(b)-f(a)}{g(b)-g(a)}g'(\xi)=0,$$

即
$$\frac{f(b)-f(a)}{g(b)-g(a)}=\frac{f'(\xi)}{g'(\xi)}.$$

结论证毕.

我们注意到,在柯西中值定理中,当$g(x)=x$时,$g'(x)=1$,$g(a)=a$,$g(b)=b$.此时柯西中值定理的结论变为$f'(\xi)=\dfrac{f(b)-f(a)}{b-a}$,可见拉格朗日中值定理是柯西中值定理的特殊情况.

【例 3.1.5】 试证明:若函数$f(x)$在$[a,b]$上可导,$b>a>0$,则存在$c\in(a,b)$,使
$$f(b)-f(a)=cf'(c)\ln\frac{b}{a}.$$

分析:闭区间上可导,必有闭区间上连续,符合拉格朗日中值定理的条件.

证明:构造函数$g(x)=\ln x,x\in[a,b]$.

显然$g(x)=\ln x$在(a,b)内可导,$g'(x)=\dfrac{1}{x}$,且$g(b)-g(a)=\ln b-\ln a\neq 0$.

于是由柯西中值定理,在(a,b)内存在一点c,使得
$$\frac{f(b)-f(a)}{\ln b-\ln a}=\frac{f'(c)}{g'(c)}=\frac{f'(c)}{\dfrac{1}{c}}=cf'(c),$$

整理可得 $f(b)-f(a)=cf'(c)(\ln b-\ln a)=cf'(c)\ln\dfrac{b}{a}$.

中值定理建立了导数与函数值之间的联系,它究竟有什么作用? 在下节洛必达法则里,我们将能领略到其中的意义.

练习 3.1

1. 验证函数$f(x)=x^m(1-x)^n$(n,m 为自然数)在$[0,1]$上是否满足罗尔定理的条件,若满足,在$(0,1)$内求出 c,得$f'(c)=0$.

2. 设$f(x)$在$[0,1]$上连续,在$(0,1)$内可导,且$f(0)=f(1)=0$,$f\left(\dfrac{1}{2}\right)=1$,试证:在$(0,1)$内至少存在一点 x_0,使得$f'(x_0)=1$.

3. 证明下列不等式:

$$\sqrt{2}\,(\sqrt{2}-1)<\ln(\sqrt{2}+1)<\sqrt{2}.$$

4. 设 $x>0$,求证: $\ln(1+x)>\dfrac{\arctan x}{1+x}$.

5. 证明:方程 $x\sin x+x\cos x=0$ 在区间 $(0,\pi)$ 内至少有一实根.

6. 设 $f(x)$ 在 $[0,1]$ 上连续,在 $(0,1)$ 内可导,且 $f(1)=0$.证明:存在一点 $\varepsilon\in(0,1)$,使 $f(\varepsilon)+\varepsilon f'(\varepsilon)=0$.

7. 证明不等式: $|\arctan x_1-\arctan x_2|\leqslant|x_1-x_2|$.

3.2　洛必达法则

预备知识: 无穷小与无穷大的概念;高阶无穷小、等价无穷小的概念;柯西中值定理.

在前面的章节中,我们已经学习了无穷小与无穷大的概念,相应地,本节将引出求无穷小之比的极限问题,即在自变量的同一变化过程中,函数 $f(x)$ 与 $g(x)$ 同时趋于零,求极限 $\lim\dfrac{f(x)}{g(x)}$.我们知道该极限可能存在,也可能不存在,因而称之为未定型极限问题,简记为" $\dfrac{0}{0}$ "型或" $\dfrac{\infty}{\infty}$ "型.本节以" $\dfrac{0}{0}$ "型为例,讨论一种计算此类极限的重要方法,即洛必达(L' Hospital)法则.

3.2.1　" $\dfrac{0}{0}$ "型

定理 3.5 (洛必达法则)若函数 $f(x)$ 与 $g(x)$ 满足下列条件:

(1) 在 a 的某去心邻域 $\mathring{U}(a)$ 内可导且 $g'(x)\neq0$;

(2) $\lim\limits_{x\to a}f(x)=0,\lim\limits_{x\to a}g(x)=0$;

(3) $\lim\limits_{x\to a}\dfrac{f'(x)}{g'(x)}=\lambda$(λ 为实数或 ∞),

洛必达法则

则　　　　　　　　$\lim\limits_{x\to a}\dfrac{f(x)}{g(x)}=\lim\limits_{x\to a}\dfrac{f'(x)}{g'(x)}=\lambda.$

分析: 从定理的内容看,洛必达法则要解决的是两个函数之比与其导数之比之间的关系.由此我们联想到柯西中值定理.事实上,柯西中值定理正是证明洛必达法则的关键.为了构造柯西中值定理的条件,我们可将函数 $f(x)$ 与 $g(x)$ 在 a 点做连续拓展,因为要讨论的是 $\lim\dfrac{f(x)}{g(x)}$ 在 a 处的极限,与函数 $f(x)$ 与 $g(x)$ 在 a 点的函数值无关,因此上述处理方法不会影响定理的证明.

* **证明:** 将函数 $f(x)$ 与 $g(x)$ 在 a 点做连续拓展,即设

$$f_0(x) = \begin{cases} f(x), & x \neq a, \\ 0, & x = a. \end{cases} \qquad g_0(x) = \begin{cases} g(x), & x \neq a, \\ 0, & x = a. \end{cases}$$

于是,在 a 的某去心邻域内,对任意的 x,函数 $f_0(x)$ 与 $g_0(x)$ 在区间 $[a, x]$ 或 $[x, a]$ 上满足柯西中值定理的条件.根据柯西中值定理,有

$$\frac{f_0(x) - f_0(a)}{g_0(x) - g_0(a)} = \frac{f_0'(\xi)}{g_0'(\xi)}.$$

由于 $f_0(a) = 0$,$g_0(a) = 0$,对于 $\forall x \neq a$,$f_0(x) = f(x)$,$g_0(x) = g(x)$.

于是

$$\frac{f_0(x) - 0}{g_0(x) - 0} = \frac{f(x)}{g(x)} = \frac{f_0'(\xi)}{g_0'(\xi)}.$$

由于 ξ 介于 x 与 a 之间,故当 $x \to a$ 时,$\xi \to a$.

因此由条件(3)可知

$$\lim_{x \to a} \frac{f(x)}{g(x)} = \lim_{\xi \to a} \frac{f'(\xi)}{g'(\xi)} = \lim_{x \to a} \frac{f'(x)}{g'(x)} = \lambda.$$

定理 3.6 若函数 $f(x)$ 与 $g(x)$ 满足下列条件:

(1) $\exists A > 0$,在 $(-\infty, -A)$ 与 $(A, +\infty)$ 内可导,且 $g'(x) \neq 0$;

(2) $\lim\limits_{x \to \infty} f(x) = 0$,$\lim\limits_{x \to \infty} g(x) = 0$;

(3) $\lim\limits_{x \to \infty} \dfrac{f'(x)}{g'(x)} = \lambda$($\lambda$ 为实数或 ∞),

则

$$\lim_{x \to \infty} \frac{f(x)}{g(x)} = \lim_{x \to \infty} \frac{f'(x)}{g'(x)} = \lambda.$$

只要利用换元法即可得到上述结论,此处不再重复证明.

进一步地,若极限 $\lim\limits_{x \to a} \dfrac{f'(x)}{g'(x)}$ 仍是 "$\dfrac{0}{0}$" 型的未定式,此时 $f'(x)$ 与 $g'(x)$ 仍满足使用洛必达法则的条件,可继续对其运用洛必达法则,即

$$\lim_{\substack{x \to a \\ (x \to \infty)}} \frac{f(x)}{g(x)} = \lim_{\substack{x \to a \\ (x \to \infty)}} \frac{f'(x)}{g'(x)} = \lim_{\substack{x \to a \\ (x \to \infty)}} \frac{f''(x)}{g''(x)} = \cdots \quad (若存在).$$

【例 3.2.1】 求 $\lim\limits_{x \to 0} \dfrac{\sin ax}{bx}$($b \neq 0$).

分析:上式为 "$\dfrac{0}{0}$" 型.

解:$\lim\limits_{x \to 0} \dfrac{\sin ax}{bx} = \lim\limits_{x \to 0} \dfrac{a\cos ax}{b} = \dfrac{a}{b}$.

需要注意的是,上述第二个极限不满足使用洛必达法则的条件,不是 "$\dfrac{0}{0}$" 型,因此第二个极限不能用洛必达法则.

【例 3.2.2】 求 $\lim\limits_{x \to +\infty} \dfrac{\dfrac{\pi}{2} - \arctan x}{\sin \dfrac{1}{x}}$.

分析：上式为"$\frac{0}{0}$"型，且一次求导后仍为"$\frac{0}{0}$"型，需连续使用洛必达法则.

解：$\lim\limits_{x\to+\infty}\dfrac{\frac{\pi}{2}-\arctan x}{\sin\frac{1}{x}}=\lim\limits_{x\to+\infty}\dfrac{-\frac{1}{1+x^2}}{-\frac{1}{x^2}\cos\frac{1}{x}}=\lim\limits_{x\to+\infty}\dfrac{x^2}{1+x^2}\cdot\dfrac{1}{\cos\frac{1}{x}}=1.$

3.2.2　"$\frac{\infty}{\infty}$"型

定理 3.7　（洛必达法则）若函数 $f(x)$ 与 $g(x)$ 满足下列条件：

（1）在 a 的某去心邻域 $\mathring{U}(a)$ 内可导且 $g'(x)\neq 0$；

（2）$\lim\limits_{x\to a}f(x)=\infty$，$\lim\limits_{x\to a}g(x)=\infty$；

（3）$\lim\limits_{x\to a}\dfrac{f'(x)}{g'(x)}=\lambda(\lambda<+\infty)$，

则　　　　　$\lim\limits_{x\to a}\dfrac{f(x)}{g(x)}=\lim\limits_{x\to a}\dfrac{f'(x)}{g'(x)}=\lambda.$

【例 3.2.3】　求 $\lim\limits_{x\to\frac{\pi}{2}}\dfrac{\tan x}{\tan 3x}$.

分析：上式为"$\frac{\infty}{\infty}$"型.一次求导后，上式变为"$\frac{\infty}{\infty}$"，再次求导后成为"$\frac{0}{0}$"型，连续使用洛必达法则.

解：$\lim\limits_{x\to\frac{\pi}{2}}\dfrac{\tan x}{\tan 3x}=\lim\limits_{x\to\frac{\pi}{2}}\dfrac{\frac{1}{\cos^2 x}}{\frac{3}{\cos^2 3x}}=\lim\limits_{x\to\frac{\pi}{2}}\dfrac{\cos^2 3x}{3\cos^2 x}$

$=\lim\limits_{x\to\frac{\pi}{2}}\dfrac{-6\cos 3x\sin 3x}{-6\cos x\sin x}=\lim\limits_{x\to\frac{\pi}{2}}\dfrac{\sin 6x}{\sin 2x}=3.$

3.2.3　其他类型

"$\frac{0}{0}$"型与"$\frac{\infty}{\infty}$"型是两种最基本的待定型，同样的未知待定型还有其他 5 种，分别如下：

"$0\cdot\infty$"，　"$\infty-\infty$"，　"0^0"，　"1^∞"，　"∞^0".

但无论怎么变化，最后都能归结转化为"$\frac{0}{0}$"型或"$\frac{\infty}{\infty}$"型.

其他类型

【例 3.2.4】　求 $\lim\limits_{x\to0^+}x\ln x$.

分析：上式为"$0\cdot\infty$"型.

解：$\lim\limits_{x\to 0^+}x\ln x=\lim\limits_{x\to 0^+}\dfrac{\ln x}{\dfrac{1}{x}}=\lim\limits_{x\to 0^+}\dfrac{\dfrac{1}{x}}{-\dfrac{1}{x^2}}=\lim\limits_{x\to 0^+}(-x)=0.$

例 3.2.5

【例 3.2.5】　求 $\lim\limits_{x\to 0^+}\left(\dfrac{\sin x}{x}\right)^{\frac{1}{x}}$.

分析：上式为"1^∞"型

解：利用公式 $\left(\dfrac{\sin x}{x}\right)^{\frac{1}{x}}=\mathrm{e}^{\frac{1}{x}\ln\frac{\sin x}{x}}$，可得：

$$\lim\limits_{x\to 0^+}\dfrac{1}{x}\ln\left(\dfrac{\sin x}{x}\right)=\lim\limits_{x\to 0^+}\dfrac{\ln\left(\dfrac{\sin x}{x}\right)}{x}=\lim\limits_{x\to 0^+}\dfrac{\dfrac{x}{\sin x}\left(\dfrac{\sin x}{x}\right)'}{1}=\lim\limits_{x\to 0^+}\dfrac{x\cos x-\sin x}{x^2}$$

$$=\lim\limits_{x\to 0^+}\dfrac{\cos x-x\sin x-\cos x}{2x}=\lim\limits_{x\to 0^+}\left(-\dfrac{x\sin x}{2x}\right)=0,$$

故　　　　　　　　　　$\lim\limits_{x\to 0^+}\left(\dfrac{\sin x}{x}\right)^{\frac{1}{x}}=\mathrm{e}^0=1.$

【例 3.2.6】　求 $\lim\limits_{x\to 0^+}(\sin x)^x$.

分析：上式为"0^0"型.

解：由 $(\sin x)^x=\mathrm{e}^{x\ln(\sin x)}$，可得：

$$\lim\limits_{x\to 0^+}x\ln(\sin x)=\lim\limits_{x\to 0^+}\dfrac{\ln(\sin x)}{\dfrac{1}{x}}=\lim\limits_{x\to 0^+}\dfrac{\dfrac{\cos x}{\sin x}}{-x^{-2}}=-\lim\limits_{x\to 0^+}\left(\cos x\cdot\dfrac{x}{\sin x}\cdot x\right)=0,$$

故　　　　　　　　　　$\lim\limits_{x\to 0^+}(\sin x)^x=\mathrm{e}^0=1.$

【例 3.2.7】　求 $\lim\limits_{x\to\frac{\pi}{2}}(\tan x-\sec x)$.

分析：上式为"$\infty-\infty$"型.

解：$\lim\limits_{x\to\frac{\pi}{2}}(\tan x-\sec x)=\lim\limits_{x\to\frac{\pi}{2}}\dfrac{\sin x-1}{\cos x}=\lim\limits_{x\to\frac{\pi}{2}}\dfrac{-\cos x}{\sin x}=0.$

使用洛必达法则求极限的注意事项：

洛必达法则的充分性

（1）洛必达法则的使用一定要符合法则条件，即"$\dfrac{0}{0}$"型与"$\dfrac{\infty}{\infty}$"型才能使用，尤其是在一个题目中多次使用该法则的时候，必须做到每次使用法则都要检验是否符合条件.

（2）要注意洛必达法则里的条件(3)是结论成立的充分条件而非必要条件，即使用洛必达法则不能求极限时，不能证明原式的极限不存在.

例如：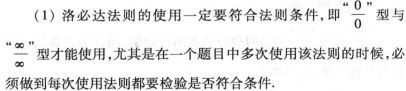 $\lim\limits_{x\to\infty}\left(1+\dfrac{1}{x}\cos x\right)=\lim\limits_{x\to\infty}\dfrac{1-\sin x}{1}=\lim\limits_{x\to\infty}(1-\sin x).$

据此做法,极限不存在,不满足使用洛必达法则的条件,但事实上原式的极限是存在的.正确的做法应该是原式 $= \lim\limits_{x\to\infty}\left(1+\dfrac{1}{x}\cos x\right)=1.$

(3) 在求极限时,应使用等价无穷小替换等方法尽可能地先化简再求导;

(4)"$0\cdot\infty$""$\infty-\infty$""0^0""1^∞""∞^0"转换为"$\dfrac{0}{0}$"型或"$\dfrac{\infty}{\infty}$"型也应灵活运用,以达到简便易求的效果.

洛必达法则的一个重要应用是泰勒定理,下节我们将会继续讨论.

练习 3.2

1. 求下列极限:

(1) $\lim\limits_{x\to 0}\dfrac{e^x-e^{-x}}{\sin x}$;

(2) $\lim\limits_{x\to\frac{\pi}{2}}\dfrac{\ln(\sin x)}{(\pi-2x)^2}$;

(3) $\lim\limits_{x\to 0}\dfrac{\ln\tan 7x}{\ln\tan 3x}$;

(4) $\lim\limits_{x\to 1}\dfrac{x^3-1+\ln x}{e^x-e}$;

(5) $\lim\limits_{x\to 0}\dfrac{\ln(1+x)}{\sin 3x}$;

(6) $\lim\limits_{x\to 0}\dfrac{\tan x-x}{x-\sin x}$;

(7) $\lim\limits_{x\to 0}\dfrac{\tan 2x}{\tan 3x}$;

(8) $\lim\limits_{x\to 0}\left(\dfrac{\sin x}{x}\right)^{\frac{1}{x^2}}$;

(9) $\lim\limits_{x\to 0}x^{\tan x}$;

(10) $\lim\limits_{x\to\frac{\pi}{2}}\dfrac{\tan x}{\tan 3x}$;

(11) $\lim\limits_{x\to 0}x^2 e^{\frac{1}{x^2}}$;

(12) $\lim\limits_{x\to 0}(x+\sqrt{1+x^2})^{\frac{1}{x}}$.

2. 验证极限 $\lim\limits_{x\to\infty}\dfrac{x+\sin x}{x}$ 存在,但不能用洛必达法则求出.

3.3　泰勒定理与应用

预备知识:高阶导数及其求解方法;拉格朗日中值定理及其在函数值计算与估算中的应用;洛必达法则.

3.3.1　泰勒定理

实际问题中有许多复杂的函数,为了便于研究,人们常常采用一些简单的函数来近似替代那些复杂的函数,而且用这些函数替代后,误差也能满足相应的条件.在初等函数中,多项式函数是最简单的函数,而且只需要对自变量进行有限次的加、减、乘三种运算,便能求出它的函数值,因此我们经常用多项式来近似表达函数.

这种近似表达在数学上称为**逼近**,逼近可用于研究原来函数的形态及近似值.泰勒在此方面做出重要贡献.本节将简单介绍泰勒公式和几个简单应用.

我们在微分的应用中已经知道,当$|x|$很小时,有如下的近似等式:

$$e^x \approx 1+x, \ln(1+x) \approx x.$$

这些都是用一次多项式来近似表达函数的例子.但是这种近似表达式存在不足:首先是精确度不高,产生的误差仅是关于x的高阶无穷小;其次是用它来做近似计算时,不能具体估算出误差大小.因此,当精确度要求较高且需要估算误差的时候,就必须用x_0的高次多项式来近似表达函数,同时给出误差公式.

可以肯定的是,若函数$f(x)$在含有x_0的某邻域或开区间内具有直到$(n+1)$阶的导数,那么存在这样一个关于$(x-x_0)$的n次多项式:

$$P_n(x) = a_0 + a_1(x-x_0) + a_2(x-x_0)^2 + \cdots + a_n(x-x_0)^n.$$

这个多项式可以用来近似表达函数$f(x)$,即$f(x) \approx P_n(x)$,并且近似的误差$|R_n(x)| = |f(x)-P_n(x)|$是比$(x-x_0)^n$高阶的无穷小.

事实上,我们希望$P_n(x)$与$f(x)$在x_0的各阶导数[直到$(n+1)$阶导数]相等,这样就有

$$P_n(x) = a_0 + a_1(x-x_0) + a_2(x-x_0)^2 + \cdots + a_n(x-x_0)^n,$$
$$P_n'(x) = a_1 + 2a_2(x-x_0) + \cdots + na_n(x-x_0)^{n-1},$$
$$P_n''(x) = 2a_2 + 3 \cdot 2 \cdot a_3(x-x_0) + \cdots + n(n-1)a_n(x-x_0)^{n-2},$$
$$P_n'''(x) = 3!a_3 + 4 \cdot 3 \cdot 2a_4(x-x_0) + \cdots + n(n-1)(x-2)a_n(x-x_0)^{n-3},$$

依次类推,　　　　　$P_n^{(n)}(x) = n!a_n.$

于是$P_n(x_0) = a_0, P_n'(x_0) = a_1, P_n''(x_0) = 2!a_2, P_n'''(x_0) = 3!a_3, \cdots,$
$P_n^{(n)}(x_0) = n!a_n.$

按要求有
$$f(x_0) = P_n(x_0) = a_0, f'(x_0) = P_n'(x_0) = a_1,$$
$$f''(x_0) = P_n''(x_0) = 2a_2, f'''(x_0) = P_n'''(x_0) = 3!a_3, \cdots, f^{(n)}(x_0) = P_n^{(n)}(x_0) = n!a_n.$$

从而有

$$a_0 = f(x_0), a_1 = f'(x_0), a_2 = \frac{1}{2!}f''(x_0), a_3 = \frac{1}{3!}f'''(x_0), \cdots, a_n = \frac{1}{n!}f^{(n)}(x_0),$$

即　　　　　　　　$a_k = \frac{1}{k!}f^{(k)}(x_0) \quad (k = 1, 2, \cdots, n).$

于是有

$$P_n(x) = f(x_0) + f'(x_0)(x-x_0) + \frac{1}{2!}f''(x_0)(x-x_0)^2 + \cdots + \frac{1}{n!}f^{(n)}(x_0)(x-x_0)^n.$$

我们称此多项式为泰勒多项式.

定理 3.8（**泰勒定理**）　如果函数 $f(x)$ 在 x_0 处存在 $n+1$ 阶导数,那么对在 x_0 的某个邻域内的任意 x,有

$$f(x)=f(x_0)+\frac{f'(x_0)}{1!}(x-x_0)+\frac{f''(x_0)}{2!}(x-x_0)^2+\cdots+\frac{f^{(n)}(x_0)}{n!}(x-x_0)^n+o[(x-x_0)^n].$$

这里记余项 $\boldsymbol{P_n(x)}=\boldsymbol{o[(x-x_0)^n]}$,为比 $(\boldsymbol{x-x_0})^n$ 高阶的无穷小,上式称为**泰勒公式**,对应的 $\boldsymbol{P_n(x)}$ 称为**皮亚诺余项**.

泰勒定理

*证明:首先,已知函数 $f(x)$ 在 x_0 处存在 n 阶导数,按前面的方法我们已经构造出这样一个泰勒多项式近似逼近函数 $f(x)$:

$$P_n(x)=f(x_0)+f'(x_0)(x-x_0)+\frac{1}{2!}f''(x_0)(x-x_0)^2+\cdots+\frac{1}{n!}f^{(n)}(x_0)(x-x_0)^n,$$

这个多项式与函数 $f(x)$ 之间存在误差 $R_n(x)$.

下面我们来证明误差 $R_n(x)$ 是比 $(x-x_0)^n$ 高阶的无穷小,即

$$\lim_{x\to x_0}\frac{R_n(x)}{(x-x_0)^n}=0.$$

因为

$$R_n^{(k-1)}(x)=f^{(k-1)}(x)-\left[f^{(k-1)}(x_0)+\frac{f^{(k)}(x_0)}{1!}(x-x_0)+\cdots+\frac{f^{(n)}(x_0)}{(n-k+1)!}(x-x_0)^{n-k+1}\right]$$

$$(k=1,2,\cdots,n),$$

$$R_n^{(n-1)}(x)=f^{(n-1)}(x)-\left[f^{(n-1)}(x_0)+\frac{f^{(n)}(x_0)}{1!}(x-x_0)\right],$$

当 $x\to a$ 时,$R_n^{(k)}(x)$ 及 $(x-x_0)^k$ 都为无穷小,但最后一项关于 $R_n^{(n-1)}(x)$ 不能再求导,对此我们运用洛必达法则:

$$\lim_{x\to x_0}\frac{R_n(x)}{(x-x_0)^n}=\lim_{x\to x_0}\frac{R_n'(x)}{n(x-x_0)^{n-1}}=\cdots=\lim_{x\to x_0}\frac{R_n^{(n-1)}(x)}{n!(x-x_0)}=\frac{1}{n!}\lim_{x\to x_0}[f^{(n)}(x_0)-f^{(n)}(x_0)]=0.$$

定理 3.9（**泰勒中值定理**）　如果函数 $f(x)$ 在含有 x_0 的某个邻域 $U(x_0)$ 内具有直到 $(n+1)$ 阶的导数,则对任意 $\boldsymbol{x\in U(x_0)}$,$f(x)$ 可以表示为 $(x-x_0)$ 的一个 n 次多项式与一个余项 $R_n(x)$ 之和,即

$$f(x)=f(x_0)+f'(x_0)(x-x_0)+\frac{1}{2!}f''(x_0)(x-x_0)^2+\cdots+\frac{1}{n!}f^{(n)}(x_0)(x-x_0)^n+R_n(x),$$

其中 $\boldsymbol{R_n(x)=\dfrac{f^{(n+1)}(\xi)}{(n+1)!}(x-x_0)^{n+1}}$（$\xi$ 介于 x_0 与 x 之间）.

上式中的余项 $R_n(x)$ 也称为**拉格朗日余项**.

证明从略.

特别地,当 $n=0$ 时,就是我们熟悉的拉格朗日中值公式:

$$f(x)=f(x_0)+f'(\xi)(x-x_0)（\xi 介于 x_0 与 x 之间）.$$

此外,当 $x_0=0$ 时,带有拉格朗日余项的泰勒公式称为**麦克劳林公式**,即

$$f(x)=f(0)+f'(0)x+\frac{f''(0)}{2!}x^2+\cdots+\frac{f^{(n)}(0)}{n!}x^n+R_n(x),$$

或　　$$f(x)=f(0)+f'(0)x+\frac{f''(0)}{2!}x^2+\cdots+\frac{f^{(n)}(0)}{n!}x^n+o(x^n),$$

这里 $R_n(x) = \dfrac{f^{(n+1)}(\xi)}{(n+1)!}x^{n+1}$.

于是,上述函数 $f(x)$ 在 $x = 0$ 点可得近似代替:

$$f(x) \approx f(0) + f'(0)x + \frac{f''(0)}{2!}x^2 + \cdots + \frac{f^{(n)}(0)}{n!}x^n,$$

相应的误差为 $\quad |R_n(x)| = \dfrac{N}{(n+1)!}|x|^{n+1}$.

其中 N 为当 $x \in U(x_0)$ 时,$|f^{(n+1)}(x)| \leqslant N$(即 N 为 $f^{(n+1)}(x)$ 的界)

3.3.2 几个常用的函数的麦克劳林展式

【例 3.3.1】 求 $f(x) = e^x$ 的 n 阶麦克劳林公式.

解:由于 $f'(x) = f''(x) = \cdots = f^{(n)}(x) = e^x$,

所以 $f(0) = f'(0) = f''(0) = \cdots = f^{(n)}(0) = 1$.

取拉格朗日余项,得麦克劳林展式为

$$e^x = 1 + x + \frac{x^2}{2!} + \cdots + \frac{x^n}{n!} + \frac{e^{\theta x}}{(n+1)!}x^{n+1} \quad (0 < \theta < 1).$$

由公式可知 $\qquad e^x \approx 1 + x + \dfrac{x^2}{2!} + \cdots + \dfrac{x^n}{n!}$.

估计误差:设 $x > 0$,$|R_n(x)| = \left| \dfrac{e^{\theta x}}{(n+1)!}x^{n+1} \right| < \dfrac{e^{|x|}}{(n+1)!}|x|^{n+1}(0 < \theta < 1)$.

取 $x = 1$, $\qquad e \approx 1 + 1 + \dfrac{1}{2!} + \cdots + \dfrac{1}{n!}$,

其误差 $\qquad |R_n| < \dfrac{e}{(n+1)!} < \dfrac{3}{(n+1)!}$.

【例 3.3.2】 求 $f(x) = \sin x$ 的 n 阶麦克劳林公式.

解:因为 $\quad f^{(n)}(x) = \sin\left(x + n \cdot \dfrac{\pi}{2}\right), n = 1, 2, \cdots$,

所以 $f(0) = 0, f'(0) = 1, f''(0) = 0, f'''(0) = -1, f^{(4)}(0) = 0, \cdots$

于是 $\qquad \sin x = x - \dfrac{1}{3!}x^3 + \dfrac{1}{5!}x^5 + \cdots + \dfrac{(-1)^{m-1}}{(2m-1)!}x^{2m-1} + R_{2m}(x)$.

误差 $\qquad |R_{2m}| \leqslant \dfrac{|x^{2m+1}|}{(2m+1)!}$.

当 $m = 1, 2, 3$ 时,有近似公式:

$$\sin x \approx x, \sin x \approx x - \frac{1}{3!}x^3, \sin x \approx x - \frac{1}{3!}x^3 + \frac{1}{5!}x^5.$$

误差分别不超过 $\left| \dfrac{1}{3!}x^3 \right|$,$\left| \dfrac{1}{5!}x^5 \right|$,$\left| \dfrac{1}{7!}x^7 \right|$.

按此种方法,可以得到常用的初等函数的麦克劳林公式:

$$e^x = 1 + x + \frac{x^2}{2!} + \cdots + \frac{x^n}{n!} + o(x^{n+1}),$$

$$\sin x = x - \frac{x^3}{3!} + \frac{x^5}{5!} - \cdots + (-1)^n \frac{x^{2n+1}}{(2n+1)!} + o(x^{2n+2}),$$

$$\cos x = 1 - \frac{x^2}{2!} + \frac{x^4}{4!} - \frac{x^6}{6!} + \cdots + (-1)^n \frac{x^{2n}}{(2n)!} + o(x^{2n+1}),$$

$$\ln(1+x) = x - \frac{x^2}{2} + \frac{x^3}{3} - \cdots + (-1)^n \frac{x^{n+1}}{n+1} + o(x^{n+1}),$$

$$\frac{1}{1-x} = 1 + x + x^2 + \cdots + x^n + o(x^n),$$

$$(1+x)^m = 1 + mx + \frac{m(m-1)}{2!}x^2 + \cdots + \frac{m(m-1)\cdots(m-n+1)}{n!}x^n + o(x^n).$$

【例 3.3.3】　将 $f(x) = x^4 + 3x^2 + 4$ 按 $(x-1)$ 的幂展开.

分析:此时 $x_0 = 1$,求出该点的函数值及各阶导数即可.

解:取 $x_0 = 1$,由 $f(x) = x^4 + 3x^2 + 4$ 计算可得

$$f(1) = 8,$$
$$f'(x) = 4x^3 + 6x, f'(1) = 10,$$
$$f''(x) = 12x^2 + 6, f''(1) = 18,$$
$$f'''(x) = 24x, f'''(1) = 24,$$
$$f^{(4)}(x) = 24, f^{(4)}(1) = 24.$$

所以　　　$f(x) = 8 + 10(x-1) + 9(x-1)^2 + 4(x-1)^3 + (x-1)^4.$

【例 3.3.4】　求函数 $f(x) = e^{x^2}$ 的带有皮亚诺余项的麦克劳林公式.

解:因为 $e^x = 1 + x + \frac{x^2}{2!} + \cdots + \frac{x^n}{n!} + o(x^{n+1}),$

用 x^2 代替公式中的 x,即得

$$e^{x^2} = 1 + x^2 + \frac{x^4}{2!} + \cdots + \frac{x^{2n}}{n!} + o(x^{2n+2}).$$

【例 3.3.5】　利用带有皮亚诺余项的麦克劳林公式求 $\lim\limits_{x\to 0}\dfrac{e^{x^2} + 2\cos x - 3}{x^4}$.

分析:麦克劳林公式是 x 的幂次方之和,当 $x \to 0$ 时,x 的幂次方均为无穷小,而 e^{x^2} 可以展开成 x^2 的幂次方之和,是与 x^2 和 $O(x^2)$ 相关的项之和;类似地,$\cos x$ 亦可展成与 x^2 和 $O(x^2)$ 相关的项之和;将其相加即可获得结果.

解:由于　　　　$e^{x^2} = 1 + x^2 + \frac{1}{2!}x^4 + o(x^6),$

$$\cos x = 1 - \frac{x^2}{2!} + \frac{x^4}{4!} + o(x^4),$$

所以　　　$e^{x^2} + 2\cos x - 3 = \left(\frac{1}{2!} + 2 \cdot \frac{1}{4!}\right)x^4 + o(x^4),$

故　　　　　$原式 = \lim\limits_{x\to 0}\dfrac{\frac{7}{12}x^4 + o(x^4)}{x^4} = \frac{7}{12}.$

　　本节所述泰勒定理,展示了函数值与各阶导数之间的信息连接,下面我们会继续讨论导数在研究函数中的应用:函数的单调性和凹凸性.

练习 3.3

　　1. 按 $(x-2)$ 的幂展开多项式 $f(x)=x^4+x^2-3x+2$.

　　2. 应用麦克劳林公式,按 x 的幂展开函数 $f(x)=(x^2-3x+1)^3$.

　　3. 求函数 $f(x)=\arctan x$ 的麦克劳林展式.

　　4. 求函数 $f(x)=\ln x$ 按 $(x-2)$ 的幂展开的带有皮亚诺余项的 n 阶泰勒公式.

　　5. 求函数 $f(x)=\dfrac{1}{x}$ 按 $(x-1)$ 的幂展开的带有拉格朗日余项的 n 阶泰勒公式.

　　6. 求函数 $f(x)=\tan x$ 的 3 阶麦克劳林公式.

　　7. 求函数 $f(x)=x^2 e^x$ 的带有皮亚诺余项的 n 阶麦克劳林公式.

　　8. 验证当 $0<x\leqslant\dfrac{1}{2}$ 时,按公式 $e^x\approx1+x+\dfrac{x^2}{2}+\dfrac{x^3}{6}$ 计算 e^x 的近似值时,所产生的误差小于 0.01,并求 $\sqrt{e}$ 的近似值,使误差小于 0.01.

　　9. 应用 3 阶泰勒公式求下列各数的近似值,并计算误差.

　　（1）$\sqrt[3]{30}$；　　　　　　　　　　（2）$\cos 72°$.

　　10. 用泰勒公式求下列极限.

　　（1）$\lim\limits_{x\to+\infty}(\sqrt[4]{x^4-2x^3}-\sqrt[3]{3x^2+x^3})$；　　（2）$\lim\limits_{x\to0}\dfrac{\cos x-e^{-\frac{x^2}{2}}}{x^2[x+\ln(1-x)]}$.

3.4　函数的单调性与凹凸性

　　预备知识:函数的单调性;导数及其几何意义.

3.4.1　函数的单调性

　　我们已经知道函数导数的几何意义,即函数所表示的曲线在可导点处的切线的斜率.显然导数大于零与切线斜率为正是对应的,导数小于零与曲线上对应的切线斜率为负是对应的.

　　观察图 3-5a,曲线 $y=f(x)$ 在区间 (a,b) 内是上升的,其切线(除个别点处的切线平行于 x 轴外)斜率都为正.整体来说,函数图像沿 x 轴正向上升对应着导数非负;反之亦然.如图 3-5b 所示,函数图像 $y=f(x)$ 在 (a,b) 内正向下降,其对应着切线斜率小于或等于 0,即导数非正.显然,我们可以通过导数的符号来判断函数的单调性.

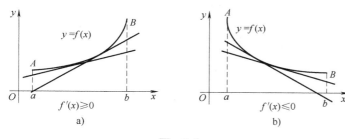

图　3-5

一般有下面的定理:

定理 3.10　设函数 $f(x)$ 在区间 $[a,b]$ 上连续,在区间 (a,b) 内可导,

（1）若在 (a,b) 内 $f'(x)>0$,则函数 $f(x)$ 在区间 $[a,b]$ 上单调增加;

（2）若在 (a,b) 内 $f'(x)<0$,则函数 $f(x)$ 在区间 $[a,b]$ 上单调减少.

证明:在区间 (a,b) 内任取两点 x_1,x_2,不妨设 $x_1<x_2$,由条件知函数 $f(x)$ 在 $[x_1,x_2]$ 上满足拉格朗日中值定理的条件,于是,存在 $\xi\in(x_1,x_2)$,使得

$$f(x_2)-f(x_1)=f'(\xi)(x_2-x_1).$$

由于 $x_2-x_1>0$,故 $f(x_2)-f(x_1)$ 与 $f'(\xi)$ 同号.于是

（1）若在 (a,b) 内 $f'(x)>0$,则 $f(x_2)-f(x_1)>0$,即函数 $f(x)$ 在区间 $[a,b]$ 上单调增加;

（2）若在 (a,b) 内 $f'(x)<0$,则 $f(x_2)-f(x_1)<0$,即函数 $f(x)$ 在区间 $[a,b]$ 上单调减少.

说明:

（1）将此定理中的闭区间换成开区间（包括无穷区间）,结论仍成立.

（2）函数导数的符号是判断函数单调性的充分条件而非必要条件,即如果函数 $f(x)$ 在某区间内单调增加（或减少）,不一定得出 $f'(x)>0$（或 $f'(x)<0$）,可能是 $f'(x)\geq0$（或 $f'(x)\leq0$）,如函数 $f(x)=x^3$ 在 $\mathbf{R}$ 上单调增加,但 $f'(x)=3x^2\geq0$.一般情况下,可以证明函数 $f(x)$ 在区间内可导且有 $f'(x)\geq0$（或 $f'(x)\leq0$）等价于函数单调增加（或单调减少）,但不一定严格单调增加（或严格单调减少）.

（3）函数的单调性是一个函数在一段区间上的性质,因此判断函数的单调性要用某个区间上导数的符号而非某点的导数的符号.在区间内个别点的导数为 0 要视情况判断函数的单调性.

定义 3.2　已知函数 $f(x)$ 在区间 I 内可导,若存在点 $x_0\in I$,使得 $f'(x_0)=0$,则称点 x_0 为函数 $f(x)$ 的**驻点**.

函数的单调性

驻点

一般地，在判断函数的单调性时，如果不能确定函数 $f(x)$ 的导数 $f'(x)$ 在区间上的符号，应先确定单调区间的分界点.往往驻点可能是增、减区间的分界点，如 $y=x^2$ 的导数 $y'=2x$ 在 $x=0$ 点的导数为 0，该点是分界点.导数不存在的点（不可导点）也可能是增、减区间的分界点，如函数 $y=\dfrac{1}{x}$ 在 $x=0$ 点的导数不存在.

如果函数在其定义域的某个区间内是单调的，则称该区间为函数的**单调区间**.

确定函数 $f(x)$ 的单调区间的一般步骤：

（1）写出函数的定义域；

（2）求出函数的导数、驻点、导数不存在的点以及由这些点划分的各个区间；

（3）判断上述各个区间上导数 $f'(x)$ 的符号，根据 $f'(x)$ 的正负确定函数 $f(x)$ 在相应区间上的单调性.

【例 3.4.1】　讨论函数 $y=x^2+2x$ 的单调性.

分析：函数的单调性可用导数的正负来确定，因此求解导函数及其正负区间为要点.

例 3. 4. 1

解：函数的定义域为 $(-\infty,+\infty)$.又 $y'=2x+2$，令 $y'=0$，得 $x=-1$ 为驻点.

在 $(-\infty,-1)$ 内，$y'<0$，故在 $(-\infty,-1]$ 上，函数单调减少；

在 $(-1,+\infty)$ 内，$y'>0$，故在 $(-1,+\infty)$ 上，函数单调增加.

【例 3.4.2】　讨论函数 $y=|x|$ 的单调区间.

解：已知函数 $y=|x|$ 的定义域为 **R**.

因为 $y=|x|$ 在 $x=0$ 点不可导，所以该点为不可导点.

在区间 $(-\infty,0)$ 内，$y'=-1<0$，因此在 $(-\infty,0)$ 内，函数单调减少；

在区间 $(0,+\infty)$ 内，$y'=1>0$，因此在 $(0,+\infty)$ 内，函数单调增加.

【例 3.4.3】　证明：方程 $x^3+x+1=0$ 在区间 $(-1,0)$ 内有且只有一个实根.

分析：利用导数的正负确定函数的单调区间，结合零点定理可解.

证明：构造函数 $f(x)=x^3+x+1$.

显然，函数 $f(x)=x^3+x+1$ 在 $[-1,0]$ 上连续，在 $(-1,0)$ 内可导.由于 $f'(x)=3x^2+1>0$，因此函数 $f(x)$ 在 $[-1,0]$ 上单调增加.又 $f(-1)=-1<0$，$f(0)=1$，根据零点定理，$f(x)$ 在 $(-1,0)$ 内有一个零点.又根据函数在 $[-1,0]$ 内单调增加，所以函数图像与 x 轴至多有一个交点.因此，方程 $x^3+x+1=0$ 在区间 $(-1,0)$ 内有且只有一个实根.

3.4.2　函数的凹凸性

在学习初等函数时，我们已知道，即使都是单调函数，单调增加

(减少)也有不同.如函数 $y=x$, $y=\mathrm{e}^x$, $y=\sqrt{x}$, $y=x^2$,这些函数在定义域内都是单调增加的,但增加的方式却略有不同.比如函数 $y=x$ 为线性增加;函数 $y=\sqrt{x}$ 刚开始增加得快,慢慢变得缓慢,整个图像向上凸出;而函数 $y=x^2$ 在 $(0,+\infty)$ 内开始增加得缓慢,逐渐变快,在 $(0,+\infty)$ 内图像向下凸.可见,虽然都是单调增加(减少),但具体增加情况不同.下面我们从解析的角度讨论函数的图像的不同变化.

定义 3.3　设函数 $f(x)$ 在区间 I 内连续,如果对于 I 内任意两点 x_1, x_2,恒有

$$f\left(\frac{x_1+x_2}{2}\right)<\frac{f(x_1)+f(x_2)}{2},$$

则称函数 $f(x)$ 在区间 I 上的图形是(向下)凹的(也称凹弧),此时函数 $f(x)$ 称为凹函数;

如果恒有 $f\left(\dfrac{x_1+x_2}{2}\right)>\dfrac{f(x_1)+f(x_2)}{2}$,则称函数 $f(x)$ 在区间 I 上的图形是(向上)凸的(也称凸弧),此时函数 $f(x)$ 称为凸函数.

函数的凹凸性

我们从几何直观上观察这一定义,如图 3-6 所示.

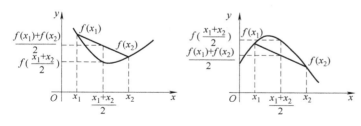

图　3-6

从图 3-6 可以看出,对于凹的图形上的连接点 $(x_1,f(x_1))$, $(x_2,f(x_2))$ 的线段上的点,都在凹弧的上方;同样,连接点 $(x_1,f(x_1))$, $(x_2,f(x_2))$ 的线段上的点都在凸弧的下方.

显然,对于凹的曲线,随着 x 的增大,其上的切线斜率也逐渐增大,即 $f'(x)$ 是单调增加的;而对于凸的曲线,其上的切线斜率随着 x 的增大而逐渐减小,即 $f'(x)$ 是单调减少的.因此有下面的定理:

定理 3.11　设函数 $f(x)$ 在开区间 I 内可导,且该函数在 I 上是凸(凹)的,等价于:

对于 $\forall x_1, x_2 \in I$,且 $x_1<x_2$,有 $f'(x_1)\geqslant f'(x_2)(f'(x_1)\leqslant f'(x_2))$.

证明略.

推论　如果函数 $f(x)$ 在开区间 I 内二阶可导,则

(1)若在区间 I 内 $f''(x)>0$,则函数 $f(x)$ 是区间 I 内的凹函数;

(2)若在区间 I 内 $f''(x)<0$,则函数 $f(x)$ 是区间 I 内的凸函数.

【例 3.4.4】 讨论函数 $y=x+\sin x$ 的凹凸性.

分析:利用二阶导数的符号来确定函数的凹凸性.

解: $y'=1+\cos x, y''=-\sin x$.

因为在 $(2k\pi,(2k+1)\pi)$ 上, $y''=-\sin x<0$,所以在区间 $(2k\pi,(2k+1)\pi)$ 内,函数 $y=x+\sin x$ 是凸的.在 $((2k-1)\pi,2k\pi)$ 上, $y''=-\sin x>0$,所以在区间 $((2k-1)\pi,2k\pi)$ 内,函数 $y=x+\sin x$ 是凹的.

定义 3.4 连续曲线 $y=f(x)$ 上凹弧与凸弧的分界点称为该曲线的**拐点**.

确定曲线 $y=f(x)$ 的凹、凸区间和拐点的步骤:

(1) 确定函数 $y=f(x)$ 的定义域;

(2) 求出二阶导数 $f''(x)$;

(3) 求使二阶导数为零的点和使二阶导数不存在的点;

(4) 判断或列表判断,确定出曲线的凹、凸区间和拐点.

【例 3.4.5】 判断曲线 $y=x^3$ 的凹凸性.

解: $y'=3x^2, y''=6x$.令 $y''=0$,得 $x=0$.

当 $x<0$ 时, $y''<0$,所以曲线在 $(-\infty,0]$ 内为凸的;

当 $x>0$ 时, $y''>0$,所以曲线在 $[0,+\infty)$ 内为凹的.

【例 3.4.6】 求曲线 $y=3x^4-4x^3+1$ 的拐点及凹、凸区间.

解:(1) 函数的定义域为 $(-\infty,+\infty)$.

(2) $y'=12x^3-12x^2, y''=36x^2-24x=36x\left(x-\dfrac{2}{3}\right)$.令 $y''=0$,得 $x_1=0$, $x_2=\dfrac{2}{3}$.

(3) 列表讨论如下:

表 3-1

x	$(-\infty,0)$	0	$\left(0,\dfrac{2}{3}\right)$	$\dfrac{2}{3}$	$\left(\dfrac{2}{3},+\infty\right)$
$f''(x)$	$+$	0	$-$	0	$+$
$f(x)$	凹	1	凸	$\dfrac{11}{27}$	凹

在区间 $(-\infty,0]$ 和 $\left[\dfrac{2}{3},+\infty\right)$ 上,曲线是凹的;在区间 $\left[0,\dfrac{2}{3}\right]$ 上,曲线是凸的.点 $(0,1)$ 和 $\left(\dfrac{2}{3},\dfrac{11}{27}\right)$ 是曲线的拐点.

当我们能够使用导数方便地讨论函数的单调性和凹凸性之后,也就能够获取函数的极大(小)值和最大(小)值.这些内容下节将予以讨论.

练习 3.4

1. 判断函数 $f(x)=\arctan x+x$ 的单调性.

2. 确定下列函数的单调区间：

（1）$y=2x^3-x^2-8x-2$；　　　　　　（2）$y=x+\dfrac{1}{x}$（$x>0$）；

（3）$y=\dfrac{10}{4x^3-9x^2+6x}$；　　　　　　（4）$y=\ln(x-\sqrt{1+x^2}\,)$.

3. 设 $f(x)$ 单调增加，有连续的导数，且 $f(0)=0,f(a)=b$，求证：

$$\int_0^a f(x)\,\mathrm{d}x+\int_0^b g(x)\,\mathrm{d}x=ab.$$

4. 证明：函数 $f(x)=(1+2^x)^{\frac{1}{x}}$ 在 $(0,+\infty)$ 内单调减少.

5. 设 $f(x)$ 在 $[0,a]$ 上二次可导且 $f(0)=0,f''(x)=0$，求证：$\dfrac{f(x)}{x}$
在 $[0,a]$ 上单调减少.

6. 讨论方程 $\ln x=ax$（其中，$a>0$）有几个实根.

7. 设 $f(x)$ 在 (a,b) 内可导，证明：对于 $\forall x_0\in(a,b)$，有
$f(x_0)+f'(x_0)(x-x_0)>f(x_0)\Leftrightarrow f'(x)$ 在 (a,b) 内为单调减函数.

8. 判定下列曲线的凹凸性：

（1）$y=-x^2-4x$；　　（2）$y=x+\dfrac{1}{x}$（$x>0$）；　　（3）$y=x\arctan x$.

9. 如果点 $(1,3)$ 为曲线 $y=ax^3+bx^2$ 的拐点，那么 a,b 应取何值？

3.5　函数的极值与最值

预备知识：函数的单调性；函数的凹凸性.

3.5.1　函数的极值及其求法

在本章的开始部分，我们已经介绍了函数极值的概念，知道函数的极大值和极小值是局部的.如果 $f(x_0)$ 是函数 $f(x)$ 的一个极大值，那只是就 x_0 附近的一个局部范围来说，$f(x_0)$ 是 $f(x)$ 的一个最大值；如果就 $f(x)$ 的整个定义域来说，$f(x_0)$ 不一定是最大值，极小值的情况类似.在函数取得极值处，曲线上的切线是水平的.但曲线上有水平切线的地方，函数不一定取得极值.

下面我们来讨论函数取得极值的必要条件和充分条件.

由费马定理可得必要条件：

定理 3.12　设函数 $f(x)$ 在点 x_0 处可导，且在 x_0 处取得极值，

那么函数在 x_0 处的导数为零,即 $f'(x_0)=0$.

定理 3.12 可叙述为:可导函数 $f(x)$ 的极值点必定是函数的驻点.反过来,函数 $f(x)$ 的驻点却不一定是极值点.此外,函数导数不存在的点也可能是极值点.

考察函数 $f(x)=x^3$ 在 $x=0$ 处的情况.显然 $x=0$ 是函数 $f(x)=x^3$ 的驻点,但 $x=0$ 却不是函数 $f(x)=x^3$ 的极值点.因此,求得可能的极值点(驻点或导数不存在的点)后,还需进一步判断,也就需要结合下面的充分条件.

定理 3.13 第一充分条件

定理 3.13(第一充分条件) 设函数 $f(x)$ 在点 x_0 处连续,在 x_0 的某去心邻域 $\mathring{U}(x_0,\boldsymbol{\delta})$ 内可导.

(1)若 $x\in(x_0-\delta,x_0)$ 时,$f'(x)>0$,而 $x\in(x_0,x_0+\delta)$ 时,$f'(x)<0$,则函数 $f(x)$ 在 x_0 处取得极大值(左增右减为极大);

(2)若 $x\in(x_0-\delta,x_0)$ 时,$f'(x)<0$,而 $x\in(x_0,x_0+\delta)$ 时,$f'(x)>0$,则函数 $f(x)$ 在 x_0 处取得极小值(左减右增为极小);

(3)如果 $x\in\mathring{U}(x_0,\delta)$ 时,$f'(x)$ 不改变符号,则函数 $f(x)$ 在 x_0 处没有极值.

定理 3.13 也可简单地叙述为:当 x 在 x_0 的邻近渐增地经过 x_0 时,如果 $f'(x)$ 的符号由负变正,那么 $f(x)$ 在 x_0 处取得极小值;如果 $f'(x)$ 的符号由正变负,那么 $f(x)$ 在 x_0 处取得极大值;如果 $f'(x)$ 的符号并不改变,那么 $f(x)$ 在 x_0 处没有极值.

确定极值点和极值的步骤

确定极值点和极值的步骤:

(1)求出导数 $f'(x)$;

(2)求出 $f(x)$ 的全部驻点和不可导点;

(3)列表判断(考察 $f'(x)$ 的符号在每个驻点和不可导点的左右邻近的符号情况,确定该点是否是极值点,如果是极值点,还要按定理 3.13 确定对应的函数值是极大值还是极小值);

(4)确定出函数的所有极值点和极值.

例 3.5.1

【例 3.5.1】 求出函数 $f(x)=x^3-3x^2-9x+5$ 的极值.

分析:先求出驻点,再根据定理 3.13,通过辨别驻点两侧的导数符号来确定该点对应的值是否为极值.

解:$f'(x)=3x^2-6x-9=3(x+1)(x-3)$.

令 $f'(x)=0$,得驻点 $x_1=-1,x_2=3$.

列表讨论如下:

表 3-2

x	$(-\infty,-1)$	-1	$(-1,3)$	3	$(3,+\infty)$
$f'(x)$	$+$	0	$-$	0	$+$
$f(x)$	上升	极大值	下降	极小值	上升

所以极大值为 $f(-1)=10$,极小值为 $f(3)=-22$.

【例 3.5.2】 求函数 $f(x)=(x-4)\sqrt[3]{(x+1)^2}$ 的极值.

分析:除了驻点,可能成为极值点的 x 还可能是不可导点,不能遗漏对不可导点的讨论.

解:显然函数 $f(x)$ 在 $(-\infty,+\infty)$ 内连续,$f'(x)=\dfrac{5(x-1)}{3\sqrt[3]{x+1}}$.

令 $f'(x)=0$,得驻点 $x=1$,$x=-1$ 为 $f(x)$ 的不可导点;

列表讨论如下:

表　3-3

x	$(-\infty,-1)$	-1	$(-1,1)$	1	$(1,+\infty)$
$f'(x)$	$+$	不可导	$-$	0	$+$
$f(x)$	上升	0	下降	$-3\sqrt[3]{4}$	上升

所以极大值为 $f(-1)=0$,极小值为 $f(1)=-3\sqrt[3]{4}$.

如果 $f(x)$ 存在二阶导数且在驻点处的二阶导数不为零,则有下列定理.

定理 3.14(第二充分条件)　设函数 $f(x)$ 在点 x_0 处具有二阶导数且 $f'(x_0)=0$,$f''(x_0)\neq0$,则

(1) 当 $f''(x_0)<0$ 时,函数 $f(x)$ 在 x_0 处取得极大值;

(2) 当 $f''(x_0)>0$ 时,函数 $f(x)$ 在 x_0 处取得极小值.

定理 3.14(第二充分条件)

证明:这里我们只证明 $f''(x_0)<0$ 的情况,可以类似地证明 $f''(x_0)>0$ 的情况.由二阶导数的定义有

$$f''(x_0)=\lim_{x\to x_0}\frac{f'(x)-f'(x_0)}{x-x_0}<0.$$

根据函数极限的局部保号性,当 x 在 x_0 的足够小的去心邻域内,

$$\frac{f'(x)-f'(x_0)}{x-x_0}<0.$$

而 $f'(x_0)=0$,所以上式即为 $\dfrac{f'(x)}{x-x_0}<0$.

于是对于去心邻域内的 x 来说,$f'(x)$ 与 $x-x_0$ 符号相反.

因此,当 $x-x_0<0$,即 $x<x_0$ 时,$f'(x)>0$;当 $x-x_0>0$,即 $x>x_0$ 时,$f'(x)<0$.

根据定理 3.13,$f(x)$ 在 x_0 处取得极大值.

类似地可以证明情形(2).

需要注意的是,如果函数 $f(x)$ 在驻点 x_0 处的二阶导数 $f''(x_0)\neq0$,那么点 x_0 一定是极值点,并可以按 $f''(x_0)$ 的符号来判定 $f(x_0)$ 是极大值还是极小值.但如果 $f''(x_0)=0$,则需要讨论,x_0 可能是极值点,也可能不是极值点.

例如,讨论函数 $f(x)=x^4$,$g(x)=x^3$ 在点 $x=0$ 是否有极值.因为 $f'(x)=4x^3$,$f''(x)=12x^2$,所以 $f'(0)=0$,$f''(0)=0$.当 $x<0$ 时,$f'(x)<0$;当 $x>0$ 时,$f'(x)>0$,所以 $f(0)$ 为极小值.而 $g'(x)=3x^2$,$g''(x)=6x$,所以 $g'(0)=0$,$g''(0)=0$,但 $g(0)$ 不是极值.

【例 3.5.3】　求出函数 $f(x)=x^3+3x^2-24x-30$ 的极值.

分析：对驻点是否成为极值点，可以根据定理 3.14 利用二阶导数的符号来判断.

解：$f'(x) = 3x^2 + 6x - 24 = 3(x+4)(x-2)$.

令 $f'(x) = 0$，得驻点 $x_1 = -4, x_2 = 2$.由于 $f''(x) = 6x + 6$，$f''(-4) = -18 < 0$，所以极大值为 $f(-4) = 50$，而 $f''(2) = 18 > 0$，所以极小值为 $f(2) = -58$.

函数 $f(x) = x^3 + 3x^2 - 24x - 30$ 的大致图形如图 3-7 所示.

需要注意的是，当 $f''(x_0) = 0$ 时，$f(x)$ 在点 x_0 处不一定取得极值，此时仍用定理 3.13 判断.函数的不可导点，也可能是函数的极值点.

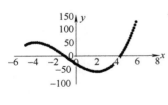

图　3-7

【例 3.5.4】　求出函数 $f(x) = 1 - (x+1)^{\frac{2}{3}}$ 的极值.

分析：上例给出可导函数求极值的方法，而极值与可导没有必然联系，所以对于不可导点应予以重点关注.

解：由于 $f'(x) = -\dfrac{2}{3}(x+1)^{-\frac{1}{3}}(x \neq -1)$，所以 $x = -1$ 时，函数 $f(x)$ 的导数 $f'(x)$ 不存在.

但当 $x < -1$ 时，$f'(x) > 0$；当 $x > -1$ 时，$f'(x) < 0$.所以 $f(-1) = 1$ 为 $f(x)$ 的极大值.函数 $f(x) = 1 - (x+1)^{\frac{2}{3}}$ 的大致图形如图 3-8 所示.

【例 3.5.5】　求函数 $f(x) = (x^2 - 1)^3 + 1$ 的极值.

分析：对于二阶导数为 0 的点，不能用定理 3.14 来判定，但是可以用定理 3.13 判别.

解：$f'(x) = 6x(x^2 - 1)^2$，令 $f'(x) = 0$，求得驻点 $x_1 = -1, x_2 = 0$，$x_3 = 1$.

又 $f''(x) = 6(x^2 - 1)(5x^2 - 1)$，所以 $f''(0) = 6 > 0$.

因此 $f(x)$ 在 $x = 0$ 处取得极小值，极小值为 $f(0) = 0$.

因为 $f''(-1) = f''(1) = 0$，所以用定理 3.14 无法判别.而在 $x = -1$ 的左、右邻域内，$f'(x) < 0$，所以 $f(x)$ 在 $x = -1$ 处没有极值；同理，$f(x)$ 在 $x = 1$ 处也没有极值.

图　3-8

例 3.5.5

3.5.2　最值问题

（1）极值与最值的关系

设函数 $f(x)$ 在闭区间 $[a, b]$ 上连续，则函数的最大值和最小值一定存在，函数的最大值和最小值有可能在区间的端点取得.如果最大值不在区间的端点取得，则必在开区间 (a, b) 内取得.在这种情况下，最大值一定是函数的极大值.最值是一个全局概念，因此，函数在闭区间 $[a, b]$ 上的最大值一定是函数的所有极大值和函数在区间端点的函数值中的最大者.同理，函数在闭区间 $[a, b]$ 上的最小值一定是函数的所有极小值和函数在区间端点的函数值中的最小者.

（2）最大值和最小值的求法

设 $f(x)$ 在 (a, b) 内的驻点和不可导点（它们是可能的极值点）

为 $x_1, x_2, \cdots, x_n$, 则比较 $f(a), f(x_1), f(x_2), \cdots, f(x_n), f(b)$ 的大小, 其中最大的是函数 $f(x)$ 在 $[a,b]$ 上的最大值, 最小的是函数 $f(x)$ 在 $[a,b]$ 上的最小值.

求最大值和最小值的步骤:

① 求驻点和不可导点;

② 求区间端点、驻点和不可导点的函数值, 比较大小. 哪个函数值大, 该函数值就是最大值; 哪个小, 哪个就是最小值.

求最大值和最小值的步骤

需要注意的是, 如果区间内只有一个极值, 则这个极值就是最值(最大值或最小值).

【例 3.5.6】　求函数 $y = 2x^3 + 3x^2 - 12x + 14$ 在 $[-3,4]$ 上的最大值和最小值.

解:$f'(x) = 6x^2 + 6x - 12$. 当函数 $f'(x) = 0$, 得 $x_1 = -2, x_2 = 1$.

由于 $f(-3) = 23, f(-2) = 34, f(1) = 7, f(4) = 142$,

因此函数 $y = 2x^3 + 3x^2 - 12x + 14$ 在 $[-3,4]$ 上的最大值为 $f(4) = 142$, 最小值为 $f(1) = 7$.

【例 3.5.7】　求函数 $f(x) = |x^2 - 3x + 2|$ 在 $[-3,4]$ 上的最大值与最小值.

分析:本题的关键在于去掉绝对值符号, 这就需要讨论 $x^2 - 3x + 2$ 的正负区间, 并求出相应的导函数, 然后正常求取最值即可.

例 3.5.7

解:由于 $f(x) = \begin{cases} x^2 - 3x + 2, & x \in [-3,1] \cup [2,4], \\ -x^2 + 3x - 2, & x \in (1,2), \end{cases}$

所以　　　　　$f'(x) = \begin{cases} 2x - 3, & x \in (-3,1) \cup (2,4), \\ -2x + 3, & x \in (1,2). \end{cases}$

可得 $f(x)$ 在 $(-3,4)$ 内的驻点为 $x = 1.5$, 不可导点为 $x_1 = 1, x_2 = 2$, 相应得函数值分别为 $f(-3) = 20, f(1) = 0, f(1.5) = 0.25, f(2) = 0$, $f(4) = 6$, 经比较, $f(x)$ 在 $x = -3$ 处取得最大值 20, 在 $x_1 = 1, x_2 = 2$ 处取得最小值 0.

练习 3.5

1. 求下列函数的极值:

（1）$y = 2x^3 - 3x^2 - 12x + 2$;　　　　　（2）$y = x - \ln(1 + x)$;

（3）$y = \dfrac{3x^2 + 4x + 4}{x^2 + x + 1}$;　　　　　（4）$y = x^x$.

2. 设 $y = y(x)$ 是由方程 $2y^3 - 2y^2 + 2xy - x^2 = 1$ 确定的, 求 $y = y(x)$ 的驻点, 并判定其驻点是否是极值点.

3. 求函数 $y = (x - 5)\sqrt[3]{x^2}$ 的单调区间与极值点.

4. 求下列函数的最大值:

(1) $y = 2x^3 - 3x^2, -1 \leqslant x \leqslant 4$; (2) $y = 2x + \sqrt{1+x}, -1 \leqslant x \leqslant 3$.

5. 函数 $y = x^2 - \dfrac{54}{x}(x<0)$ 在何处取得最小值?

6. 在椭圆 $\dfrac{x^2}{a^2} + \dfrac{y^2}{b^2} = 1$ 内嵌入有最大面积且边平行于椭圆轴的矩形,求该矩形的面积.

*3.6 导数与微分在经济学中的应用

导数与微分在经济学中应用十分广泛,本节将进一步讨论经济学中的最值问题,并讨论常用的应用——弹性分析.

3.6.1 最值问题

在实际中,我们经常会遇到在一定条件下,使成本最低,收入和利润最大等问题.

【例 3.6.1】 设某产品日产量为 Q 件时,需要付出的总成本为

$$C(Q) = \frac{1}{100}Q^2 + 20Q + 1600(元),$$

求:(1) 日产量为 500 件的总成本和平均成本;

(2) 最低平均成本及相应的产量.

解:(1) 日产量为 500 件的总成本为

$$C(500) = \frac{500^2}{100} + 20 \times 500 + 1600 = 14100(元)$$

平均成本为 $\overline{C}(500) = \dfrac{14100}{500} = 28.2(元)$.

(2) 日产量为 Q 件的平均成本为 $\overline{C}(Q) = \dfrac{C(Q)}{Q} = \dfrac{Q}{100} + 20 + \dfrac{1600}{Q}$,

$\overline{C}'(Q) = \dfrac{1}{100} - \dfrac{1600}{Q^2}$,令 $\overline{C}'(Q) = 0$,因 $Q>0$,故得唯一驻点为 $Q=400$.

又 $\overline{C}''(400) = \dfrac{3200}{Q^3} > 0$,故 $Q=400$ 是 $\overline{C}(Q)$ 的极小值点,即当日产量为 400 件时,平均成本最低,最低平均成本为 $\overline{C}(Q) = \dfrac{400}{100} + 20 + \dfrac{1600}{400} = 28(元)$.

【例 3.6.2】 某物业公司计划出租 100 间写字楼办公室,经过市场调查,当每间办公室的租金定为每月 5000 元时,可以全部出租;当租金每月增加 100 元时,就有一间办公室租不出去.已知每租出去一间办公室,物业公司每月需为其支付 300 元的物业管理费.

为使收入最大,租金应定为多少才合适?

解：设每间办公室每月的租金为 x 元,则租出去的办公室有 $\left[100-\left(\dfrac{x-5000}{100}\right)\right]$ 间,每月总收入为

$$R(x) = (x-300)\left(100-\frac{x-5000}{100}\right) = (x-300)\left(150-\frac{x}{100}\right),$$

$$R'(x) = \left(150-\frac{x}{100}\right) + (x-300)\left(-\frac{1}{100}\right) = 153-\frac{x}{50},$$

令 $R'(x)=0$,得唯一驻点为 $x=7650$.

又 $R''(x)=-\dfrac{1}{50}<0$,故 $x=7650$ 为唯一极大值点,因此每月每间办公室的租金定为 7650 元时,收入最高.此时,最大收入为 $R(7650)=543900$(元).

3.6.2　弹性分析

在边际分析中,我们所研究的是函数的绝对改变量与绝对变化率,而在某些实际问题中,仅分析这些是不够的,比如当原价为 80 元的体育用品(篮球)涨价 1 元时,你可能感觉不到,但另一个原价为 2 元的体育用品(乒乓球)涨价 1 元时,你会感觉很明显.如果从边际分析看,两次绝对改变量都是 1 元,这显然不能准确说明问题,从其涨价的幅度分析会更加准确.由此可见,需要研究一个变量对另一个变量的相对变化情况,这就是弹性的概念.

定义 3.5　设函数 $y=f(x)$ 在 $x=x_0$ 可导,函数的相对改变量 $\dfrac{\Delta y}{y_0}=\dfrac{f(x_0+\Delta x)-f(x_0)}{f(x_0)}$ 与自变量的相对改变量 $\dfrac{\Delta x}{x_0}$ 之比 $\dfrac{\Delta y/y_0}{\Delta x/x_0}$,称为函数 $f(x)$ 从 x_0 到 $(x_0+\Delta x)$ **两点间的弹性**(或平均相对变化率).

而极限 $\lim\limits_{\Delta x \to 0}\dfrac{\Delta y/y_0}{\Delta x/x_0} = \dfrac{x_0}{y_0} \cdot \lim\limits_{\Delta x \to 0}\dfrac{\Delta y}{\Delta x}$ 称为函数 $f(x)$ 在点 x_0 的**弹性**,记为

$$\frac{Ey}{Ex}\bigg|_{x=x_0} \ \text{或} \ \frac{E}{Ex}f(x_0).$$

即

$$\frac{Ey}{Ex}\bigg|_{x=x_0} = \lim_{\Delta x \to 0}\frac{\Delta y/y_0}{\Delta x/x_0} = \frac{x_0}{y_0}\lim_{\Delta x \to 0}\frac{\Delta y}{\Delta x} = \frac{x_0}{y_0}f'(x_0).$$

$\dfrac{Ey}{Ex}$ 或 $\dfrac{E}{Ex}f(x)$ 表示函数 $f(x)$ 的**弹性函数**,反映随着 x 的变化,$f(x)$ 对 x 变化反应的强弱程度或**灵敏度**. $\dfrac{Ey}{Ex}\bigg|_{x=x_0}$ 表示当 x 在点 x_0 产生 1% 的改变时,函数 $f(x)$ 相对地改变 $\dfrac{E}{Ex}f(x_0)\%$.

例如$\dfrac{Ey}{Ex}\Big|_{x=x_0}=3$ 的意义是:当 x 在 x_0 增加 1% 时,函数值增加 $f(x_0)$ 的3%;$\dfrac{Ey}{Ex}\Big|_{x=x_0}=-2$ 的意义是:当 x 在 x_0 增加1%时,相应的函数值减少$f(x_0)$的 2%.

下面通过需求对价格的弹性,说明弹性概念的重要性.

设某产品的需求量为 Q,价格为 P,需求函数 $Q=f(P)$ 可导,则该产品的需求弹性为:

$$\frac{EQ}{EP}=\lim_{\Delta P\to 0}\frac{\Delta Q/Q}{\Delta P/P}=P\cdot\frac{f'(P)}{f(P)},$$

记为 $\eta=\eta(P)$.

由于需求量随价格的提高而减少,因此当 $\Delta P>0$ 时,$\Delta Q<0$,$f'(P)<0$,故需求弹性 η 一般是负值,它反映产品需求量对价格变动反应的灵敏度.

当 ΔP 很小时,有

$$\eta=P\cdot\frac{f'(P)}{f(P)}\approx\frac{P}{f(P)}\cdot\frac{\Delta Q}{\Delta P}.$$

此时,需求弹性 η(近似地)表示在价格为 P 时,价格变动 1%,需求量将变化 $\eta\%$.

在经营管理活动中,产品价格的变动将引起需求及收益的变化,现从需求弹性角度进行讨论.

设产品价格为 P,销售量(需求量)为 Q,则总收益 $R=P\cdot Q=P\cdot f(P)$,求导数得

$$R'=f(P)+P\cdot f'(P)=f(P)\left(1+f'(P)\frac{P}{f(P)}\right),$$

即

$$R'=f(P)\cdot(1+\eta).$$

由上式可得如下结论:

(1) 当 $|\eta|<1$ 时,需求变动的幅度小于价格变动的幅度,这时,产品价格的变动对销售量影响不大,称为**低弹性**.此时 $R'>0$,R 递增,说明提价可使总收益增加,而降价会使总收益减少.

(2) 当 $|\eta|>1$ 时,需求变动的幅度大于价格变动的幅度,这时,产品价格的变动对销售量影响较大,称为**高弹性**.此时 $R'<0$,R 递减,说明降价可使总收益增加,故可采取薄利多销的策略.

(3) 当 $|\eta|=1$ 时,需求变动的幅度等于价格变动的幅度.$R'=0$,R 取得最大值.

【例 3.6.3】 某体育用品店中篮球的价格为 80 元,乒乓球的价格为 2 元,月销量分别为 2000 个和 8000 个,当两种球都提价 1 元时,月销量分别为 1980 个和 2000 个,请考察其收入变化情况.

解:已知篮球的价格 $P_1=80$(元),销量 $Q_1=2000$(个),乒乓球

的价格 $P_2 = 2$(元)，$Q_2 = 8000$(个)，提价 $\Delta P_1 = \Delta P_2 = 1$(元)，$\Delta Q_1 = -20$(个)，$\Delta Q_2 = -6000$(个).

因 $\dfrac{\Delta P_1}{P_1} = \dfrac{1}{80} = 1.25\%$，$\dfrac{\Delta P_2}{P_2} = \dfrac{1}{2} = 50\%$.

由 $\dfrac{\Delta Q_1}{Q_1} = \dfrac{-20}{2000} = -1\%$，得篮球的销量下降了 1%；由 $\dfrac{\Delta Q_2}{Q_2} = \dfrac{-6000}{8000} = -75\%$，得乒乓球的销量下降了 75%. 从而它们的需求对价格的弹性分别为

$$\eta_1(80) = \dfrac{\Delta Q_1}{Q_1} \bigg/ \dfrac{\Delta P_1}{P_1} = -0.8, \quad \eta_2(2) = \dfrac{\Delta Q_2}{Q_2} \bigg/ \dfrac{\Delta P_2}{P_2} = -1.5.$$

由于 η_1 是低弹性，因此篮球提价可使收入增加；由于 η_2 是高弹性，因此乒乓球的提价使收入减少.

【例 3.6.4】 设某品牌的电脑价格为 P 元，需求量为 Q 台，其需求函数为 $Q = 80P - \dfrac{P^2}{100}$(台).

(1) 求 $P = 5000$ 时的边际需求，并说明其经济意义；

(2) 求 $P = 5000$ 时的需求弹性，并说明其经济意义；

(3) 当 $P = 5000$ 时，若价格上涨 1%，总收益将如何变化？是增加还是减少？

(4) 当 $P = 6000$ 时，若价格上涨 1%，总收益的变化又如何？是增加还是减少？

解：因 $Q = f(P) = 80P - \dfrac{P^2}{100}$，$f'(P) = 80 - \dfrac{P}{50}$，需求弹性为

$$\eta = f'(P) \cdot \dfrac{P}{f(P)} = \left(80 - \dfrac{P}{50}\right) \cdot \dfrac{P}{f(P)}.$$

(1) $P = 5000$ 时的边际需求为 $f'(5000) = \left(80 - \dfrac{P}{50}\right)\bigg|_{P=5000} = -20$.

其经济意义是当价格 $P = 5000$ 元时，若涨价 1 元，则需求量下降 20 台.

(2) 当 $P = 5000$ 时，$f(5000) = 150000$，此时的需求弹性为

$$\eta(5000) = f'(5000) \cdot \dfrac{5000}{f(5000)} = (-20) \times \dfrac{5000}{150000} = -\dfrac{2}{3} \approx -0.67.$$

其经济意义是当价格 $P = 5000$ 元时，价格上涨 1%，需求减少 0.67%.

(3) 由总收益导数公式 $R' = f(P) \cdot (1 + \eta)$ 和 $R = P \cdot Q = P \cdot f(P)$ 可知

$$\dfrac{ER}{EP} = R'(P) \cdot \dfrac{P}{R(P)} = \dfrac{R'(P)}{f(P)} = 1 + \eta.$$

当 $P = 5000$ 时，$\eta(5000) = -\dfrac{2}{3}$.

所以

$$\dfrac{ER}{EP}\bigg|_{P=5000} = \dfrac{1}{3} \approx 0.33.$$

结果表明，当 $P = 5000$ 时，若价格上涨 1%，总收益将增加 0.33%.

（4）当 $P=6000$ 时，$\eta(6000)=\left(80-\dfrac{P}{50}\right)\cdot\dfrac{P}{f(P)}\Big|_{P=6000}=-40\cdot\dfrac{1}{20}=-2$，

所以
$$\dfrac{ER}{EP}\Big|_{P=6000}=-1.$$

结果表明，当 $P=6000$ 时，若价格上涨 1%，总收益将减少 1%.

*练习 3.6

1. 某钟表厂生产某类型手表，日产量为 Q 件时，总成本为
$$C(Q)=\frac{1}{40}Q^2+200Q+1000(元).$$

（1）日产量为 100 件时，总成本和平均成本为多少？

（2）求最低平均成本及相应的产量；

（3）若每件手表以 400 元售出，要使利润最大，日产量应为多少？并求最大利润及相应的平均成本.

2. 设大型超市通过测算，已知某种手巾的销量 Q（条）与其成本 C 的关系为
$$C(Q)=1000+6Q-0.003Q^2+(0.01Q)^3(元),$$
现每条手巾的定价为 6 元，求使利润最大的销量.

3. 设某商品的需求量 Q 与价格 P 的关系为
$$Q=\frac{1600}{4^P}$$

（1）求需求弹性 $\eta(P)$，并解释其经济含义；

（2）当商品的价格 $P=10$ 元时，若价格降低 1%，则该商品需求量变化情况如何？

4. 某商品的需求函数为 $Q=\mathrm{e}^{-\frac{P}{3}}$（$Q$ 是需求量，P 是价格），求：

（1）需求弹性 $\eta(P)$；

（2）求当商品的价格 $P=2,3,4$ 时的需求弹性，并解释其经济意义.

5. 已知某商品的需求函数 $Q=75-P^2$（Q 是需求量，单位：件；P 是价格，单位：元）.

（1）求 $P=5$ 时的需求弹性，并解释其经济含义；

（2）当 $P=5$ 时，若价格 P 上涨 1%，总收益将变化百分之几？是增加还是减少？

（3）当 $P=6$ 时，若价格 P 上涨 1%，总收益将变化百分之几？是增加还是减少？

我们学习了导数（微分）的应用，下章我们讨论导数的逆向问题：哪个函数的导数是已知的函数 $f(x)$，即 $F'(x)=f(x)$. 例如，已知做直线运动的物体的加速度函数，如何获取它的速度函数和位移函数？获知 $F(x)$ 的过程称为求不定积分.

本 章 小 结

导数的应用 {

中值定理 {

费马定理:可导极值点导数为 0

罗尔定理: $\left.\begin{array}{c} [a,b]\text{上连续} \\ (a,b)\text{内可导} \\ f(a)=f(b) \end{array}\right\} \Rightarrow f'(c)=0 \quad (c\in(a,b))$

拉格朗日中值定理: $\left.\begin{array}{c} [a,b]\text{上连续} \\ (a,b)\text{内可导} \end{array}\right\} \Rightarrow f'(\xi)=\dfrac{f(b)-f(a)}{b-a} \quad (\xi\in(a,b))$

柯西中值定理: $\left.\begin{array}{c} [a,b]\text{上连续} \\ (a,b)\text{内可导} \end{array}\right\} \Rightarrow \dfrac{f'(\xi)}{g'(\xi)}=\dfrac{f(b)-f(a)}{g(b)-g(a)} \quad (\xi\in(a,b))$

必达法则 {

洛必达法则: $\left.\begin{array}{c} \lim f(x)=0(\text{或}\infty) \\ \lim g(x)=0(\text{或}\infty) \\ \lim\dfrac{f'(x)}{g'(x)}=A \end{array}\right\} \Rightarrow \lim\dfrac{f(x)}{g(x)}=A$

基本类型及其他:" $\dfrac{0}{0}$ "," $\dfrac{\infty}{\infty}$ "," $0\cdot\infty$ "," $\infty-\infty$ "," 0^0 "," 1^∞ "," ∞^0 "

泰勒定理与应用 {

泰勒定理: $f(x)=f(x_0)+\dfrac{f'(x_0)}{1!}(x-x_0)+\dfrac{f''(x_0)}{2!}(x-x_0)^2+\cdots+\dfrac{f^{(n)}(x_0)}{n!}(x-x_0)^n+o[(x-x_0)^n].$

麦克劳林展开式: $f(x)=f(0)+f'(0)x+\dfrac{f''(0)}{2!}x^2+\cdots+\dfrac{f^{(n)}(0)}{n!}x^n+R_n(x)$

常用的展开式 {

$e^x=1+x+\dfrac{x^2}{2!}+\cdots+\dfrac{x^n}{n!}+o(x^{n+1})$

$\sin x=x-\dfrac{x^3}{3!}+\dfrac{x^5}{5!}-\cdots+(-1)^n\dfrac{x^{2n+1}}{(2n+1)!}+o(x^{2n+2})$

$\cos x=1-\dfrac{x^2}{2!}+\dfrac{x^4}{4!}-\dfrac{x^6}{6!}+\cdots+(-1)^n\dfrac{x^{2n}}{(2n)!}+o(x^{2n+1})$

$\ln(1+x)=x-\dfrac{x^2}{2}+\dfrac{x^3}{3}-\cdots+(-1)^n\dfrac{x^{n+1}}{n+1}+o(x^{n+1})$

$\dfrac{1}{1-x}=1+x+x^2+\cdots+x^n+o(x^n)$

$(1+x)^m=1+mx+\dfrac{m(m-1)}{2!}x^2+\cdots+\dfrac{m(m-1)\cdots(m-n+1)}{n!}x^n+o(x^n)$

函数的单调性与凹凸性 {

单调性: $\left\{\begin{array}{l} f'(x)\geqslant 0\rightarrow f(x)\text{单调增加} \\ f'(x)\leqslant 0\rightarrow f(x)\text{单调减少} \end{array}\right.$

凹凸性: $\left\{\begin{array}{l} f''(x)\geqslant 0\rightarrow f(x)\text{为凹型} \\ f''(x)\leqslant 0\rightarrow f(x)\text{为凸型} \end{array}\right.$

函数的极值与最值 {

极值 {

极值的可能点:驻点和不可导点

判别定理 1: $\left.\begin{array}{l} f'(x)\leqslant(\geqslant)0(x\in(x_0-\delta,x_0)) \\ f'(x)\geqslant(\leqslant)0(x\in(x_0,x_0+\delta)) \end{array}\right\} \Rightarrow f(x_0)\text{为极小(大)值}$

判别定理 2: $\left.\begin{array}{l} f'(x)=0 \\ f''(x)>(<)0 \end{array}\right\} \Rightarrow f(x_0)\text{为极小(大)值}$

最值 {

最值的可能点:驻点、不可导点和边界点

最值的判别方法 $\left\{\begin{array}{l} \text{比较所有可能点的函数值,取最值即可} \\ \text{实际问题中最值往往是单一的,且备选是唯一的驻点} \end{array}\right.$

复习题 3

1. 设常数 $k>0$,函数 $f(x)=\ln x-\dfrac{x}{e}+k$ 在 $(0,+\infty)$ 内零点的个数为_____.

2. 举出一个函数 $f(x)$,使其满足: $f(x)$ 在 $[a,b]$ 上连续,在 (a,b) 内除某一点外处处可导,但在 (a,b) 内不存在点 ξ,使 $f(b)-f(a)=f'(\xi)(b-a)$.

3. 证明:多项式 $f(x)=x^3-3x+a$ 在 $[0,1]$ 上不可能有两个零点.

4. 设 $a_0+\dfrac{a_1}{2}+\cdots+\dfrac{a_n}{n+1}=0$,证明:多项式 $f(x)=a_0+a_1x+\cdots+a_nx^n$ 在 $(0,1)$ 内至少有一个零点.

5. 求下列极限:

(1) $\lim\limits_{x\to1}\dfrac{x-x^x}{1-x+\ln x}$;　　(2) $\lim\limits_{x\to0}\left[\dfrac{1}{\ln(1+x)}-\dfrac{1}{x}\right]$;

(3) $\lim\limits_{x\to+\infty}\left(\dfrac{2}{\pi}\arctan x\right)^x$.

6. 证明不等式:当 $0<x_1<x_2<\dfrac{\pi}{2}$ 时, $\dfrac{\tan x_2}{\tan x_1}>\dfrac{x_2}{x_1}$.

7. 求 $1,\sqrt{2},\sqrt[3]{3},\cdots,\sqrt[n]{n}$,中的最大项.

8. 证明:方程 $x^3-5x-2=0$ 只有一个正根.

9. 确定下列函数的单调区间:

(1) $f(x)=4x-x^2$;　　(2) $f(x)=2x-\ln x$.

10. 求下列极限:

(1) $\lim\limits_{x\to0}\dfrac{e^x\sin x-x(1+x)}{x^3}$;　　(2) $\lim\limits_{x\to\infty}\left[x-x^2\ln\left(1+\dfrac{1}{x}\right)\right]$.

11. 求函数的极值: $f(x)=\dfrac{4x}{1+x^2}$.

12. 证明:若函数 $f(x)$ 在点 x_0 处有 $f'_-(x_0)<0$(或>0)和 $f'_+(x_0)>0$(或<0),则 x_0 为 $f(x)$ 的极小(或大).

【阅读 3】

中值定理的历史

中值定理是微积分中十分重要的理论基础,在高等数学里很常用,它能够很好地反映函数与导数之间的关系,在数学公式的推导和一些定理的证明中,我们都会见到中值定理的影子.中值定理一直在不断地进行着丰富,它是由很多的定理组成的,并不是一个单独存在的定理.其中,拉格朗日中值定理是最核心的中值定理,柯西中值定理是其一种推广形式.

对于中值定理的研究很早就开始了,古希腊时期,在某些方面就已经出现了中值定理的影子.人们刚开始研究数学都是在比较直观的状态下,所以中值定理也是从几何的角度开始研究的.当时在数学界有这么一个结论:"过抛物线弓形顶点的切线一定与抛物线弓形的底平行."这个结论在当时很好地运用到了几何问题中.阿基米德在这个定理的帮助下,又凭借他良好的数学能力,在抛物线弓形面积问题上使用了这一定理,并且完美得到结论.不止阿基米德这一位数学家运用此定理解决数学问题,意大利数学家卡瓦列里也曾使用该定理.他出过一本书,在书中陈述了一个定理:曲线段上一定有一点的切线和曲线的弦平行.这一定理被称为卡瓦列里定理.

人们在研究中值定理的道路上行进许久,中值定理仿佛与微积分如影随形.在微积分诞生的那一刻,中值定理也伴随而来,这可以体现出中值定理在微积分学中的重要性.本书介绍了费马定理,正如其名,该定理出自费马,在《求最大值和最小值的方法》中首次出现.费马定理一直沿用至今,可见费马对数学做出了很大贡献.现在所学的费马定理其实并不是费马当时给出的,而是后人通过原来费马的研究总结出来的.他当时对极大极小值问题的研究非常投入,想要得到一个通用的解法,最终"虚拟等式法"出现了,这就是费马当时所得出的定理.那么,什么是虚拟等式法呢? 用比较通俗的语言来解释,就是对于函数 $f(x)$,把自变量 x 增加到 $x+\varepsilon$,如果 $f'(x)$ 是极值,$f(x)$ 和 $f(x+\varepsilon)$ 的差近似等于 0,再用 ε 去除虚拟等式,然后让 $\varepsilon \to 0$,这样就会得到函数极值点的导数值为零.费马定理是:函数函数 $f(x)$ 在 $x=x_0$ 处取极值,而且可导,那么 $f'(x)=0$.在这里要说明,费马虽然得到了上面的结论,但微积分在当时还处于初始阶段,一些概念还没有明确的定义,他的论断在现在看来是不够严格的.

我们现在所知道的罗尔定理其实也不是由罗尔本人所创造的,但是,他在这方面是有自己的研究的.罗尔在 1691 年曾经出过一本书,书中有这么一段:"在多项式 $a_0x^n+a_1x^{n-1}+\cdots+a_{n-1}x+a_n=0$ 的两个相邻根中,方程 $na_0x^{n-1}+(n-1)a_1x^{n-2}+\cdots+a_{n-1}=0$ 至少有一个实根."其实这一段内容是现在罗尔定理中的特殊情况,可以算是罗尔定理第一次呈现在大家眼前,这也是能够说明罗尔定理为什么被称为罗尔定理.起初的罗尔定理与现代罗尔定理是不同的,这不仅体现在内容上,也体现在证明过程上.原来的罗尔定理的证明与微积分的内容是没有一点联系的,因为当时大部分的数学研究都是建立在几何背景下.现在所看到的罗尔定理,摆脱了几何观念,完全利用微积分来证明,并将它运用到一般函数中.现在所说的罗尔定理是由德罗比什在 1834 年提出的,他提出后,并没有正式使用.直到后来数学家贝拉维蒂斯在一篇论文中使用罗尔定理,并进行了发表,大家才广泛使用此定理.

罗尔定理之后就是拉格朗日定理了.第一个关于拉格朗日中值定理的证明当然还是由拉格朗日给出的,由于历史条件的限制与数学研究的不断进步,定理的证明总是越来越严谨.第一个证明比较偏重于直观基础,需要满足以下条件:当 $f'(x)>0$ 时,$f(x)$ 在 $[a,b]$ 上单调增加.我们现在所见到的中值定理条件并没这么苛刻,只需要 $f(x)$ 在 (a,b) 上可导就可以,但在拉格朗日给出的证明中,还需要加上有连续的导数.到了 19 世纪,在微积分的证明中,许多数学家更为苛刻,其中最具有代表性的就是柯西.在当时,数学家们先对极限给出了更加严谨的定义,使得微积分的许多定义被拿出来重新审视,拉格朗日中值定理也是如此.许多数学家都想给出一个严格的证明,柯西也是其中一位,他对其进行了更为严格的新的证明.柯西在《无穷小计算概论》中有论述,在此不再详细说明.我们现在的拉格朗日定理,是法国数学家博内(o. Bonnet)给出的,这个证明在《Cours de Calcul Differentiel et integral》中有论述.

柯西定理:$f(x)$ 和 $g(x)$ 在 $[a,b]$ 上连续,并且 $g'(x)$ 在 (a,b) 上不为零,这时至少存在一点 $\xi \in (a,b)$,有 $\dfrac{f(b)-f(a)}{g(b)-g(a)} = \dfrac{f'(\xi)}{g'(\xi)}$. 这一定理被看作是拉格朗日定理的推广.柯西在研究微积分的内容时用得最多的就是中值定理,中值定理的思想贯穿始终,他在证明洛必达法则时使用的是微分中值定理,也用中值定理研究泰勒公式余项.可以说,因为柯西对于中值定理的偏爱,使得中值定理成为研究微积分不可或缺的工具.

人们研究中值定理的时间上虽然没有极限那么长,但是前后也有两百年.从开始的懵懂,到后来定理的逐渐成熟,形成的结论是每一位数学家就就业业,在自己的领域中默默付出所得的成就.从费马定理到柯西中值定理,限制条件也是越来越强,适用范围从特殊到一般,思维方式从直观到抽象.中值定理的发展历程,让人们认识到:人们在数学研究的过程中,总是不断发现"新大陆",不断充实数学内容,新的数学工具更为方便,定理证明过程更为严谨.

4

积分作为微分的逆运算,是微积分学的主要内容之一.在本章中,我们首先给出原函数和不定积分的概念,介绍它们的性质,进而讨论求不定积分的方法,其中包含两类换元法和分部积分法,最后重点研究某些特殊类型的不定积分,主要包括有理函数以及三角函数有理式的积分.

4.1　不定积分的概念与性质

预备知识:基本初等函数的导数及微分公式,重点是幂函数、指数函数、对数函数、三角函数、反三角函数等求导公式;$a^m \cdot a^n = a^{m+n}$;$(a^m)^n = a^{mn}$.

4.1.1　原函数与不定积分的概念

1. 原函数

首先,让我们来看微积分中有关原函数的概念.

原函数与不定积分的概念

定义 4.1　设 $f(x)$ 是定义在区间 I 上的函数,如果存在函数 $F(x)$,使对任意的 $x \in I$ 都有

$$F'(x) = f(x) \quad \text{或} \quad dF(x) = f(x)dx,$$

则称 $F(x)$ 为 $f(x)$ 在区间 I 上的一个**原函数**.

举一个最简单的例子,$(e^x)' = e^x$,故 e^x 是自身的一个原函数.但如果给其加上任意常数 C,由于 $(e^x + C)' = e^x$,那么 $(e^x + C)$ 也是 e^x 的原函数.

由此可知,当一个函数具有原函数时,它的原函数有无穷多个.那么,什么样的函数具有原函数呢? 下面给出一个充分条件.

定理 4.1(原函数存在性定理)　如果函数 $f(x)$ 在区间 I 上连续,则在 I 上存在可导函数 $F(x)$,使得对任意的 $x \in I$,都有

$$F'(x) = f(x)$$

由上述定理可知,连续函数一定有原函数.因为初等函数在其定义区间内连续,所以初等函数在其定义区间内一定有原函数.

我们已知如果函数 $f(x)$ 存在一个原函数 $F(x)$,那么 $f(x)$ 的原

函数有无穷多个. $f(x)$ 的其他原函数与 $F(x)$ 有什么关系？事实上，很多时候我们只需要求出一个原函数，就能得到其所有原函数.

设 $G(x)$ 是 $f(x)$ 的任意一个原函数，即 $G'(x)=f(x)$，则有
$$[G(x)-F(x)]'=G'(x)-F'(x)=0,$$
由拉格朗日中值定理的推论 3.1 知，导数恒等于零的函数是常数，故
$$G(x)-F(x)=C,$$
即
$$G(x)=F(x)+C.$$
这表明 $G(x)$ 与 $F(x)$ 只相差一个常数.因此，只要找到 $f(x)$ 的一个原函数 $F(x)$，$F(x)+C$（C 为任意常数）就可以表示 $f(x)$ 的任意一个原函数.

2. 不定积分

定义 4.2　在区间 I 上，函数 $f(x)$ 的带有任意常数项的原函数称为 $f(x)$（或 $f(x)\mathrm{d}x$）在区间 I 上的**不定积分**，记作 $\int f(x)\mathrm{d}x$.其中，记号 $\int$ 称为**积分号**，$f(x)$ 称为**被积函数**，$f(x)\mathrm{d}x$ 称为**被积表达式**，x 称为**积分变量**.

根据定义，如果 $F(x)$ 是 $f(x)$ 在区间 I 上的一个原函数，那么在区间 I 上有
$$\int f(x)\mathrm{d}x=F(x)+C \quad （C \text{ 为任意常数}）.$$

【例 4.1.1】　求 $\int x\sqrt{x}\,\mathrm{d}x$.

分析：原式经过变形可化为求幂函数的原函数.

解：由于 $\left(\dfrac{2}{5}x^{\frac{5}{2}}\right)'=x^{\frac{3}{2}}=x\sqrt{x}$，因此有 $\int x\sqrt{x}\,\mathrm{d}x=\dfrac{2}{5}x^{\frac{5}{2}}+C$.

【例 4.1.2】　设曲线通过点 $(0,1)$，且斜率为 $2x$，求该曲线方程.

分析：根据斜率求原曲线，即求函数原函数的过程.

解：设所求的曲线方程为 $y=f(x)$，按题设，曲线上任一点 (x,y) 处的切线斜率为 $\dfrac{\mathrm{d}y}{\mathrm{d}x}=2x$，即 $f(x)$ 是 $2x$ 的一个原函数.因为
$$\int 2x\mathrm{d}x=x^2+C,$$
故必存在某个常数 C 使 $f(x)=x^2+C$，即曲线方程为 $y=x^2+C$.因所求曲线通过点 $(0,1)$，
$$1=0+C, C=1.$$
于是所求曲线方程为
$$y=x^2+1.$$

函数 $f(x)$ 的原函数的图形称为 $f(x)$ 的**积分曲线**.本例即是求函数 $2x$ 的通过点 $(0,1)$ 的那条积分曲线.显然，这条积分曲线可以

由另一条积分曲线(例如 $y=x^2$)沿 y 轴方向平移而得(见图 4-1).

4.1.2 不定积分的性质

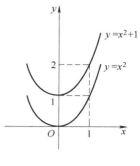

图 4-1

根据不定积分的定义,可得如下性质:

性质 1 $\left[\int f(x)\mathrm{d}x\right]'=f(x)$,或 $\mathrm{d}\left[\int f(x)\mathrm{d}x\right]=f(x)\mathrm{d}x$.

性质 2 $\int F'(x)\mathrm{d}x=F(x)+C$,或 $\int \mathrm{d}F(x)=F(x)+C$.

微分运算(以记号 d 表示)与求不定积分的运算(简称积分运算,以记号 $\int$ 表示)是互逆的.当记号 $\int$ 与 d 连在一起时,或者抵消,或者抵消后相差一个常数.

不定积分的性质

性质 3 (线性性质)$\int[\alpha f(x)+\beta g(x)]\mathrm{d}x=\alpha\int f(x)\mathrm{d}x+\beta\int g(x)\mathrm{d}x$,其中,$\alpha,\beta$ 为任意常数.

证明:要证上式的右端是 $\alpha f(x)+\beta g(x)$ 的不定积分,将右端对 x 求导,得

$$\left[\alpha\int f(x)\mathrm{d}x+\beta\int g(x)\mathrm{d}x\right]'=\left[\alpha\int f(x)\mathrm{d}x\right]'+\left[\beta\int g(x)\mathrm{d}x\right]'$$
$$=\alpha f(x)+\beta g(x).$$

性质 3 可以推广到有限个函数的情形.

不定积分的性质以及基本积分公式是求不定积分的基础,记忆常见函数的积分公式,便能熟练计算较为复杂的函数的积分.在应用这些公式时,有时需要对被积函数作适当变形,将其化成能直接套用基本积分公式的形式,一般称这种计算不定积分的方法为**直接积分法**.

现将一些常见的基本积分公式整理如下:

(1) $\int k\mathrm{d}x=kx+C$(k 为常数),

(2) $\int x^{\alpha}\mathrm{d}x=\dfrac{x^{\alpha+1}}{\alpha+1}+C$($\alpha\neq-1$),

(3) $\int\dfrac{1}{x}\mathrm{d}x=\ln|x|+C$,

(4) $\int a^x\mathrm{d}x=\dfrac{1}{\ln a}a^x+C$,

(5) $\int \mathrm{e}^x\mathrm{d}x=\mathrm{e}^x+C$,

(6) $\int\cos x\mathrm{d}x=\sin x+C$,

(7) $\int\sin x\mathrm{d}x=-\cos x+C$,

(8) $\int\sec^2 x\mathrm{d}x=\int\dfrac{1}{\cos^2 x}\mathrm{d}x=\tan x+C$,

(9) $\int\csc^2 x\mathrm{d}x=\int\dfrac{\mathrm{d}x}{\sin^2 x}=-\cot x+C$,

（10）$\int \sec x \tan x \mathrm{d}x = \sec x + C$,

（11）$\int \csc x \cot x \mathrm{d}x = -\csc x + C$,

（12）$\int \dfrac{\mathrm{d}x}{\sqrt{1-x^2}} = \arcsin x + C$,

（13）$\int \dfrac{\mathrm{d}x}{1+x^2} = \arctan x + C$.

【例 4.1.3】 求 $\int (\sqrt{x}+1)\left(x-\dfrac{1}{\sqrt{x}}\right)\mathrm{d}x$.

分析：首先把被积函数化为和式，然后再逐项积分.

解： $\int (\sqrt{x}+1)\left(x-\dfrac{1}{\sqrt{x}}\right)\mathrm{d}x$

$= \int \left(x\sqrt{x}+x-1-\dfrac{1}{\sqrt{x}}\right)\mathrm{d}x$

$= \int x\sqrt{x}\,\mathrm{d}x + \int x\mathrm{d}x - \int \mathrm{d}x - \int \dfrac{1}{\sqrt{x}}\mathrm{d}x$

$= \dfrac{2}{5}x^{\frac{5}{2}} + \dfrac{1}{2}x^2 - x - 2x^{\frac{1}{2}} + C$.

【例 4.1.4】 求下列函数的不定积分.

（1） $\int (2^x+x^4+\sec^2 x)\mathrm{d}x$;　　　（2） $\int \dfrac{x^4}{1+x^2}\mathrm{d}x$.

分析：式（1）可以拆为几个函数的积分和；式（2）经过变形可拆为两个已知函数的积分.

（1） 解： $\int (2^x+x^4+\sec^2 x)\mathrm{d}x$

$= \int 2^x\mathrm{d}x + \int x^4\mathrm{d}x + \int \sec^2 x\mathrm{d}x$

$= \dfrac{2^x}{\ln 2} + \dfrac{x^5}{5} + \tan x + C$;

（2） 解： $\int \dfrac{x^4}{1+x^2}\mathrm{d}x = \int \dfrac{x^4-1+1}{1+x^2}\mathrm{d}x$

$= \int \dfrac{(x^2+1)(x^2-1)}{1+x^2}\mathrm{d}x + \int \dfrac{1}{1+x^2}\mathrm{d}x$

$= \int (x^2-1)\,\mathrm{d}x + \int \dfrac{1}{1+x^2}\mathrm{d}x$

$= \dfrac{x^3}{3} - x + \arctan x + C$.

【例 4.1.5】 求下列函数的不定积分.

（1） $\int \tan^2 x\mathrm{d}x$;　　　（2） $\int \dfrac{\cos 2x}{\sin^2 x}\mathrm{d}x$.

分析:三角函数的积分往往需要利用三角公式进行变形后再计算,因此我们需要熟练掌握倍角公式、半角公式、降次公式等.

（1）解: $\displaystyle\int \tan^2 x\,\mathrm{d}x = \int(\sec^2 x - 1)\,\mathrm{d}x$

$$= \int \sec^2 x\,\mathrm{d}x - \int \mathrm{d}x = \tan x - x + C;$$

（2）解: $\displaystyle\int \frac{\cos 2x}{\sin^2 x}\,\mathrm{d}x = \int \frac{1 - 2\sin^2 x}{\sin^2 x}\,\mathrm{d}x$

$$= \int \frac{1}{\sin^2 x}\,\mathrm{d}x - 2\int \mathrm{d}x = -\cot x - 2x + C.$$

本节我们主要从原函数的角度出发,给出了不定积分的概念和性质,并且探讨了利用基本积分表计算简单函数的积分.但这种方法所能计算的积分毕竟是有限的,对于形式上更为复杂的函数,一般来说,都有哪些求积分的方法呢? 比如常见的三角函数积分 $\displaystyle\int \tan x\,\mathrm{d}x$、$\displaystyle\int \sec x\,\mathrm{d}x$ 等如何计算? 再比如类似 $\displaystyle\int \frac{1}{a^2 + x^2}\,\mathrm{d}x$, $\displaystyle\int \sqrt{a^2 - x^2}\,\mathrm{d}x$ $(a > 0)$ 的式子等该如何求解? 这将是我们下节学习的内容.

练习 4.1

求下列不定积分.

（1）$\displaystyle\int\left(\sin x - \frac{3}{1 + x^2}\right)\mathrm{d}x$;

（2）$\displaystyle\int\left(2 - \sqrt[3]{x} + \sqrt{x}\,\right)x^2\,\mathrm{d}x$;

（3）$\displaystyle\int \frac{3x^2 + 1}{x^2(1 + x^2)}\,\mathrm{d}x$;

（4）$\displaystyle\int\left(\frac{3}{1 + x^2} - \frac{5}{\sqrt{1 - x^2}}\right)\mathrm{d}x$;

（5）$\displaystyle\int \cos^2 \frac{x}{2}\,\mathrm{d}x$;

（6）$\displaystyle\int \frac{1}{\sin^2 \dfrac{x}{2}\cos^2 \dfrac{x}{2}}\,\mathrm{d}x$;

（7）$\displaystyle\int \frac{x - 4}{\sqrt{x} + 2}\,\mathrm{d}x$;

（8）$\displaystyle\int \frac{\mathrm{e}^{2t} - 1}{\mathrm{e}^t - 1}\,\mathrm{d}t$;

（9）$\displaystyle\int \frac{(1 - x)^3}{x^2}\,\mathrm{d}x$;

（10）$\displaystyle\int x\sqrt{x\sqrt{x\sqrt{x}}}\,\mathrm{d}x$;

（11）$\displaystyle\int \mathrm{e}^x\left(2^x - \frac{\mathrm{e}^{-x}}{1 + x^2}\right)\mathrm{d}x$;

（12）$\displaystyle\int \frac{\sqrt{x^4 + x^{-4} + 2}}{x^3}\,\mathrm{d}x$.

4.2　换元积分法

预备知识:基本初等函数的积分公式;三角函数平方和公

式,即:
$$\sin^2 x + \cos^2 x = 1, 1 + \tan^2 x = \sec^2 x, 1 + \cot^2 x = \csc^2 x;$$

降次公式
$$\sin^2 x = \frac{1 - \cos 2x}{2}, \cos^2 x = \frac{1 + \cos 2x}{2}.$$

直接积分法虽然简单,但所能计算的不定积分毕竟是很有限的.因此,有必要进一步研究其他的积分方法.因为积分运算是微分运算的逆运算,本节把复合函数的微分法反过来用于求不定积分,利用中间变量代换得到复合函数的积分,这种方法称为**换元积分法**,简称**换元法**.按照选取中间变量的不同方式将换元法分为两类,分别称为**第一类换元法**和**第二类换元法**.

4.2.1　第一类换元法(凑微分法)

通过以下实例来说明:

【例 4.2.1】　求 $\int e^{4x} dx$.

分析:上式无法直接利用积分公式,因此可以将 $4x$ 作为整体,凑出积分变量,再进行计算.

解:令 $u = 4x$,则
$$\int e^{4x} dx = \frac{1}{4} \int e^{4x} d(4x) = \frac{1}{4} \int e^u du$$
$$= \frac{1}{4} e^u + C = \frac{1}{4} e^{4x} + C.$$

由此可见,计算 $\int e^{4x} dx$ 的关键步骤是把它变成 $\frac{1}{4} \int e^{4x} d(4x)$,然后通过变量代换 $u = 4x$ 就可化为易计算的积分 $\frac{1}{4} \int e^u du$.

一般地,如果 $F(u)$ 是 $f(u)$ 的一个原函数,则
$$\int f(u) du = F(u) + C.$$

第一类换元法

而如果 u 又是另一变量 x 的函数 $u = \varphi(x)$,且 $\varphi(x)$ 可微,那么根据复合函数的微分法,有
$$dF(\varphi(x)) = f(\varphi(x)) d\varphi(x) = f(\varphi(x))\varphi'(x) dx,$$
由此得
$$\int f(\varphi(x))\varphi'(x) dx = \int f(\varphi(x)) d\varphi(x)$$
$$= \int dF(\varphi(x))$$
$$= F(\varphi(x)) + C.$$

引入中间变量 $u = \varphi(x)$,则上式成为
$$\int f(\varphi(x))\varphi'(x) dx = \int f(u) du = \left[F(u) + C \right]_{u = \varphi(x)}.$$

于是有如下定理:

定理 4.2 设 $f(u)$ 具有原函数, $u=\varphi(x)$ 可导,则有换元公式

$$\int f(\varphi(x))\varphi'(x)\mathrm{d}x = \left[\int f(u)\mathrm{d}u\right]_{u=\varphi(x)}.$$

由此可见,一般地,如果积分 $\int g(x)\mathrm{d}x$ 不能直接利用基本积分公式计算,而其被积表达式 $g(x)\mathrm{d}x$ 能表示为 $g(x)\mathrm{d}x=f(\varphi(x))\varphi'(x)\mathrm{d}x=f(\varphi(x))\mathrm{d}\varphi(x)$ 的形式,且 $\int f(u)\mathrm{d}u$ 较易计算,那么可令 $u=\varphi(x)$,代入后有

$$\int g(x)\mathrm{d}x = \int f(\varphi(x))\ \varphi'(x)\mathrm{d}x$$

$$= \int f(\varphi(x))\mathrm{d}\varphi(x) = \left[\int f(u)\mathrm{d}u\right]_{u=\varphi(x)}.$$

这样,就找到了 $g(x)$ 的原函数.这种积分法称为**第一类换元法**.由于在积分过程中,先要从被积表达式中凑出一个微分因子 $\mathrm{d}\varphi(x)=\varphi'(x)\mathrm{d}x$,因此第一类换元法也称为**凑微分法**.

【例 4.2.2】 求 $\int \sin 3x\mathrm{d}x$.

分析:被积函数 $\sin 3x$ 是 $\sin u$ 与 $u=3x$ 构成的复合函数,因此作变量代换 $u=3x$.

解: $\int \sin 3x\mathrm{d}x = \dfrac{1}{3}\int \sin 3x\mathrm{d}(3x) = \dfrac{1}{3}\int \sin u\mathrm{d}u$

$$= -\dfrac{1}{3}\cos u+C = -\dfrac{1}{3}\cos 3x+C.$$

【例 4.2.3】 求 $\int \dfrac{1}{2x+7}\mathrm{d}x$.

分析:被积函数 $\dfrac{1}{2x+7}$ 可看成 $\dfrac{1}{u}$ 与 $u=2x+7$ 构成的复合函数,原式缺少 $\dfrac{\mathrm{d}u}{\mathrm{d}x}=2$ 这个因子,我们可以凑出这个因子,即 $\dfrac{1}{2x+7}=\dfrac{1}{2}\cdot\dfrac{1}{2x+7}\cdot 2=\dfrac{1}{2}\cdot\dfrac{1}{2x+7}(2x+7)'$.

解:令 $u=2x+7$,便有

$$\int \dfrac{1}{2x+7}\mathrm{d}x = \dfrac{1}{2}\int \dfrac{1}{2x+7}\mathrm{d}(2x+7) = \dfrac{1}{2}\int \dfrac{1}{u}\mathrm{d}u$$

$$= \dfrac{1}{2}\ln|u|+C = \dfrac{1}{2}\ln|2x+7|+C.$$

一般地,对于积分 $\int f(ax+b)\mathrm{d}x$,总可以作变量代换 $u=ax+b$,把它化为

$$\int f(ax+b)\mathrm{d}x = \int \dfrac{1}{a}f(ax+b)\mathrm{d}(ax+b) = \dfrac{1}{a}\left[\int f(u)\mathrm{d}u\right]_{u=\varphi(x)}.$$

【例 4.2.4】 求 $\int \cos^2 x \sin x \, dx$.

分析:可将 $\sin x$ 作为 $\varphi'(x)$,即 $\varphi(x) = -\cos x$.

解:令 $u = \cos x$,则

$$\int \cos^2 x \sin x \, dx = -\int \cos^2 x \, d(\cos x) = -\int u^2 du = -\frac{1}{3} u^3 + C$$

$$= -\frac{1}{3} \cos^3 x + C.$$

在比较熟悉方法后,不定积分的换元法就可以删繁就简,略去设中间变量和换元的步骤,直接凑成基本积分公式的形式.

例 4.2.5

【例 4.2.5】 求 $\int \dfrac{1}{x \ln x} dx$.

分析:将 $\dfrac{1}{x}$ 作为 $\varphi'(x)$,将其凑成微分部分.

解:$\int \dfrac{1}{x \ln x} dx = \int \dfrac{1}{\ln x} d(\ln x) = \ln|\ln x| + C.$

【例 4.2.6】 求 $\int \dfrac{1}{a^2 + x^2} dx$.

分析:凑微分,利用积分公式  $\int \dfrac{1}{1+x^2} dx = \arctan x + C$ 计算.

解:$\int \dfrac{1}{a^2 + x^2} dx = \int \dfrac{1}{a^2} \cdot \dfrac{1}{1 + \left(\dfrac{x}{a}\right)^2} dx$

$$= \frac{1}{a} \int \frac{1}{1 + \left(\dfrac{x}{a}\right)^2} d\left(\frac{x}{a}\right) = \frac{1}{a} \arctan \frac{x}{a} + C.$$

用类似的方法可以计算 $\int \dfrac{1}{\sqrt{a^2 - x^2}} dx \,(a > 0)$,计算过程如下:

$$\int \frac{1}{\sqrt{a^2 - x^2}} dx = \int \frac{dx}{a \sqrt{1 - \left(\dfrac{x}{a}\right)^2}}$$

$$= \int \frac{d\left(\dfrac{x}{a}\right)}{\sqrt{1 - \left(\dfrac{x}{a}\right)^2}} = \arcsin \frac{x}{a} + C.$$

【例 4.2.7】 求 $\int \tan x \, dx$ 和 $\int \cot x \, dx$.

分析:将正切转化成正余弦,再凑微分.

解:$\int \tan x \, dx = \int \dfrac{\sin x}{\cos x} dx$

$$= -\int \frac{d(\cos x)}{\cos x} = -\ln|\cos x| + C.$$

类似地可计算得：

$$\int \cot x \mathrm{d}x = \ln \mid \sin x \mid + C.$$

【例 4.2.8】　求 $\int \sec x \mathrm{d}x$ 和 $\int \csc x \mathrm{d}x.$

分析：此题可以转化为正余弦，也可直接变形凑微分计算，采用第二种方法较为简单.

解：$\int \sec x \mathrm{d}x = \int \dfrac{\sec x(\sec x + \tan x)}{\sec x + \tan x}\mathrm{d}x$

$\qquad\qquad = \int \dfrac{\sec^2 x + \sec x \tan x}{\sec x + \tan x}\mathrm{d}x$

$\qquad\qquad = \int \dfrac{1}{\tan x + \sec x}\mathrm{d}(\tan x + \sec x)$

$\qquad\qquad = \ln \mid \sec x + \tan x \mid + C.$

类似地可计算得：

$$\int \csc x \mathrm{d}x = \ln \mid \csc x - \cot x \mid + C.$$

【例 4.2.9】　求 $\int \dfrac{1}{1 + \mathrm{e}^x}\mathrm{d}x.$

分析：含有 e^x 的函数求积分，通常利用 $\mathrm{d}(\mathrm{e}^x) = \mathrm{e}^x \mathrm{d}x$ 求解.

解：$\int \dfrac{1}{1 + \mathrm{e}^x}\mathrm{d}x = \int \dfrac{1 + \mathrm{e}^x - \mathrm{e}^x}{1 + \mathrm{e}^x}\mathrm{d}x = \int\left(1 - \dfrac{\mathrm{e}^x}{1 + \mathrm{e}^x}\right)\mathrm{d}x$

$\qquad\qquad\quad = \int \mathrm{d}x - \int \dfrac{1}{1 + \mathrm{e}^x}\mathrm{d}(1 + \mathrm{e}^x)$

$\qquad\qquad\quad = x - \ln(1 + \mathrm{e}^x) + C.$

【例 4.2.10】　求 $\int \dfrac{x + 5}{\sqrt{16 - x^2}}\mathrm{d}x.$

分析：原式变形，利用 $\int \dfrac{1}{\sqrt{1 - x^2}}\mathrm{d}x = \arcsin x + C$ 求解.

解：$\int \dfrac{x + 5}{\sqrt{16 - x^2}}\mathrm{d}x = \int \dfrac{x}{\sqrt{16 - x^2}}\mathrm{d}x + \int \dfrac{5}{\sqrt{16 - x^2}}\mathrm{d}x$

$\qquad\qquad\qquad = -\dfrac{1}{2}\int \dfrac{1}{\sqrt{16 - x^2}}\mathrm{d}(16 - x^2) + 5\int \dfrac{1}{\sqrt{1 - \left(\dfrac{x}{4}\right)^2}}\mathrm{d}\left(\dfrac{x}{4}\right)$

$\qquad\qquad\qquad = -\sqrt{16 - x^2} + 5\arcsin \dfrac{x}{4} + C.$

【例 4.2.11】　求下列不定积分.

（1）$\int \sin^2 x \mathrm{d}x$；　　　　　　（2）$\int \sec^4 x \mathrm{d}x.$

（1）分析：通常三角函数平方的积分需要先降次再积分.

解：原式可作如下运算：

$$\int \sin^2 x \mathrm{d}x = \int \frac{1-\cos 2x}{2} \mathrm{d}x$$

$$= \frac{1}{2}x - \frac{1}{4}\int \cos 2x \mathrm{d}(2x)$$

$$= \frac{1}{2}x - \frac{1}{4}\sin 2x + C.$$

类似地可得:

$$\int \cos^2 x \mathrm{d}x = \frac{1}{2}x + \frac{1}{4}\sin 2x + C.$$

(2) **分析**:正割的 4 次方,充分利用 $\mathrm{d}(\tan x) = \sec^2 x \mathrm{d}x$,凑出微分求解.

解:原式可作如下运算

$$\int \sec^4 x \mathrm{d}x = \int \sec^2 x \mathrm{d}(\tan x)$$

$$= \int (1 + \tan^2 x) \mathrm{d}(\tan x)$$

$$= \tan x + \frac{1}{3}\tan^3 x + C.$$

目前为止,我们已经掌握所有三角函数以及三角函数平方的积分了.

凑微分是利用第一类换元法求解积分的主要技巧,熟记常见凑微分的形式往往会提高解题速度和能力.一般地,有如下几种常见的凑微分形式:

(1) $\mathrm{d}x = \frac{1}{a}\mathrm{d}(ax+b)$;　　　　(2) $x^\mu \mathrm{d}x = \frac{1}{\mu+1}\mathrm{d}x^{\mu+1}(\mu \neq -1)$;

(3) $\frac{1}{x}\mathrm{d}x = \mathrm{d}\ln x$;　　　　(4) $a^x \mathrm{d}x = \frac{1}{\ln a}\mathrm{d}a^x$;

(5) $\sin x \mathrm{d}x = -\mathrm{d}\cos x$;　　　　(6) $\cos x \mathrm{d}x = \mathrm{d}\sin x$;

(7) $\sec^2 x \mathrm{d}x = \mathrm{d}\tan x$;　　　　(8) $\csc^2 x \mathrm{d}x = -\mathrm{d}\cot x$;

(9) $\frac{1}{\sqrt{1-x^2}}\mathrm{d}x = \mathrm{d}\arcsin x$;　　(10) $\frac{1}{1+x^2}\mathrm{d}x = \mathrm{d}\arctan x$.

第二类换元法

4.2.2　第二类换元法

第一类换元法是通过变量代换 $u = \varphi(x)$,将积分 $\int f[\varphi(x)]\varphi'(x)\mathrm{d}x$ 化为积分 $\int f(u)\mathrm{d}u$.**第二类换元法**是通过变量代换 $x = \varphi(t)$,将积分 $\int f(x)\mathrm{d}x$ 化为积分 $\int f[\varphi(t)]\varphi'(t)\mathrm{d}t$,在求出后一个积分后,再以 $x = \varphi(t)$ 的反函数 $t = \varphi^{-1}(x)$ 代回去,这样换元积分公式可表示为:

$$\int f(x)\mathrm{d}x = \left[\int f[\varphi(t)]\varphi'(t)\mathrm{d}t\right]_{t=\varphi^{-1}(x)}.$$

　　上述公式的成立是需要一定条件的,首先等式右边的不定积分要存在,即被积函数 $f[\varphi(t)]\varphi'(t)$ 有原函数;其次,$x=\varphi(t)$ 的反函数 $t=\varphi^{-1}(x)$ 要存在.我们给出下面的定理:

　　定理 4.3　设函数 $f[\varphi(t)]\varphi'(t)$ 有原函数,$x=\varphi(t)$ 单调、可导,并且 $\varphi'(t)\neq0$,则有换元公式

$$\int f(x)\,\mathrm{d}x=\left[\int f[\varphi(t)]\varphi'(t)\,\mathrm{d}t\right]_{t=\varphi^{-1}(x)}$$

　　证明:设 $f[\varphi(t)]\varphi'(t)$ 的原函数为 $\Phi(t)$,记 $\Phi[\varphi^{-1}(x)]=F(x)$,利用复合函数的求导法则及反函数的导数公式可得:

$$\frac{\mathrm{d}F(x)}{\mathrm{d}x}=\Phi'(t)\frac{\mathrm{d}t}{\mathrm{d}x}=f[\varphi(t)]\varphi'(t)\frac{1}{\varphi'(t)}=f[\varphi(t)]=f(x).$$

即 $F(x)$ 是 $f(x)$ 的原函数,所以有:

$$\int f(x)\,\mathrm{d}x=\left[\int f[\varphi(t)]\varphi'(t)\,\mathrm{d}t\right]_{t=\varphi^{-1}(x)}.$$

证明完毕.

　　第二类换元法通常适用于以下几个类型:

　　(1)被积函数含有 $\sqrt{a^2-x^2}$ $(a>0)$;

　　(2)被积函数含有 $\sqrt{a^2+x^2}$ $(a>0)$;

　　(3)被积函数含有 $\sqrt{x^2-a^2}$ $(a>0)$.

　　下面逐个举例说明.

例 4.2.12

　　【例 4.2.12】　求 $\int\sqrt{a^2-x^2}\,\mathrm{d}x\,(a>0)$.

　　分析:为使被积函数有理化,利用三角公式 $\sin^2t+\cos^2t=1$.

　　解:令 $x=a\sin t,t\in\left(-\dfrac{\pi}{2},\dfrac{\pi}{2}\right)$,则它是 t 的单调可导函数,具有反函数 $t=\arcsin\dfrac{x}{a}$,且 $\sqrt{a^2-x^2}=a\cos t$,$\mathrm{d}x=a\cos t\mathrm{d}t$,如图 4-2 所示.

$$\int\sqrt{a^2-x^2}\,\mathrm{d}x=\int a\cos t\cdot a\cos t\mathrm{d}t$$

$$=a^2\int\cos^2t\mathrm{d}t=a^2\int\frac{1+\cos2t}{2}\mathrm{d}t$$

$$=\frac{a^2}{2}\left(t+\frac{1}{2}\sin2t\right)+C=\frac{a^2}{2}t+\frac{a^2}{2}\sin t\cos t+C$$

$$=\frac{a^2}{2}\arcsin\frac{x}{a}+\frac{1}{2}x\sqrt{a^2-x^2}+C.$$

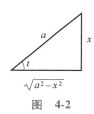

图　4-2

　　【例 4.2.13】　求 $\int\dfrac{1}{\sqrt{a^2+x^2}}\mathrm{d}x\,(a>0)$.

　　分析:利用公式 $1+\tan^2t=\sec^2t$,可以去掉根号.

　　解:令 $x=a\tan t,t\in\left(-\dfrac{\pi}{2},\dfrac{\pi}{2}\right)$,如图 4-3 所示.

则 $\sqrt{x^2+a^2}=a\sec t$,$\mathrm{d}x=a\sec^2t\mathrm{d}t$,$\sec t+\tan t>0$,于是

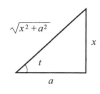

图　4-3

$$\int \frac{1}{\sqrt{a^2+x^2}}dx = \int \frac{a\sec^2 t dt}{a\sec t}$$

$$= \int \sec t dt = \ln|\sec t+\tan t|+C_1$$

$$= \ln\left(\frac{\sqrt{x^2+a^2}}{a}+\frac{x}{a}\right)+C_1$$

$$= \ln(\sqrt{x^2+a^2}+x)+C.$$

其中 $C=C_1-\ln a$.

【例 4.2.14】 求 $\int \frac{1}{x^2\sqrt{4+x^2}}dx$.

分析:同上题,利用 $1+\tan^2 t=\sec^2 t$ 去掉根号.

解:令 $x=2\tan t$,则 $\sqrt{4+x^2}=2\sec t$,$dx=2\sec^2 t dt$,于是,

$$\int \frac{1}{x^2\sqrt{4+x^2}}dx = \int \frac{2\sec^2 t}{4\tan^2 t \cdot 2\sec t}dt = \frac{1}{4}\int \frac{\cos t}{\sin^2 t}dt$$

$$= \frac{1}{4}\cdot\frac{-1}{\sin t}+C = -\frac{1}{4}\frac{\sqrt{4+x^2}}{x}+C.$$

【例 4.2.15】 求 $\int \frac{1}{\sqrt{x^2-a^2}}dx(a>0)$.

分析:为使被积函数有理化,利用三角恒等式 $\sec^2 t-1=\tan^2 t$.

解:被积函数的定义域为 $(-\infty,-a)\cup(a,+\infty)$,令 $x=a\sec t,t\in\left(0,\frac{\pi}{2}\right)$,可求得被积函数在 $(a,+\infty)$ 内的不定积分,这时 $\sqrt{x^2-a^2}=a\tan t$,$dx=a\sec t\tan t dt$,故

$$\int \frac{1}{\sqrt{x^2-a^2}}dx = \int \frac{a\sec t\tan t dt}{a\tan t}$$

$$= \int \sec t dt = \ln|\sec t+\tan t|+C_1$$

$$= \ln\left|\frac{x}{a}+\frac{\sqrt{x^2-a^2}}{a}\right|+C_1 = \ln|x+\sqrt{x^2-a^2}|+C.$$

其中 $C=C_1-\ln a$.

当 $x\in(-\infty,-a)$ 时,可令 $x=a\sec t,t\in\left(\frac{\pi}{2},\pi\right)$,类似可得到相同形式的结果.

【例 4.2.16】 求 $\int \frac{\sqrt{x^2-9}}{x}dx$.

分析:同上题,利用三角恒等式 $\sec^2 t-1=\tan^2 t$.

解:被积函数定义域为 $(-\infty,-3)\cup(3,+\infty)$,令 $x=3\sec t,t\in\left(0,\frac{\pi}{2}\right)$,此时 $x>0$,故

$$\int \frac{\sqrt{x^2-9}}{x} dx = \int \frac{3\tan t}{3\sec t} \cdot 3\sec t\tan t dt$$

$$= 3\int \tan^2 t dt = 3\int (\sec^2 t - 1) dt$$

$$= 3\tan t - 3t + C.$$

利用直角三角形,回代后可得:

$$\int \frac{\sqrt{x^2-9}}{x} dx = \sqrt{x^2-9} - 3\arccos \frac{3}{x} + C.$$

当 $x = 3\sec t, t \in \left(\frac{\pi}{2}, \pi\right)$ 时,此时 $x < 0$,

$$\int \frac{\sqrt{x^2-9}}{x} dx = \sqrt{x^2-9} - 3\arccos\left(\frac{3}{-x}\right) + C.$$

因此,

$$\int \frac{\sqrt{x^2-9}}{x} dx = \sqrt{x^2-9} - 3\arccos \frac{3}{|x|} + C.$$

综上可以看出,第二类换元法一般是利用**三角代换**将被积函数中的无理因式化为关于三角函数的有理因式,从而解决根号下含有二次函数型的积分.现总结如下:

(1)被积函数中含有 $\sqrt{a^2-x^2}$ 时,可作代换 $x = a\sin t$ 或 $x = a\cos t$;

(2)含有 $\sqrt{a^2+x^2}$,可作代换 $x = a\tan t$;

(3)含有 $\sqrt{x^2-a^2}$,可作代换 $x = a\sec t$.

变量回代时,利用直角三角形可以快速解出所求量,因此此方法不失为一种切实有效的方法.

除以上三角换元之外,很多时候还需用到其他换元的方法,比如常见的倒代换和根式换元等.下面举一两个例子加以说明.

【例 4.2.17】 求 $\int \frac{dx}{x\sqrt{x^2-1}}$.

分析:此题除使用三角换元外,亦可使用倒代换,即 $x = \frac{1}{t}$,此方法也比较简单.

解:令 $x = \frac{1}{t}$,则 $dx = -\frac{1}{t^2}dt$,因此

$$\int \frac{dx}{x\sqrt{x^2-1}} = -\int \frac{|t| dt}{t\sqrt{1-t^2}}.$$

当 $x > 1$ 时,$0 < t < 1$,有

$$\int \frac{dx}{x\sqrt{x^2-1}} = -\int \frac{1}{\sqrt{1-t^2}} dt$$

$$= -\arcsin t + C$$

$$= -\arcsin \frac{1}{x} + C;$$

当 $x<-1$ 时，$-1<t<0$ 有

$$\int \frac{\mathrm{d}x}{x\sqrt{x^2-1}} = \int \frac{1}{\sqrt{1-t^2}} \mathrm{d}t$$

$$= \arcsin t + C$$

$$= \arcsin \frac{1}{x} + C.$$

综合起来，得

$$\int \frac{\mathrm{d}x}{x\sqrt{x^2-1}} = -\arcsin \frac{1}{|x|} + C.$$

【例 4.2.18】　求 $\displaystyle\int \frac{\sqrt{x}}{1+\sqrt{x}} \mathrm{d}x$.

分析：被积函数含有根号，但根号下是一元函数，此时无法使用三角换元.为了消去根号，可考虑用根式换元.

解：令 $t=\sqrt{x}\,(t \geqslant 0)$，则 $x=t^2$，$\mathrm{d}x=2t\mathrm{d}t$.则：

$$\int \frac{\sqrt{x}}{1+\sqrt{x}} \mathrm{d}x = \int \frac{t}{1+t} \cdot 2t\mathrm{d}t$$

$$= 2 \int \frac{t^2}{1+t} \mathrm{d}t = 2 \int \frac{t^2-1+1}{1+t} \mathrm{d}t$$

$$= 2 \int \left(t-1+\frac{1}{1+t} \right) \mathrm{d}t$$

$$= t^2 - 2t + 2\ln|1+t| + C.$$

将 $t=\sqrt{x}\,(t \geqslant 0)$ 回代得：

$$\int \frac{\sqrt{x}}{1+\sqrt{x}} \mathrm{d}x = x - 2\sqrt{x} + 2\ln|1+\sqrt{x}| + C.$$

由此题可知，当被积函数中含有无理式 $\sqrt[n]{ax+b}$ 或者 $\sqrt[n]{\dfrac{ax+b}{cx+d}}$ $(a,b,c,d$ 为实数$)$时，我们常作代换

$$t=\sqrt[n]{ax+b} \text{ 或 } t=\sqrt[n]{\frac{ax+b}{cx+d}}.$$

在本节的例题中，有几个积分结果是以后经常会遇到的.这样，我们对常用的积分公式表进一步扩充，再添加下面几个（其中常数 $a>0$）.通常这 22 个式子可以被当作公式使用.

（14）$\displaystyle\int \tan x\,\mathrm{d}x = -\ln|\cos x| + C$,

（15）$\displaystyle\int \cot x\,\mathrm{d}x = \ln|\sin x| + C$,

（16）$\displaystyle\int \sec x\,\mathrm{d}x = \ln|\sec x+\tan x| + C$,

（17）$\displaystyle\int \csc x \mathrm{d}x = \ln|\csc x - \cot x| + C,$

（18）$\displaystyle\int \frac{\mathrm{d}x}{a^2 + x^2} = \frac{1}{a}\arctan\frac{x}{a} + C,$

（19）$\displaystyle\int \frac{\mathrm{d}x}{x^2 - a^2} = \frac{1}{2a}\ln\left|\frac{x-a}{x+a}\right| + C,$

（20）$\displaystyle\int \frac{\mathrm{d}x}{\sqrt{a^2 - x^2}} = \arcsin\frac{x}{a} + C,$

（21）$\displaystyle\int \frac{\mathrm{d}x}{\sqrt{x^2 + a^2}} = \ln(x + \sqrt{x^2 + a^2}) + C,$

（22）$\displaystyle\int \frac{\mathrm{d}x}{\sqrt{x^2 - a^2}} = \ln|x + \sqrt{x^2 - a^2}| + C.$

【例 4.2.19】　求下列不定积分.

（1）$\displaystyle\int \frac{1}{x^2 - 2x - 3}\mathrm{d}x$；　　　　（2）$\displaystyle\int \frac{1}{x^2 - 2x + 3}\mathrm{d}x.$

（1）**分析**：分母是二次函数，能进行因式分解，然后将其拆开裂项，再分别积分.

解：$\displaystyle\int \frac{1}{x^2 - 2x - 3}\mathrm{d}x = \int \frac{1}{(x+1)(x-3)}\mathrm{d}x$

$$= -\frac{1}{4}\int\left(\frac{1}{x+1} - \frac{1}{x-3}\right)\mathrm{d}x$$

$$= -\frac{1}{4}\ln|x+1| + \frac{1}{4}\ln|x-3| + C$$

$$= \frac{1}{4}\ln\left|\frac{x-3}{x+1}\right| + C.$$

（2）**分析**：分母是二次函数，但不能进行因式分解，此时需要配方，再用积分公式计算.

解：$\displaystyle\int \frac{1}{x^2 - 2x + 3}\mathrm{d}x = \int \frac{1}{(x-1)^2 + (\sqrt{2})^2}\mathrm{d}(x-1)$

利用常用积分公式（18），可得

$$\int \frac{1}{x^2 - 2x + 3}\mathrm{d}x = \frac{\sqrt{2}}{2}\arctan\frac{x-1}{\sqrt{2}} + C.$$

本节我们研究了不定积分的两种换元法——第一类换元法与第二类换元法，通过这些技巧可以解决很大一部分函数的积分问题.但是，仅仅使用这些方法处理有些积分是不够的，例如 $\displaystyle\int x\ln x\mathrm{d}x$，$\displaystyle\int x^2\cos x\mathrm{d}x$ 等，这些被积函数是由不同函数的乘积构成，无论用哪类换元法都是行不通的.那我们应该怎样解决这类积分呢？下节让我们继续讨论.

练习 4.2

1. 求下列不定积分.

(1) $\int (x-3)^{\frac{3}{2}} \mathrm{d}x$;

(2) $\int x\sqrt{x^2-2}\,\mathrm{d}x$;

(3) $\int \dfrac{1}{\mathrm{e}^x+\mathrm{e}^{-x}}\mathrm{d}x$;

(4) $\int \dfrac{\mathrm{e}^x}{1+\mathrm{e}^{2x}}\mathrm{d}x$;

(5) $\int \dfrac{1}{\sqrt{1-4x^2}}\mathrm{d}x$;

(6) $\int \dfrac{1}{\sqrt[3]{2-3x}}\mathrm{d}x$;

(7) $\int \dfrac{(\ln x)^3}{x}\mathrm{d}x$;

(8) $\int \dfrac{a^{\frac{1}{x}}}{x^2}\mathrm{d}x$;

(9) $\int \dfrac{\sin x}{(1+2\cos x)^2}\mathrm{d}x$;

(10) $\int \dfrac{\sin x+\sin^2 x}{\sec x}\mathrm{d}x$;

(11) $\int (2x+1)\sqrt{x^2+x-2}\,\mathrm{d}x$;

(12) $\int \dfrac{3x^2}{(2+x^3)^2}\mathrm{d}x$;

(13) $\int \dfrac{1}{x^2-2x+2}\mathrm{d}x$;

(14) $\int \dfrac{2x-2}{x^2-2x+3}\mathrm{d}x$;

(15) $\int \dfrac{(\arcsin x)^2}{\sqrt{1-x^2}}\mathrm{d}x$;

(16) $\int \dfrac{x-(\arctan x)^{\frac{3}{2}}}{1+x^2}\mathrm{d}x$;

(17) $\int \dfrac{\sin x+\cos x}{\sqrt[5]{\sin x-\cos x}}\mathrm{d}x$;

(18) $\int \left(\dfrac{1+\ln x}{x}+\sin 2x\right)\mathrm{d}x$;

(19) $\int \dfrac{\ln\tan x}{\cos x\sin x}\mathrm{d}x$;

(20) $\int \tan\sqrt{1+x^2}\cdot\dfrac{x}{\sqrt{1+x^2}}\mathrm{d}x$.

2. 求下列不定积分.

(1) $\int \sqrt{4-x^2}\,\mathrm{d}x$;

(2) $\int \dfrac{\mathrm{d}x}{\sqrt{1+x^2}}$;

(3) $\int \dfrac{\mathrm{d}x}{x^2\sqrt{x^2-1}}$;

(4) $\int \dfrac{\mathrm{d}x}{\sqrt{(x^2+1)^3}}$;

(5) $\int \dfrac{\sqrt{4-x^2}}{x^2}\mathrm{d}x$;

(6) $\int \dfrac{\mathrm{d}x}{x^4\sqrt{1+x^2}}$;

(7) $\int \dfrac{\mathrm{d}x}{(x^2+a^2)^{\frac{3}{2}}}\ (a>0)$;

(8) $\int \dfrac{1}{\sqrt{1-2x}}\mathrm{d}x$;

(9) $\int \dfrac{x+1}{x\sqrt{x-2}}\mathrm{d}x$;

(10) $\int \sqrt{\mathrm{e}^x-1}\,\mathrm{d}x$;

(11) $\int \dfrac{1}{1+\sqrt[3]{x+2}}\mathrm{d}x$;

(12) $\int \dfrac{1}{\sqrt{x}+\sqrt[4]{x}}\mathrm{d}x$;

（13）$\displaystyle\int\frac{\sqrt{x-1}}{x}\mathrm{d}x$；

（14）$\displaystyle\int\frac{\sqrt{1+x}}{1+\sqrt{1+x}}\mathrm{d}x$；

（15）$\displaystyle\int\frac{\mathrm{d}x}{x\sqrt{\ln x(\ln x+2)}}$.

4.3　分部积分法

分部积分法

预备知识：两个函数乘积的求导公式$(uv)'=u'v+uv'$；五种基本初等函数，即幂函数、指数函数、对数函数、三角函数、反三角函数的导数和积分公式.

上一节我们提到了有很多看似简单的函数利用换元法是无法求出积分的，诸如

$$\int x\ln x\mathrm{d}x,\quad \int x^2\mathrm{e}^x\mathrm{d}x,\quad \int\sin x\mathrm{e}^x\mathrm{d}x$$

等，像此类不定积分，需要用到求不定积分的另一种基本方法——**分部积分法**.分部积分法是一种怎样的方法呢？

具体推导过程如下：

设函数 $u=u(x)$ 及 $v=v(x)$ 具有连续导数，那么两个函数乘积的导数公式为

$$(uv)'=u'v+uv',$$

移项得

$$uv'=(uv)'-u'v.$$

对这个等式两边求不定积分，得

$$\int uv'\mathrm{d}x=uv-\int u'v\mathrm{d}x.$$

此公式称为**分部积分公式**.如果积分$\int uv'\mathrm{d}x$不易求，而积分$\int u'v\mathrm{d}x$比较容易时，用分部积分公式就可以计算了.

通常将上式变形，得到如下更易记忆的形式：

$$\int u\mathrm{d}v=uv-\int v\mathrm{d}u.$$

分部积分法可分为以下几步完成：

（1）仔细观察，将被积函数 $f(x)$ 分成两部分 u 和 v'，并变为$\int u\mathrm{d}v$的形式；

（2）代入公式，计算 $\mathrm{d}u$，使$\int v\mathrm{d}u=\int v\cdot u'\mathrm{d}x$；

（3）计算$\int v\cdot u'\mathrm{d}x$，从而算出整个积分值.

【例 4.3.1】　求$\int x\mathrm{e}^x\mathrm{d}x$.

分析：由于被积函数 $x\mathrm{e}^x$ 是两个函数的乘积，选其中一个为

u,那么另一个即为 v'.到底哪个为 v' 呢? 我们不妨两种情况都试一下.

解:(1) 若选择 $u=\mathrm{e}^x,v'=x$,则 $\mathrm{d}v=\mathrm{d}\left(\dfrac{x^2}{2}\right)$,于是

$$\int x\mathrm{e}^x\mathrm{d}x = \int \mathrm{e}^x\mathrm{d}\left(\frac{x^2}{2}\right) = \frac{1}{2}x^2\mathrm{e}^x - \int\frac{x^2}{2}\mathrm{d}(\mathrm{e}^x)$$

$$= \frac{1}{2}x^2\mathrm{e}^x - \frac{1}{2}\int x^2\mathrm{e}^x\mathrm{d}x.$$

这样做的结果就是新得到的 $\int v\cdot u'\mathrm{d}x = \dfrac{1}{2}\int x^2\mathrm{e}^x\mathrm{d}x$ 比原积分更加难求,因此这种选择行不通.

(2) 若选择 $u=x,v'=\mathrm{e}^x$,则 $\mathrm{d}v=\mathrm{d}(\mathrm{e}^x)$,于是

$$\int x\mathrm{e}^x\mathrm{d}x = \int x\mathrm{d}(\mathrm{e}^x)$$

$$= x\mathrm{e}^x - \int \mathrm{e}^x\mathrm{d}x = x\mathrm{e}^x - \mathrm{e}^x + C.$$

由此例可以看到,如果 u 和 $\mathrm{d}v$ 选取不当,就求不出结果.所以应用分部积分法时,恰当选取 u 和 $\mathrm{d}v$ 是关键,一般以 $\int v\mathrm{d}u$ 比 $\int u\mathrm{d}v$ 易求出为原则.

【例 4.3.2】 求下列不定积分.

(1) $\int \ln x\mathrm{d}x$;　　　　　　(2) $\int x\ln x\mathrm{d}x$.

分析:两道例题皆是含有 $\ln x$,若将其作为 v',则很难得到 $\mathrm{d}v$,因此 $u=\ln x$.

(1) 解:$\displaystyle\int \ln x\mathrm{d}x = x\ln x - \int x\mathrm{d}(\ln x)$

$$= x\ln x - \int \mathrm{d}x = x\ln x - x + C;$$

(2) 解:$\displaystyle\int x\ln x\mathrm{d}x = \int \ln x\mathrm{d}\left(\frac{x^2}{2}\right) = \frac{x^2}{2}\ln x - \int \frac{x^2}{2}\mathrm{d}(\ln x)$

$$= \frac{x^2}{2}\ln x - \frac{1}{2}\int x\mathrm{d}x = \frac{x^2}{2}\ln x - \frac{x^2}{4} + C.$$

【例 4.3.3】 求下列不定积分.

(1) $\int \arcsin x\mathrm{d}x$;　　　　　　(2) $\int x\arctan x\mathrm{d}x$.

分析:两道例题皆含有反三角函数,若将其作为 v',同样很难得到 $\mathrm{d}v$,因此只能将其作为 u.

例 4.3.3

(1) 解:$\displaystyle\int \arcsin x\mathrm{d}x = x\arcsin x - \int x\mathrm{d}(\arcsin x)$

$$= x\arcsin x - \int \frac{x}{\sqrt{1-x^2}}\mathrm{d}x$$

$$=x\arcsin x+\frac{1}{2}\int\frac{1}{\sqrt{1-x^2}}\mathrm{d}(1-x^2)$$

$$=x\arcsin x+\sqrt{1-x^2}+C;$$

（2）解：$\displaystyle\int x\arctan x\mathrm{d}x=\int\arctan x\mathrm{d}\left(\frac{x^2}{2}\right)$

$$=\frac{x^2}{2}\arctan x-\int\frac{x^2}{2}\mathrm{d}(\arctan x)$$

$$=\frac{x^2}{2}\arctan x-\frac{1}{2}\int\frac{x^2}{1+x^2}\mathrm{d}x$$

$$=\frac{x^2}{2}\arctan x-\frac{1}{2}\int\left(1-\frac{1}{1+x^2}\right)\mathrm{d}x$$

$$=\frac{1}{2}(x^2+1)\arctan x-\frac{1}{2}x+C.$$

若被积函数为幂函数和对数函数或反三角函数的乘积，就可以考虑使用分部积分法，并选择幂函数为 v'.反之，若被积函数是幂函数和指数函数或三角函数的乘积，也可以考虑用分部积分法，但应选择幂函数为 u.

【例 4.3.4】　求 $\displaystyle\int x\cos x\mathrm{d}x$.

分析：被积函数是幂函数（指数为正整数）和三角函数的乘积，选择幂函数为 u 容易求解.

解：$\displaystyle\int x\cos x\mathrm{d}x=\int x\mathrm{d}(\sin x)=x\sin x-\int\sin x\mathrm{d}x=x\sin x+\cos x+C.$

读者可自证，若改变 u 和 v' 的选择，求解会变得非常困难.

一般地，如果被积函数是两类基本初等函数的乘积，在多数情况下，可按下列顺序排序：指数函数、三角函数、幂函数、对数函数、反三角函数.然后将排在前面的那类函数选作 v'，后面的那类函数选作 u.上面的顺序可以简单记作"指、三、幂、对、反".

现在让我们来看一下指数函数与三角函数的乘积的积分如何求解？

【例 4.3.5】　求 $\displaystyle\int\mathrm{e}^x\sin x\mathrm{d}x$.

分析：分部积分后，会得到与原式类似的式子，再继续积分.

解：$\displaystyle\int\mathrm{e}^x\sin x\mathrm{d}x=\int\sin x\mathrm{d}(\mathrm{e}^x)=\mathrm{e}^x\sin x-\int\mathrm{e}^x\cos x\mathrm{d}x$

$$=\mathrm{e}^x\sin x-\int\cos x\mathrm{d}(\mathrm{e}^x)$$

$$=\mathrm{e}^x\sin x-\mathrm{e}^x\cos x-\int\mathrm{e}^x\sin x\mathrm{d}x$$

将 $\displaystyle\int\mathrm{e}^x\sin x\mathrm{d}x$ 移向合并，得：

$$\int\mathrm{e}^x\sin x\mathrm{d}x=\frac{1}{2}\mathrm{e}^x(\sin x-\cos x)+C.$$

类似的方法可得:

$$\int e^x \cos x \, dx = \frac{1}{2} e^x (\cos x + \sin x) + C.$$

类似上题,有些函数的积分需要多次应用分部积分法,得到一个关于所求积分的方程,然后利用求解方程的思想来求出最终结果,此方法称为"循环积分法".例如 $\int \sec^3 x \, dx$ 可用此方法求解,限于篇幅请读者自证.

计算不定积分,有时需要结合换元法和分部积分法等多种方法,具体选择哪种方法比较简便,需仔细审题,"对症下药",不同的方法得到的结果从形式上看可能会有所不同.下面再看几例.

【例 4.3.6】　求 $\int \arctan \sqrt{x} \, dx$.

分析:直接用分部积分法比较烦琐,考虑先换元再分部积分.

解:令 $x = t^2 (t > 0)$,则 $dx = 2t \, dt$.于是

$$
\begin{aligned}
\int \arctan \sqrt{x} \, dx &= \int \arctan t \, d(t^2) = t^2 \arctan t - \int \frac{t^2}{1+t^2} \, dt \\
&= t^2 \arctan t - \int \left(1 - \frac{1}{1+t^2}\right) dt \\
&= t^2 \arctan t - t + \arctan t + C \\
&= (x+1) \arctan \sqrt{x} - \sqrt{x} + C.
\end{aligned}
$$

【例 4.3.7】　求 $\int e^{\sqrt{3x+9}} \, dx$.

分析:同上题一样,被积函数是含有根号的复合函数,考虑先换元再分部积分.

解:令 $t = \sqrt{3x+9}$,则 $dx = d\left(\frac{1}{3}t^2 - 3\right) = \frac{2}{3} t \, dt$.

$$
\begin{aligned}
\int e^{\sqrt{3x+9}} \, dx &= \int e^t \frac{2}{3} t \, dt \\
&= \frac{2}{3} \int t e^t \, dt = \frac{2}{3} \int t \, d(e^t) \\
&= \frac{2}{3} t e^t - \frac{2}{3} \int e^t \, dt = \frac{2}{3} e^t (t-1) + C \\
&= \frac{2}{3} e^{\sqrt{3x+9}} (\sqrt{3x+9} - 1) + C.
\end{aligned}
$$

*【例 4.3.8】　求 $\int \left[\ln(\ln x) + \frac{1}{\ln x}\right] dx$.

分析:$\int \frac{1}{\ln x} dx$ 不好积分,但计算过程中能将其消掉.

解:$\int \left[\ln(\ln x) + \frac{1}{\ln x}\right] dx = \int \ln(\ln x) \, dx + \int \frac{1}{\ln x} dx$

$$= x\ln(\ln x) - \int x d[\ln(\ln x)] + \int \frac{1}{\ln x} dx$$

$$= x\ln(\ln x) - \int \frac{x}{\ln x} \cdot \frac{1}{x} dx + \int \frac{1}{\ln x} dx$$

$$= x\ln(\ln x) + C.$$

本节以分部积分法为重点,解决了一类典型函数的积分问题,为以后的章节打下了基础.目前为止,我们已经学习了不定积分的两种主要方法——换元法和分部积分法,这些方法并不是孤立的,在实际运算中,往往需要结合各种技巧才能事半功倍.同时,我们注意到,有些函数的积分是不容易计算的,比如有理函数和含有三角函数有理式的积分,类似 $\int \frac{1}{x(x-1)^2} dx$, $\int \frac{1}{2+\sin x} dx$ 等式.我们将要在下节单独对这些函数进行研究.

练习 4.3

求下列不定积分.

(1) $\int x e^{-x} dx$；

(2) $\int x^2 e^{3x} dx$；

(3) $\int \ln^2 x dx$；

(4) $\int \sin\sqrt{x} dx$；

(5) $\int \arctan 2x dx$；

(6) $\int (x^2+1) e^x dx$；

(7) $\int \frac{\ln(\ln x)}{x} dx$；

(8) $\int x^2 \arctan x dx$；

(9) $\int \frac{1}{\sin^3 x} dx$；

(10) $\int \ln(x+\sqrt{1+x^2}) dx$；

(11) $\int \frac{x}{\cos^2 x} dx$；

(12) $\int x\cos^2 x dx$；

(13) $\int \frac{1}{\sqrt{x}} \arcsin\sqrt{x} dx$；

*(14) $\int e^{5x} \sin 4x dx$.

4.4　某些特殊类型的不定积分

预备知识:二次函数的因式分解;多项式除法法则;三角函数的万能公式

$$\sin x = \frac{2\tan\frac{x}{2}}{1+\tan^2\frac{x}{2}}, \cos x = \frac{1-\tan^2\frac{x}{2}}{1+\tan^2\frac{x}{2}}, \tan x = \frac{2\tan\frac{x}{2}}{1-\tan^2\frac{x}{2}}.$$

4.4.1 有理函数的不定积分

定义 4.3 有理函数(有理分式)指的是两个多项式之比所构成的函数,其一般式可表示为:

$$R(x) = \frac{P(x)}{Q(x)} = \frac{a_0 x^n + a_1 x^{n-1} + \cdots + a_{n-1} x + a_n}{b_0 x^m + b_1 x^{m-1} + \cdots + b_{m-1} x + b_m} \quad (a_0 b_0 \neq 0),$$

其中 $P(x)$ 与 $Q(x)$ 不可约分.如果 $n<m$,称上式为真分式;如果 $n \geq m$,称上式为假分式.

利用多项式的除法,可以将假分式化为多项式与真分式的和.因此,只要掌握真分式的积分,就可以解决假分式的积分问题.例如:

$$\frac{x^3 + x^2 + 1}{x+1} = x^2 + \frac{1}{x+1}$$

设 $R(x) = \dfrac{P(x)}{Q(x)}$ 是真分式,即 $n<m$,则在实数范围内,可以将分母 $Q(x)$ 因式分解成为若干 $(x-a)^k$ 因式与 $(x^2+px+q)^s (p^2-4q<0)$ 因式的乘积.

(1)如果分母 $Q(x)$ 含有单因式 $\dfrac{A}{x-a}$,通过待定系数法即可确定 A;

(2)如果分母 $Q(x)$ 含有重因式 $(x-a)^k$,则部分分式相应含有 k 项之和:

$$\frac{A_1}{x-a} + \frac{A_2}{(x-a)^2} + \cdots + \frac{A_{k-1}}{(x-a)^{k-1}} + \frac{A_k}{(x-a)^k},$$

通过待定系数法即可确定 $A_1, A_2, \cdots, A_k$;

(3)如果 $Q(x)$ 分解后含有质因式 x^2+px+q,则部分分式必然含有一项 $\dfrac{Bx+C}{x^2+px+q}$,待定系数法求出 B, C 即可;

*(4)如果 $Q(x)$ 分解后含有质因式 $(x^2+px+q)^s$,部分分式呈现如下形式:

$$\frac{B_1 x + C_1}{x^2+px+q} + \frac{B_2 x + C_2}{(x^2+px+q)^2} + \cdots + \frac{B_{s-1} x + C_{s-1}}{(x^2+px+q)^{s-1}} + \frac{B_s x + C_s}{(x^2+px+q)^s},$$

最后(4)这种情况过于繁复,本书不再赘述.

上述过程称为将真分式化为最简分式之和.分析上述结果,有理真分式的积分有下面三种形式:

$$\int \frac{A}{x-a} \mathrm{d}x, \quad \int \frac{A}{(x-a)^k} \mathrm{d}x; \quad \int \frac{Bx+C}{x^2+px+q} \mathrm{d}x.$$

接下来我们继续研究利用待定系数法求解有理函数的积分问题.

【例 4.4.1】 计算不定积分 $\int \dfrac{2x+3}{x^2+3x-10}\mathrm{d}x$.

分析:被积函数分母可分解为两个单因式乘积 $(x-2)(x+5)$,因此为第一种类型的有理函数,可用待定系数法来处理.

解:设
$$\frac{2x+3}{x^2+3x-10}=\frac{A}{x-2}+\frac{B}{x+5},$$

等式右边通分相加后,两端分子相等,即
$$(A+B)x+5A-2B=2x+3.$$

两端比较系数,得:
$$\begin{cases} A+\ B=2, \\ 5A-2B=3, \end{cases}$$

解得 $A=1,B=1,$ 则
$$\int \frac{2x+3}{x^2+3x-10}\mathrm{d}x=\int\left(\frac{1}{x-2}+\frac{1}{x+5}\right)\mathrm{d}x$$
$$=\ln|x-2|+\ln|x+5|+C.$$

【例 4.4.2】 计算不定积分 $\int \dfrac{1}{x(x-1)^2}\mathrm{d}x$.

分析:被积函数分母为一次函数与二重因式的乘积,其中二重因式可分解为 $\dfrac{A}{x-1}+\dfrac{B}{(x-1)^2}$ 两项之和的形式,属于第二种类型的有理函数.

例 4.4.2

解法一:设
$$\frac{1}{x(x-1)^2}=\frac{C}{x}+\frac{A}{x-1}+\frac{B}{(x-1)^2},$$

等式右边通分相加后,两端分子比较得:
$$C(x-1)^2+Ax(x-1)+Bx=1,$$

比较系数
$$A+C=0,-A+B-2C=0,C=1,$$

解得:
$$A=-1,B=1,C=1.$$

则
$$\int \frac{1}{x(x-1)^2}\mathrm{d}x=\int\left[\frac{1}{x}-\frac{1}{x-1}+\frac{1}{(x-1)^2}\right]\mathrm{d}x$$
$$=\ln|x|-\ln|x-1|-\frac{1}{x-1}+C.$$

解法二:此题也可将被积函数分解为一个分母为一次函数与一个分母为二次函数之和,即
$$\frac{1}{x(x-1)^2}=\frac{A}{x}+\frac{Bx+C}{(x-1)^2}.$$

通过待定系数法,解得:

$$\frac{1}{x(x-1)^2}=\frac{1}{x}+\frac{-x+2}{(x-1)^2}=\frac{1}{x}-\frac{x-1-1}{(x-1)^2}$$

$$=\frac{1}{x}-\frac{1}{x-1}+\frac{1}{(x-1)^2}.$$

然后再进行积分,得到同样的结果:

$$\int\frac{1}{x(x-1)^2}\mathrm{d}x=\ln|x|-\ln|x-1|-\frac{1}{x-1}+C.$$

【例 4.4.3】 计算不定积分 $\int\frac{1}{x(x^2+1)}\mathrm{d}x$.

分析:被积函数分母由一次函数和二次函数的乘积构成,属于第三种类型的有理函数,分解后用待定系数法求解.

解:设

$$\frac{1}{x(x^2+1)}=\frac{A}{x}+\frac{Bx+C}{x^2+1},$$

两边同乘以 $x(x^2+1)$ 得:

$$A(x^2+1)+x(Bx+C)=1.$$

比较系数得:

$$\begin{cases}A+B=0,\\C=0,\\A=1,\end{cases}$$

解得 $A=1,B=-1,C=0$,则

$$\int\frac{1}{x(x^2+1)}\mathrm{d}x=\int\left(\frac{1}{x}-\frac{x}{x^2+1}\right)\mathrm{d}x$$

$$=\int\frac{1}{x}\mathrm{d}x-\int\frac{x}{x^2+1}\mathrm{d}x$$

$$=\int\frac{1}{x}\mathrm{d}x-\frac{1}{2}\int\frac{1}{x^2+1}\mathrm{d}(x^2+1)$$

$$=\ln|x|-\frac{1}{2}\ln(x^2+1)+C.$$

*【例 4.4.4】 求不定积分 $\int\frac{3x-2}{x^2+2x+4}\mathrm{d}x$.

分析:考虑被积函数分母的导数 $(x^2+2x+4)'=2x+2$,因此,可将分子变形为 $3x-2=\frac{3}{2}(2x+2)-5$,分为两部分的积分.

解:$\int\frac{3x-2}{x^2+2x+4}\mathrm{d}x=\frac{3}{2}\int\frac{2x+2}{x^2+2x+4}\mathrm{d}x-5\int\frac{1}{x^2+2x+4}\mathrm{d}x$

$$=\frac{3}{2}\int\frac{\mathrm{d}(x^2+2x+4)}{x^2+2x+4}-5\int\frac{\mathrm{d}x}{(x^2+2x+1)+3}$$

$$=\frac{3}{2}\ln(x^2+2x+4)-5\int\frac{\mathrm{d}x}{(x+1)^2+(\sqrt{3})^2}$$

$$= \frac{3}{2}\ln(x^2+2x+4) - \frac{5}{\sqrt{3}}\arctan\frac{x+1}{\sqrt{3}} + C.$$

4.4.2　三角函数有理式的不定积分

三角函数有理式
的不定积分

三角函数有理式是指由三角函数和常数经过有限次四则运算所构成的函数.求解这类特殊类型的函数积分,通常可以考虑利用三角函数公式(主要是万能公式),将三角函数有理式转化为普通有理式的积分,然后用前面所讲的一系列方法求解,此时,积分问题一般都可以解决.

具体来讲就是,把 $\sin x, \cos x$ 表示成 $\tan\dfrac{x}{2}$ 的函数,然后作变换 $u = \tan\dfrac{x}{2}$.

$$\sin x = 2\sin\frac{x}{2}\cos\frac{x}{2} = \frac{2\tan\dfrac{x}{2}}{\sec^2\dfrac{x}{2}} = \frac{2\tan\dfrac{x}{2}}{1+\tan^2\dfrac{x}{2}} = \frac{2u}{1+u^2};$$

$$\cos x = \cos^2\frac{x}{2} - \sin^2\frac{x}{2} = \frac{1-\tan^2\dfrac{x}{2}}{\sec^2\dfrac{x}{2}} = \frac{1-u^2}{1+u^2}.$$

变换后,原积分变成了有理函数的积分,由 $\sin x, \cos x$ 以及常数经过有限次四则运算所构成的函数,记作 $R(\sin x, \cos x)$,积分 $\int R(\sin x, \cos x)\mathrm{d}x$ 称为三角函数有理式的积分.

作代换 $u = \tan\dfrac{x}{2}$,则 $x = 2\arctan u$,$\mathrm{d}x = 2\dfrac{1}{1+u^2}\mathrm{d}u$,且

$$\sin x = \frac{2u}{1+u^2}, \cos x = \frac{1-u^2}{1+u^2},$$

所以

$$\int R(\sin x, \cos x)\mathrm{d}x = \int R\left(\frac{2u}{1+u^2}, \frac{1-u^2}{1+u^2}\right)\frac{2}{1+u^2}\mathrm{d}u.$$

【例 4.4.5】　计算不定积分 $\displaystyle\int\frac{1}{2+\sin x}\mathrm{d}x$.

分析:被积函数只含有三角函数和常数,像这样的函数可用万能公式转化为只含有 u 的有理函数,然后再求解.

解:假设 $u = \tan\dfrac{x}{2}$,则 $\sin x = \dfrac{2u}{1+u^2}$,$\mathrm{d}x = \dfrac{2}{1+u^2}\mathrm{d}u$,代入原式可得:

$$\int\frac{1}{2+\sin x}\mathrm{d}x = \int\frac{1}{2+\dfrac{2u}{1+u^2}}\cdot\frac{2}{1+u^2}\mathrm{d}u = \int\frac{1}{u^2+u+1}\mathrm{d}u$$

$$= \int \frac{1}{\left(u+\frac{1}{2}\right)^2 + \left(\frac{\sqrt{3}}{2}\right)^2} du = \frac{2}{\sqrt{3}} \arctan \frac{2u+1}{\sqrt{3}} + C$$

$$= \frac{2}{\sqrt{3}} \arctan \frac{1+2\tan\frac{x}{2}}{\sqrt{3}} + C$$

$$= \frac{2\sqrt{3}}{3} \arctan \frac{\sqrt{3}+2\sqrt{3}\tan\frac{x}{2}}{3} + C.$$

【例 4.4.6】 计算不定积分 $\int \frac{1}{1+\sin x+\cos x} dx$.

分析:同上题类似,只不过本题的被积函数既有正弦函数又有余弦函数,需要将它们都化作只含有 u 的有理函数.

解:设 $u = \tan \frac{x}{2}$,则

$$\sin x = \frac{2u}{1+u^2}, \cos x = \frac{1-u^2}{1+u^2}, dx = \frac{2}{1+u^2} du,$$

代入原式可得:

$$\int \frac{1}{1+\sin x+\cos x} dx = \int \frac{1}{1+\frac{2u}{1+u^2}+\frac{1-u^2}{1+u^2}} \cdot \frac{2}{1+u^2} du$$

$$= \int \frac{2}{1+u^2+2u+1-u^2} du$$

$$= \int \frac{1}{u+1} du = \ln|u+1| + C$$

$$= \ln\left|1+\tan\frac{x}{2}\right| + C.$$

本节主要介绍了两种特殊类型的函数求不定积分的方法——有理函数的积分和三角函数有理式的积分.从本质来讲,处理它们的思路就是化繁就简,化未知为已知,在一定程度上体现了分类讨论以及转化变形的数学思想.将这些思想融会贯通,必将有助于我们加深对于微积分的认知和理解.

练习 4.4

1. 求下列不定积分.

(1) $\int \frac{x+1}{x^2-5x+6} dx$;　　　　(2) $\int \frac{1}{x(x^2+1)} dx$;

(3) $\int \frac{x+1}{x^2-2x+5} dx$;　　　　(4) $\int \frac{x^2+1}{x^3-2x^2+x} dx$;

(5) $\int \dfrac{3}{x^3+1}\mathrm{d}x$;　　　　　　(6) $\int \dfrac{1}{x^4-1}\mathrm{d}x$;

(7) $\int \dfrac{1}{(2x+1)(x^2+1)}\mathrm{d}x$;　　*(8) $\int \dfrac{1}{x\sqrt{x^2-2x-3}}\mathrm{d}x$.

2. 求下列不定积分.

(1) $\int \dfrac{1}{\cos x+3}\mathrm{d}x$;　　　　　(2) $\int \dfrac{1}{5-4\cos x}\mathrm{d}x$;

(3) $\int \dfrac{1}{\sin x(\cos x+2)}\mathrm{d}x$;　　(4) $\int \dfrac{\sin x}{\sin x+1}\mathrm{d}x$.

　　我们学习了不定积分的概念、性质和计算方法,这些理论可以帮助我们理解函数及其原函数的内在联系,更深入地体会微分和积分的互逆关系.随着社会的进步和微积分理论的逐步完善,关于生产生活中面临的许多技术难题——曲线所围图形的面积(例如如何求椭圆面积)、曲面所围空间的体积(例如如何求椭球体积)、物体的重心、曲线的弧长、经济学上依据边际函数求总函数等问题的研究,导致了积分学上另一个分支的产生,也就是我们下一章将要学习的定积分.

本 章 小 结

$$
\text{不定积分}
\begin{cases}
\text{概念与性质}
\begin{cases}
\text{原函数与不定积分关系:}\int f(x)\mathrm{d}x=F(x)+C \\
\text{不定积分的性质}
\end{cases} \\[2ex]
\text{换元积分法}
\begin{cases}
\text{第一类换元法:}\int f[\varphi(x)]\varphi'(x)=\left[\int f(u)\mathrm{d}u\right]_{u=\varphi(x)} \\[1ex]
\text{第二类换元法}
\begin{cases}
\text{三角换元 } x=\sin t,\ x=\tan t,\ x=\sec t \\
\text{根式换元 } t=\sqrt[n]{ax+b} \text{ 或 } t=\sqrt[n]{\dfrac{ax+b}{cx+d}} \\
\text{倒代换 } x=\dfrac{1}{t}
\end{cases}
\end{cases} \\[2ex]
\text{分部积分法:}\int u\mathrm{d}v=uv-\int v\mathrm{d}u——\text{口诀“指、三、幂、对、反”} \\[2ex]
\text{特殊类型积分}
\begin{cases}
\text{有理函数——待定系数法(多项式除法、配方法)} \\
\text{三角函数的有理式——万能公式}
\begin{cases}
\sin x=\dfrac{2u}{1+u^2} \\
\cos x=\dfrac{1-u^2}{1+u^2} \\
\tan x=\dfrac{2u}{1-u^2}
\end{cases}
\end{cases}
\end{cases}
$$

复习题 4

1. 求下列不定积分:

(1) $\displaystyle\int e^{\sqrt{x}}\mathrm{d}x$;

(2) $\displaystyle\int \frac{e^{3\sqrt{x}}}{\sqrt{x}}\mathrm{d}x$;

(3) $\displaystyle\int x\cos(x^2)\mathrm{d}x$;

(4) $\displaystyle\int \frac{1}{1-5x}\mathrm{d}x$;

(5) $\displaystyle\int \frac{3x^3}{1-x^4}\mathrm{d}x$;

(6) $\displaystyle\int \frac{x+1}{x^2+2x+5}\mathrm{d}x$;

(7) $\displaystyle\int \frac{1+\ln x}{(x\ln x)^2}\mathrm{d}x$;

(8) $\displaystyle\int \frac{1}{\sin x\cos x}\mathrm{d}x$;

(9) $\displaystyle\int \frac{1}{(x+1)(x-2)}\mathrm{d}x$;

(10) $\displaystyle\int \frac{1}{1+\sqrt{1-x^2}}\mathrm{d}x$;

(11) $\displaystyle\int x\sin x\cos x\mathrm{d}x$;

(12) $\displaystyle\int \frac{x^4+1}{x^2+1}\mathrm{d}x$;

(13) $\displaystyle\int (10^x-10^{-x})^2\mathrm{d}x$;

(14) $\displaystyle\int \frac{2^{x+1}-5^{x-1}}{10^x}\mathrm{d}x$;

(15) $\displaystyle\int \frac{1}{1+\cos x}\mathrm{d}x$;

(16) $\displaystyle\int \frac{x^3}{x^8-2}\mathrm{d}x$;

(17) $\displaystyle\int \frac{1}{x(1+x^n)}\mathrm{d}x\,(n\in\mathbf{N}_+)$;

(18) $\displaystyle\int \frac{x^3}{x-1}\mathrm{d}x$;

(19) $\displaystyle\int \frac{\cos x}{\sin x(1+\sin x)^2}\mathrm{d}x$;

*(20) $\displaystyle\int \frac{x^2}{(x+1)^{100}}\mathrm{d}x$.

2. 求下列不定积分:

(1) $\displaystyle\int \frac{f'(x)}{f(x)}\mathrm{d}x$;

(2) $\displaystyle\int \frac{f'(x)}{1+[f(x)]^2}\mathrm{d}x$;

(3) $\displaystyle\int e^{f(x)}f'(x)\mathrm{d}x$;

(4) $\displaystyle\int [f(x)]^\alpha f'(x)\mathrm{d}x\quad(\alpha\neq-1)$.

【阅读 4】

洛必达法则的趣闻

在说洛必达法则的历史之前,我们先了解一下洛必达.他出身于贵族家庭,曾经参军做过军官,从小生活在优越的环境中,可以接受比较好的教育,在数学方面很是痴迷.但是喜欢归喜欢,他的天分却不够.现在的人们一听到洛必达法则就觉得这是洛必达推导出来的,而事实并非如此.这里就有一个历史小插曲.

17 世纪的欧洲,刚经历过文艺复兴,数学研究变得空前繁荣,数学被整个社会所推崇与喜爱.当时的年轻人,有些从小接受良好教育,又对数学格外热爱,当然不会错过数学高速发展时期.在17世纪末,微积分得到了快速发展,整个社会对数学的关注度很高,这理所当然会吸引许许多多优秀的数学家参与进来,其中就要特别介绍一下伯努利家族了.伯努利家族在欧洲数学界有很高的声望,约翰·伯努利和他的哥哥雅各布·伯努利被大家称为数学双雄,他的儿子丹尼尔·伯努利也有很大的成就,"伯努利原理"就是丹尼尔·伯努利发现的,欧拉这位伟大的数学家也是出师于约翰·伯努利.

正是因为约翰·伯努利在当时是一位如此优秀的数学家,对数学痴迷但又很难在数学方面做出成就的洛必达就花费重金邀请约翰·伯努利做自己的老师,对自己进行长期辅导.这让洛必达接触到了像莱布尼茨这样的大数学家,也使他认识到了自己与数学家的差距,以至于他在数学方面的自信受到很大的打击.

但是洛必达不甘心,于是在1694年找到自己的老师约翰·伯努利,希望他能够在数学方面帮助自己,并且许诺更多的报酬,当然,伯努利要定期给洛必达一些数学上的研究成果与最新的发现.此时,伯努利刚结婚,正值需要用到大量金钱的时候,于是答应了洛必达的要求,定期给洛必达数学上的新的发现,其中就包含了洛必达法则.

洛必达收到这些新的成果后,就开始了自己的研究之路.他将这些新成果进行了整理,没过多长时间,《无穷小分析》这本书就横空出世.这是历史上第一本较为完整地介绍微积分的书.这本书里就介绍了洛必达法则,此书一发表便轰动一时.

直到1704年,洛必达去世之后,约翰·伯努利把当年和洛必达的信的内容公布出来,说自己才是"洛必达法则"的发现者,还要把法则的名字改成"伯努利法则",可大家都对此很是怀疑.不过现在学术界认为是约翰·伯努利发现了这个定理,但定理的归属人仍然是洛必达,因为洛必达才是第一发表人.

第 5 章
定积分

定积分是微积分中一个基本概念,其正式名称是黎曼积分,计算定积分是最重要的问题之一.定积分在数学、物理和经济中都有非常广泛的应用.不定积分与定积分既有联系又有区别,它们共同构成了积分学大厦的骨架.本章首先从两个实际问题出发,归纳出定积分的概念,然后介绍计算定积分的常用方法,接着将一般积分推广为广义积分(反常积分),最后重点研究定积分在几何和物理方面的应用.通过本章的学习,我们能够体会到化整为零、化变量为常量以及分割近似的数学思想.

5.1 定积分的概念

预备知识:矩形的面积公式 $A=ab$;匀速运动的路程-速度关系 $s=vt$;常见函数的极限求法;平方和公式 $\sum_{i=1}^{n} i^2 = \frac{1}{6}n(n+1)(2n+1)$.

5.1.1 定积分的实际背景

1. 曲边梯形的面积

定义 5.1 设 $f(x)$ 在区间 $[a,b]$ 上非负、连续.由曲线 $y=f(x)$ 及直线 $x=a,x=b,y=0$ 所围成的图形称为**曲边梯形**.

那么该如何求这个图形的面积呢?

我们可以按以下步骤进行计算:

(1) 分割:在区间 $[a,b]$ 内任意插入 $(n-1)$ 个分点,即
$$a=x_0<x_1<x_2<\cdots<x_{n-1}<x_n=b,$$
这样,整个曲边梯形就相应地被直线 $x=x_i(i=1,2,\cdots,n-1)$ 分成 n 个小曲边梯形,区间 $[a,b]$ 被分成 n 个小区间 $[x_0,x_1],[x_1,x_2],\cdots,[x_{i-1},x_i],\cdots,[x_{n-1},x_n]$,第 i 个小区间的长度 $\Delta x_i=x_i-x_{i-1}(i=1,2,\cdots,n)$.

(2) 近似:对于第 i 个小曲边梯形来说,当其底边长 Δx_i 足够小时,其高度的变化也是非常小的,这时它的面积可以用小矩形的面积来近似.在每个小区间 $[x_{i-1},x_i]$ 上任取一点 ξ_i,用 $f(\xi_i)$ 作为第 i

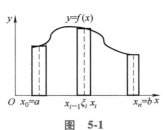

图 5-1

个小矩形的高(见图 5-1),则第 i 个小曲边梯形面积的近似值为

$$\Delta A_i \approx f(\xi_i) \Delta x_i.$$

(3)求和:将 n 个小曲边梯形的面积相加,得到整个曲边梯形面积的近似值

$$A = \sum_{i=1}^{n} \Delta A_i \approx \sum_{i=1}^{n} f(\xi_i) \Delta x_i.$$

(4)取极限:当分点越密时,小矩形的面积与小曲边梯形的面积就会越接近,因而和式 $\sum_{i=1}^{n} f(\xi_i) \Delta x_i$ 与曲边梯形的面积 A 也会越接近,记 $\lambda = \max_{1 \le i \le n} \{\Delta x_i\}$,当 $\lambda \to 0$ 时,和式 $\sum_{i=1}^{n} f(\xi_i) \Delta x_i$ 的极限即为曲边梯形的面积 A,即 $A = \lim_{\lambda \to 0} \sum_{i=1}^{n} f(\xi_i) \Delta x_i$.

2. 变速直线运动的路程

设某物体做直线运动,已知速度 $v = v(t)$ 是时间间隔 $[T_1, T_2]$ 上 t 的连续函数,且 $v(t) \ge 0$,计算在这段时间内物体所经过的路程 s.

同上面的分析,我们也可以按如下四个步骤进行计算:

(1)分割:在区间 $[T_1, T_2]$ 内任意插入 $(n-1)$ 个分点 $T_1 = t_0 < t_1 < t_2 < \cdots < t_{n-1} < t_n = T_2$,把区间 $[T_1, T_2]$ 分成 n 个小区间 $[t_0, t_1]$,$[t_1, t_2]$,$\cdots$,$[t_{n-1}, t_n]$,设各小区间的长度依次为 $\Delta t_1, \Delta t_2, \cdots, \Delta t_n$.

(2)近似:在时间间隔 $[t_{i-1}, t_i]$ 上的路程的近似值为 $\Delta s_i \approx v(\tau_i) \Delta t_i$,$(i = 1, 2, \cdots, n)$,其中 τ_i 为区间 $[t_{i-1}, t_i]$ 上的任意一点.

(3)求和:整个时间段 $[T_1, T_2]$ 上路程 s 的近似值为

$$s = \sum_{i=1}^{n} \Delta s_i \approx \sum_{i=1}^{n} v(\tau_i) \Delta t_i.$$

(4)取极限:记 $\lambda = \max_{1 \le i \le n} \{\Delta t_i\}$,当 $\lambda \to 0$ 时,和式 $\sum_{i=1}^{n} v(\tau_i) \Delta t_i$ 的极限即为物体在时间间隔 $[T_1, T_2]$ 内所走过的路程,即 $s = \lim_{\lambda \to 0} \sum_{i=1}^{n} v(\tau_i) \Delta t_i$.

5.1.2 定积分的定义

上述的两个例子具有两个共同点:

(1)求解的方法步骤基本相同,都是按照分割、近似、求和、取极限这样几个步骤进行;

(2)所求量最终都表示为和式极限的形式.

事实上,现实生活中还有很多诸如此类的问题,将这些问题进行高度抽象,就可以得出定积分的概念.

定义 5.2 设函数 $f(x)$ 在区间 $[a, b]$ 上有界,在 $[a, b]$ 中任意插入 $(n-1)$ 个分点

$$a = x_0 < x_1 < x_2 < \cdots < x_{n-1} < x_n = b,$$

把区间$[a,b]$分成n个小区间$[x_0,x_1]$,$[x_1,x_2]$,$\cdots$,$[x_{n-1},x_n]$,各小区间的长度依次为

$$\Delta x_1 = x_1 - x_0, \Delta x_2 = x_2 - x_1, \cdots, \Delta x_n = x_n - x_{n-1},$$

在每个小区间$[x_{i-1},x_i]$上任取一点ξ_i,作乘积$f(\xi_i)\Delta x_i(i=1,2,\cdots,n)$,再作和式

$$S = \sum_{i=1}^{n} f(\xi_i)\Delta x_i.$$

记$\lambda = \max\{\Delta x_1, \Delta x_2, \cdots, \Delta x_n\}$,如果不论对$[a,b]$怎样分,也不论在小区间$[x_{i-1},x_i]$上点$\xi_i$怎样取,只要当$\lambda \to 0$时,和$S$总趋于确定的极限$I$,这时我们称这个极限$I$为函数$f(x)$在区间$[a,b]$上的**定积分**(简称**积分**),记作$\int_a^b f(x)\mathrm{d}x$,即

$$\int_a^b f(x)\mathrm{d}x = \lim_{\lambda \to 0} \sum_{i=1}^{n} f(\xi_i)\Delta x_i = I,$$

其中$f(x)$称为**被积函数**,$f(x)\mathrm{d}x$称为**被积表达式**,x称为**积分变量**,a称为**积分下限**,b称为**积分上限**,$[a,b]$称为**积分区间**.

　　需要注意的是,当和式$\sum\limits_{i=1}^{n} f(\xi_i)\Delta x_i$的极限存在时,其极限值仅与被积函数$f(x)$及积分区间$[a,b]$有关,而与积分变量所用的字母无关,即

$$\int_a^b f(x)\mathrm{d}x = \int_a^b f(t)\mathrm{d}t = \int_a^b f(u)\mathrm{d}u.$$

　　如果$f(x)$在$[a,b]$上的定积分存在,则称$f(x)$在$[a,b]$上**可积**.相应的和式$\sum\limits_{i=1}^{n} f(\xi_i)\Delta x_i$也称为**积分和**.

　　定积分有以下几个充分条件:

　　定理5.1　设$f(x)$在区间$[a,b]$上连续,则$f(x)$在$[a,b]$上可积.

　　定理5.2　设$f(x)$在区间$[a,b]$上有界,且只有有限个间断点,则$f(x)$在$[a,b]$上可积.

　　*定理5.3**　设$f(x)$为区间$[a,b]$上单调函数,则$f(x)$在$[a,b]$上可积.

　　以上三类函数称为**可积函数类**.

　　利用定积分的定义,前面所讨论的实际问题可以分别表述如下:

　　由曲线$y=f(x)(f(x)\geqslant 0)$,x轴及两条直线$x=a$,$x=b$所围成的曲边梯形的面积A等于函数$f(x)$在区间$[a,b]$上的定积分.即

$$A = \int_a^b f(x)\mathrm{d}x.$$

物体以变速 $v=v(t)(v(t)\geqslant 0)$ 做直线运动,从时刻 $t=T_1$ 到时刻 $t=T_2$,物体经过的路程 s 等于函数 $v(t)$ 在区间 $[T_1,T_2]$ 上的定积分,即

$$s=\int_{T_2}^{T_1} v(t)\,\mathrm{d}t.$$

定积分的分割、近似、求和、取极限的数学思想不但可以求定积分,还可以用来求极限、进行近似计算等.

【例 5.1.1】 利用定积分定义计算 $\int_0^1 x^2\mathrm{d}x$.

分析:被积函数 $y=x^2$ 在积分区间 $[0,1]$ 上连续,连续函数可积,因此,可以考虑分割近似的方法.

解:在区间 $[0,1]$ 内插入 $(n-1)$ 个分点,分成 n 等份,分点为 $x_i=\dfrac{i}{n}$,$i=1,2,\cdots,n-1$.这样,每个小区间 $[x_{i-1},x_i]$ 的长度 $\Delta x_i=\dfrac{1}{n}$,$i=1,2,\cdots,n$. 取 $\xi_i=x_i$,$i=1,2,\cdots,n$. 于是,有和式

$$\begin{aligned}
\sum_{i=1}^n f(\xi_i)\Delta x_i &= \sum_{i=1}^n \xi_i{}^2\Delta x_i = \sum_{i=1}^n x_i{}^2\Delta x_i \\
&= \sum_{i=1}^n \left(\frac{i}{n}\right)^2 \cdot \frac{1}{n}=\frac{1}{n^3}\sum_{i=1}^n i^2 \\
&= \frac{1}{n^3}\cdot\frac{1}{6}n(n+1)(2n+1) \\
&= \frac{1}{6}\left(1+\frac{1}{n}\right)\left(2+\frac{1}{n}\right).
\end{aligned}$$

当 $\lambda\to 0$ 即 $n\to\infty$ 时,取极限可得:

$$\begin{aligned}
\int_0^1 x^2\mathrm{d}x &= \lim_{\lambda\to 0}\sum_{i=1}^n \xi_i{}^2\Delta x_i \\
&= \lim_{n\to\infty}\frac{1}{6}\left(1+\frac{1}{n}\right)\left(2+\frac{1}{n}\right)=\frac{1}{3}.
\end{aligned}$$

*【例 5.1.2】 将下列极限转化为定积分.

(1) $\displaystyle\lim_{n\to\infty}\left(\frac{1}{n+1}+\frac{1}{n+2}+\cdots+\frac{1}{2n}\right)$;

(2) $\displaystyle\lim_{n\to\infty}\frac{1}{n^4}(1+2^3+\cdots+n^3)$.

分析:以上极限可以看作是和式极限的形式,因此可以适当变形,凑成定积分的形式.

(1) 解:$\displaystyle\lim_{n\to\infty}\left(\frac{1}{n+1}+\frac{1}{n+2}+\cdots+\frac{1}{2n}\right)=\lim_{n\to\infty}\sum_{i=1}^n \frac{1}{1+\dfrac{i}{n}}\cdot\frac{1}{n}$,

不难看出,其中的和式相当于函数 $f(x)=\dfrac{1}{1+x}$ 在区间 $[0,1]$ 上的积

分和,即将 $[0,1]$ 等分, $\Delta x_i=\dfrac{1}{n}$, $\xi_i\in\left[\dfrac{i-1}{n},\dfrac{i}{n}\right]$, $i=1,2,\cdots,n$.

所以

$$\lim_{n\to\infty}\left(\frac{1}{n+1}+\frac{1}{n+2}+\cdots+\frac{1}{2n}\right)=\lim_{n\to\infty}\sum_{i=1}^{n}f(\xi_i)\Delta x_i=\int_0^1\frac{1}{1+x}\mathrm{d}x.$$

(2) 解: $\lim\limits_{n\to\infty}\dfrac{1}{n^4}(1+2^3+\cdots+n^3)=\lim\limits_{n\to\infty}\dfrac{1}{n}\sum\limits_{i=1}^{n}\left(\dfrac{i}{n}\right)^3=\int_0^1 x^3\mathrm{d}x.$

5.1.3   几何意义

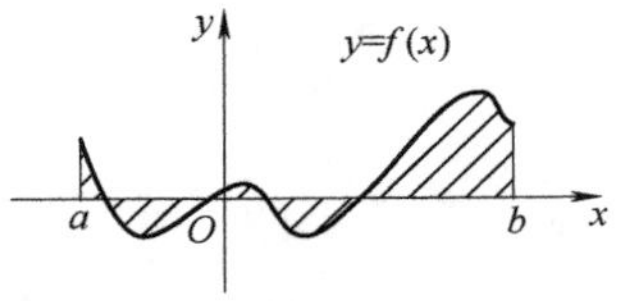

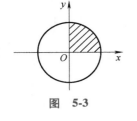

图　5-2

当 $f(x)\geq0$ 时, $\int_a^b f(x)\mathrm{d}x$ 表示由曲线 $y=f(x)$,直线 $x=a$, $x=b$ 与 x 轴所围成的曲边梯形的面积;

当 $f(x)<0$ 时, $\int_a^b f(x)\mathrm{d}x$ 表示由曲线 $y=f(x)$,直线 $x=a$, $x=b$ 与 x 轴所围成的曲边梯形的面积的相反数(见图 5-2).

【例 5.1.3】 利用定积分的几何意义计算 $\int_0^a\sqrt{a^2-x^2}\mathrm{d}x$ $(a>0)$.

分析:被积函数 $y=\sqrt{a^2-x^2}$ 在积分区间 $[0,a]$ 上连续,其图像为四分之一圆周,因此,可以利用本圆的面积来求定积分的值(见图 5-3).

图　5-3

解: $$\int_0^a\sqrt{a^2-x^2}\mathrm{d}x=\frac{1}{4}\pi a^2.$$

本节我们研究了定积分的定义及几何意义,这些内容虽然在实际计算中用得不是很多,但却非常重要.除此以外,由定积分的定义可知,定积分可以看作一个特殊的极限.我们自然要考虑:定积分会不会类似极限具有某些特殊的性质呢? 这些性质对实际计算又有什么作用呢? 事实上,像物理学当中的平均电流、平均速度等问题,其实就需要利用定积分中值定理的有关内容来解决.这些内容我们都留待下节继续研究.

练习 5.1

1. 利用定积分定义计算下列积分.

(1) $\int_0^1\mathrm{e}^x\mathrm{d}x$;   (2) $\int_a^b x\mathrm{d}x(a<b)$.

2. 利用定积分的几何意义求下列积分.

(1) $\int_0^1 2x\mathrm{d}x$;   (2) $\int_0^1\sqrt{1-x^2}\mathrm{d}x$;

(3) $\int_{-1}^2|x|\mathrm{d}x$;   (4) $\int_{-1}^1\arctan x\mathrm{d}x$.

*3. 利用定积分求极限.

（1）$\lim\limits_{n\to\infty} n\left[\dfrac{1}{(n+1)^2}+\dfrac{1}{(n+2)^2}+\cdots+\dfrac{1}{(n+n)^2}\right]$；

（2）$\lim\limits_{n\to\infty} n\left(\dfrac{1}{n^2+1}+\dfrac{1}{n^2+2^2}+\cdots+\dfrac{1}{2n^2}\right)$.

5.2　定积分的性质

预备知识：极限的有关性质，比如保号性、保序性；极限的四则运算；基本初等函数的图像.

5.2.1　定积分的基本性质

定积分定义中只说明了 $\displaystyle\int_a^b f(x)\,\mathrm{d}x$ 在 $a<b$ 时才有意义，为了使 $a\geqslant b$ 时也有意义，需作如下规定：

规定 1　当 $a=b$ 时，$\displaystyle\int_a^b f(x)\,\mathrm{d}x=0$；

规定 2　当 $a>b$ 时，$\displaystyle\int_a^b f(x)\,\mathrm{d}x=-\int_b^a f(x)\,\mathrm{d}x$.

性质 1　设 $f(x),g(x)$ 在 $[a,b]$ 上可积，则 $f(x)\pm g(x)$ 在 $[a,b]$ 上也可积.且有：

$$\int_a^b [f(x)\pm g(x)]\,\mathrm{d}x=\int_a^b f(x)\,\mathrm{d}x\pm\int_a^b g(x)\,\mathrm{d}x.$$

分析：利用定积分定义，将原式转化为函数极限的四则运算.

证明：$\displaystyle\int_a^b [f(x)\pm g(x)]\,\mathrm{d}x=\lim_{\lambda\to 0}\sum_{i=1}^{n}[f(\xi_i)\pm g(\xi_i)]\Delta x_i$

$$=\lim_{\lambda\to 0}\sum_{i=1}^{n} f(\xi_i)\Delta x_i\pm\lim_{\lambda\to 0}\sum_{i=1}^{n} g(\xi_i)\Delta x_i$$

$$=\int_a^b f(x)\,\mathrm{d}x\pm\int_a^b g(x)\,\mathrm{d}x.$$

性质 1 对于任意有限个函数都是成立的.由此可推导出以下性质.

性质 2　设 $f(x)$ 在 $[a,b]$ 上可积，k 为常数，则 $kf(x)$ 在 $[a,b]$ 上也可积.即：

$$\int_a^b kf(x)\,\mathrm{d}x=k\int_a^b f(x)\,\mathrm{d}x\quad(k\text{ 是常数}).$$

性质 3　（积分区间可加性）设 $a<c<b$，$f(x)$ 在 $[a,c]$ 和 $[c,b]$ 上都可积，则

$$\int_a^b f(x)\,\mathrm{d}x=\int_a^c f(x)\,\mathrm{d}x+\int_c^b f(x)\,\mathrm{d}x.$$

分析:函数 $f(x)$ 在区间 $[a,b]$ 上可积,不论把 $[a,b]$ 怎样分,积分和的极限总是不变的,因此,原积分和可以分作两个区间的积分和再取极限.

证明:$[a,b]$ 上的积分和等于 $[a,c]$ 上的积分和加 $[c,b]$ 上的积分和,记为

$$\sum_{[a,b]} f(\xi_i)\Delta x_i = \sum_{[a,c]} f(\xi_i)\Delta x_i + \sum_{[c,b]} f(\xi_i)\Delta x_i.$$

令 $\lambda \to 0$,上式两端同时取极限,即得

$$\int_a^b f(x)\,\mathrm{d}x = \int_a^c f(x)\,\mathrm{d}x + \int_c^b f(x)\,\mathrm{d}x.$$

按定积分的补充规定,不论 a,b,c 的相对位置如何,总有等式

$$\int_a^b f(x)\,\mathrm{d}x = \int_a^c f(x)\,\mathrm{d}x + \int_c^b f(x)\,\mathrm{d}x$$

成立.因此性质 3 中可取消 a,b,c 的大小限制.

性质 4　如果在区间 $[a,b]$ 上,$f(x) \equiv 1$,则

$$\int_a^b 1\,\mathrm{d}x = \int_a^b \mathrm{d}x = b-a.$$

性质 5　(定积分保号性)如果在区间 $[a,b]$ 上,$f(x) \geqslant 0$,则

$$\int_a^b f(x)\,\mathrm{d}x \geqslant 0 \quad (a<b).$$

分析:积分的保号性转化为函数极限的保号性.

证明:因为 $f(x) \geqslant 0$,所以 $f(\xi_i) \geqslant 0 (i=1,2,\cdots,n)$.又由于 $\Delta x_i \geqslant 0 (i=1,2,\cdots,n)$,因此

$$\sum_{i=1}^n f(\xi_i)\Delta x_i \geqslant 0,$$

令 $\lambda = \max\{\Delta x_1, \Delta x_2, \cdots, \Delta x_n\} \to 0$,利用极限性质便得到要证的不等式.

推论 1　(定积分保序性)如果在区间 $[a,b]$ 上,$f(x) \leqslant g(x)$,则

$$\int_a^b f(x)\,\mathrm{d}x \leqslant \int_a^b g(x)\,\mathrm{d}x \quad (a<b).$$

分析:构造函数,利用定积分保号性推导.

证明:因为 $g(x)-f(x) \geqslant 0$,由性质 5 得

$$\int_a^b [g(x)-f(x)]\,\mathrm{d}x \geqslant 0.$$

再利用性质 1,便得到要证的不等式.

推论 2　$\left| \int_a^b f(x)\,\mathrm{d}x \right| \leqslant \int_a^b |f(x)|\,\mathrm{d}x \quad (a<b).$

分析:利用绝对值不等式及推论 1 可证得.

证明:因为

$$-|f(x)| \leqslant f(x) \leqslant |f(x)|,$$

所以由推论 1 可得

$$-\int_a^b |f(x)| \, \mathrm{d}x \leqslant \int_a^b f(x) \, \mathrm{d}x \leqslant \int_a^b |f(x)| \, \mathrm{d}x,$$

即

$$\left| \int_a^b f(x) \, \mathrm{d}x \right| \leqslant \int_a^b |f(x)| \, \mathrm{d}x.$$

性质 6　设 M 及 m 分别是函数 $f(x)$ 在区间 $[a,b]$ 上的最大值及最小值,则

$$m(b-a) \leqslant \int_a^b f(x) \, \mathrm{d}x \leqslant M(b-a) \quad (a<b).$$

分析:根据原函数在区间 $[a,b]$ 上 $m \leqslant f(x) \leqslant M$,可以采用积分保序性.

证明:因为 $m \leqslant f(x) \leqslant M$,所以由推论 1 得

$$\int_a^b m \, \mathrm{d}x \leqslant \int_a^b f(x) \, \mathrm{d}x \leqslant \int_a^b M \, \mathrm{d}x.$$

再由性质 2 及性质 4,即得到所要证的不等式.

这个性质说明,由被积函数在积分区间上的最大值及最小值可以估计积分值的大致范围.

性质 7（定积分中值定理）　如果函数 $f(x)$ 在闭区间 $[a,b]$ 上连续,则在积分区间 $[a,b]$ 上至少存在一点 ξ,使下式成立:

$$\int_a^b f(x) \, \mathrm{d}x = f(\xi)(b-a) \quad (a \leqslant \xi \leqslant b).$$

这个公式叫作**积分中值公式**.

分析:由性质 6 易证明.

证明:将 $\int_a^b m \, \mathrm{d}x \leqslant \int_a^b f(x) \, \mathrm{d}x \leqslant \int_a^b M \, \mathrm{d}x$ 同除以 $b-a$,则得

$$m \leqslant \frac{1}{b-a} \int_a^b f(x) \, \mathrm{d}x \leqslant M.$$

这表明,确定的数值 $\dfrac{1}{b-a} \int_a^b f(x) \, \mathrm{d}x$ 介于函数 $f(x)$ 的最小值 m 及最大值 M 之间.根据闭区间上连续函数的介值定理,在 $[a,b]$ 上至少存在一点 ξ,使得函数 $f(x)$ 在点 ξ 处的值与这个确定的数值相等,即应有

$$\frac{1}{b-a} \int_a^b f(x) \, \mathrm{d}x = f(\xi) \quad (a \leqslant \xi \leqslant b).$$

两端各乘以 $b-a$,即得所要证的等式.

定积分中值公式的几何解释如下:在区间 $[a,b]$ 上至少存在一点 ξ,使得以区间 $[a,b]$ 为底边、以曲线 $y=f(x)$ 为曲边的曲边梯形的面积等于一个同一底边而高为 $f(\xi)$ 的矩形的面积. $f(\xi) = \dfrac{1}{b-a} \int_a^b f(x) \, \mathrm{d}x$ 可以理解为函数 $f(x)$ 在区间 $[a,b]$ 上的平均值(见图 5-4).

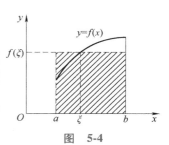

图　**5-4**

5.2.2　定积分性质的应用

【例 5.2.1】　估计定积分 $\int_{\frac{1}{2}}^{1} x^4 \mathrm{d}x$ 的值.

分析:被积函数 $f(x)=x^4$ 在积分区间 $\left[\dfrac{1}{2},1\right]$ 上单调递增,因此可求其最值,进而求积分范围.

解:$y=x^4$ 在 $\left[\dfrac{1}{2},1\right]$ 上的最小值 $m=\left(\dfrac{1}{2}\right)^4=\dfrac{1}{16}$,最大值 $M=(1)^4=1$,由性质 6 可得:

$$\frac{1}{16}\left(1-\frac{1}{2}\right) \leqslant \int_{\frac{1}{2}}^{1} x^4 \mathrm{d}x \leqslant 1 \cdot \left(1-\frac{1}{2}\right),$$

即

$$\frac{1}{32} \leqslant \int_{\frac{1}{2}}^{1} x^4 \mathrm{d}x \leqslant \frac{1}{2}.$$

【例 5.2.2】　比较下列积分值的大小.

(1) $\int_{1}^{2} x^2 \mathrm{d}x$ 与 $\int_{1}^{2} x^3 \mathrm{d}x$;

(2) $\int_{0}^{1} \mathrm{e}^x \mathrm{d}x$ 与 $\int_{0}^{1} (1+x) \mathrm{d}x$.

分析:积分值的大小与积分区间以及被积函数有关.同一区间的两个定积分,被积函数越大,积分值越大,反之,亦成立.

(1) 解:在闭区间 $[1,2]$ 上,$y=x^2$ 始终小于等于 $y=x^3$(从图像也可看出),根据定积分的保序性得:

$$\int_{1}^{2} x^2 \mathrm{d}x \leqslant \int_{1}^{2} x^3 \mathrm{d}x.$$

(2) 解:在闭区间 $[0,1]$ 上,$y=\mathrm{e}^x$ 始终大于等于 $y=1+x$(从图像也可看出),根据定积分的保序性得:

$$\int_{0}^{1} \mathrm{e}^x \mathrm{d}x \geqslant \int_{0}^{1} (1+x) \mathrm{d}x.$$

定积分的性质较多,同时也非常重要,是我们解决定积分问题的基础.但是,单纯用定积分的定义和性质可以计算出的定积分是少之又少的,有时甚至是不可能的.因此,必须要寻找更加切实有效的方法.其实,解决这个问题的关键是:定积分与原函数之间是什么关系? 这个问题的本质就是定积分和不定积分有没有内在的联系? 即能否将定积分的求解转化为不定积分的计算? 这些内容留待下节深入研究.

练习 5.2

1. 估计下列积分的值.

(1) $\int_{2}^{0} \mathrm{e}^{x^2-x} \mathrm{d}x$;　　　　　　　(2) $\int_{\frac{\pi}{4}}^{\frac{5\pi}{4}} (1+\sin^2 x) \mathrm{d}x$.

2. 求函数 $y=\sqrt{1-x^2}$ 在闭区间 $[-1,1]$ 上的平均值.

3. 试证: $1\leqslant\int_0^{\frac{\pi}{2}}\frac{\sin x}{x}\mathrm{d}x\leqslant\frac{\pi}{2}$.

4. 设 $f(x)$ 在 $[0,1]$ 上连续,证明: $\int_0^1 f^2(x)\mathrm{d}x\geqslant\left(\int_0^1 f(x)\mathrm{d}x\right)^2$.

5.3　微积分基本公式

预备知识:函数极限的定义;洛必达法则;隐函数求导方法.

上节我们提出这样的疑问:定积分和不定积分有没有内在的联系? 如果有,不定积分的计算能否用来求解定积分? 一般来说,计算函数的定积分是比较困难的.当被积函数较为复杂时,就必须要找到一种切实有效的方法来计算.而这个方法就是本节课我们要学习的微积分基本公式.

5.3.1　积分上限的函数及其导数

设函数 $f(x)$ 在区间 $[a,b]$ 上连续,则对于任意一点 $x\in[a,b]$,函数 $f(x)$ 在 $[a,x]$ 上仍然连续.故定积分 $\int_a^x f(x)\mathrm{d}x$ 一定存在.在这个积分中,x 既表示积分上限,又表示积分变量.由于积分值与积分变量的记法无关,为明确起见,可将积分变量改用 t 表示.则上面的积分可表示为

积分上限的
函数及其导数

$$\Phi(x)=\int_a^x f(t)\mathrm{d}t\quad(a\leqslant x\leqslant b).$$

函数 $\Phi(x)$ 是积分上限为 x 的函数,称为**积分上限函数**,也称为 $f(t)$ 的**变上限积分**.它具有下述重要性质.

定理 5.4　如果函数 $f(x)$ 在区间 $[a,b]$ 上连续,则积分上限函数 $\Phi(x)=\int_a^x f(t)\mathrm{d}t$ 在 $[a,b]$ 上可导,且

$$\Phi'(x)=\frac{\mathrm{d}}{\mathrm{d}x}\int_a^x f(t)\mathrm{d}t=f(x)\ (a\leqslant x\leqslant b).$$

分析:将函数 $\Phi(x)$ 看作是关于 x 的函数,利用导数定义求其导数.

证明:我们只对 $x\in(a,b)$ 证明($x=a$ 处的右导数与 $x=b$ 处的左导数也可类似证明).取 $|\Delta x|$ 充分小,使 $x+\Delta x\in(a,b)$,则

$$\Delta\Phi=\Phi(x+\Delta x)-\Phi(x)=\int_a^{x+\Delta x}f(t)\mathrm{d}t-\int_a^x f(t)\mathrm{d}t$$

$$=\int_a^x f(t)\mathrm{d}t+\int_x^{x+\Delta x}f(t)\mathrm{d}t-\int_a^x f(t)\mathrm{d}t$$

$$=\int_x^{x+\Delta x}f(t)\mathrm{d}t.$$

因 $f(x)$ 在 $[a,b]$ 上连续,则由定积分中值定理,有
$$\Delta\varPhi=f(\xi)\Delta x,(\xi\text{ 介于 } x\text{ 与 }x+\Delta x\text{ 之间})$$
所以:
$$\frac{\Delta\varPhi}{\Delta x}=f(\xi).$$

由于 $\Delta x\to0$ 时,$\xi\to x$,而 $f(x)$ 是连续函数,因此上式两边取极限,有
$$\lim_{\Delta x\to0}\frac{\Delta\varPhi}{\Delta x}=\lim_{\Delta x\to0}f(\xi)=\lim_{\xi\to x}f(\xi)=f(x),$$
即
$$\varPhi'(x)=\frac{\mathrm{d}}{\mathrm{d}x}\int_a^x f(t)\,\mathrm{d}t=f(x).$$

另外,若 $f(x)$ 在 $[a,b]$ 上连续,则称函数
$$\int_x^b f(t)\,\mathrm{d}t,x\in[a,b]$$
为 $f(x)$ 在 $[a,b]$ 上的**积分下限函数**.

加以推广,复合函数变限积分的导数公式有如下几个:

(1) $\varPhi'(x)=\dfrac{\mathrm{d}}{\mathrm{d}x}\left[\displaystyle\int_a^{\psi(x)}f(t)\,\mathrm{d}t\right]=f[\psi(x)]\psi'(x);$

(2) $\varPhi'(x)=\dfrac{\mathrm{d}}{\mathrm{d}x}\left[\displaystyle\int_{\varphi(x)}^b f(t)\,\mathrm{d}t\right]=-f[\varphi(x)]\varphi'(x);$

(3) $\varPhi'(x)=\dfrac{\mathrm{d}}{\mathrm{d}x}\left[\displaystyle\int_{\varphi(x)}^{\psi(x)}f(t)\,\mathrm{d}t\right]=f[\psi(x)]\psi'(x)-f[\varphi(x)]\varphi'(x).$

推论(原函数存在定理)　如果函数 $f(x)$ 在区间 $[a,b]$ 上连续,则函数
$$\varPhi(x)=\int_a^x f(t)\,\mathrm{d}t$$
就是 $f(x)$ 在 $[a,b]$ 上的一个原函数.

【例 5.3.1】　求下列函数的导数.

(1) $\varPhi(x)=\displaystyle\int_0^{x^3}\arccos t\mathrm{d}t;$　　　　(2) $\varPhi(x)=\displaystyle\int_{e^x}^2\frac{\ln t}{t}\mathrm{d}t;$

(3) $\varPhi(x)=\displaystyle\int_{x^2}^{x^3}\frac{1}{\sqrt{1+t^4}}\mathrm{d}t.$

例 5.3.1

分析:这三道例题分别对应变限积分的三种不同情形,按公式求解.

(1) 解:$\varPhi'(x)=\dfrac{\mathrm{d}}{\mathrm{d}x}\left[\displaystyle\int_0^{x^3}\arccos t\mathrm{d}t\right]$
$$=\arccos x^3\cdot(x^3)'=3x^2\arccos x^3;$$

(2) 解:$\varPhi'(x)=\dfrac{\mathrm{d}}{\mathrm{d}x}\left[\displaystyle\int_{e^x}^2\frac{\ln t}{t}\mathrm{d}t\right]=-\dfrac{\ln e^x}{e^x}\cdot(e^x)'=-x;$

(3) 解:$\varPhi'(x)=\dfrac{\mathrm{d}}{\mathrm{d}x}\left[\displaystyle\int_{x^2}^{x^3}\frac{1}{\sqrt{1+t^4}}\mathrm{d}t\right]=\dfrac{1}{\sqrt{1+(x^3)^4}}\cdot3x^2-\dfrac{1}{\sqrt{1+(x^2)^4}}\cdot2x$

$$= \frac{3x^2}{\sqrt{1+x^{12}}} - \frac{2x}{\sqrt{1+x^8}}.$$

【例 5.3.2】 计算 $\lim\limits_{x \to 0} \dfrac{\int_1^{\cos x} e^{-t^2} dt}{x^2}$.

分析:$x \to 0$ 时,分子分母都趋于 0,属于 "$\dfrac{0}{0}$" 型极限,解决这类问题可用洛必达法则,同时需用变限积分的导数公式.

解:$\lim\limits_{x \to 0} \dfrac{\int_1^{\cos x} e^{-t^2} dt}{x^2} = \lim\limits_{x \to 0} \dfrac{-e^{-\cos^2 x} \sin x}{2x}$

$$= \frac{1}{2} \lim\limits_{x \to 0} (-e^{-\cos^2 x}) \lim\limits_{x \to 0} \frac{\sin x}{x}$$

$$= -\frac{1}{2e}.$$

5.3.2 微积分基本公式

由定理 5.4 可以证明一个重要定理,它给出了用原函数计算定积分的公式.

定理 5.5 设函数 $f(x)$ 在区间 $[a,b]$ 上连续,$F(x)$ 是 $f(x)$ 在 $[a,b]$ 上的一个原函数,则

$$\int_a^b f(x) dx = F(b) - F(a).$$

分析:根据积分上限函数 $\Phi(x) = \int_a^x f(t) dt$ 与 $F(x)$ 都为 $f(x)$ 的原函数以及原函数性质可证.

证明:因为 $F(x)$ 与 $\Phi(x) = \int_a^x f(t) dt$ 都是 $f(x)$ 在 $[a,b]$ 上的原函数,所以它们只能相差一个常数 C,即

$$\int_a^x f(t) dt = F(x) + C.$$

令 $x = a$,由于 $\int_a^a f(t) dt = 0$,得 $C = -F(a)$,因此

$$\int_a^x f(t) dt = F(x) - F(a).$$

令 $x = b$,得

$$\int_a^b f(t) dt = \int_a^b f(x) dx = F(b) - F(a).$$

为方便起见,以后把 $F(b) - F(a)$ 记成 $F(x) \big|_a^b$ 或者 $[F(x)]_a^b$,于是上式又可写成

$$\int_a^b f(x) dx = F(x) \big|_a^b = [F(x)]_a^b.$$

此公式通常称为**微积分基本公式**或**牛顿-莱布尼茨公式(N-L 公式)**. 它揭示了定积分与不定积分之间的联系.

【例 5.3.3】 计算下列定积分.

$$(1)\int_{-1}^{1}x^5\mathrm{d}x; \qquad (2)\int_{1}^{2}\left(x^2+\frac{1}{x^4}\right)\mathrm{d}x; \qquad (3)\int_{0}^{\frac{\pi}{4}}\tan^2t\mathrm{d}t.$$

分析:利用微积分基本公式,先求被积函数的一个原函数,然后代入上下限再求差.

(1) 解:$\int_{-1}^{1}x^5\mathrm{d}x=\left[\dfrac{x^6}{6}\right]_{-1}^{1}=0$;

(2) 解:$\int_{1}^{2}\left(x^2+\dfrac{1}{x^4}\right)\mathrm{d}x=\left[\dfrac{x^3}{3}+\dfrac{x^{-3}}{-3}\right]_{1}^{2}=\dfrac{21}{8}$;

(3) 解:$\int_{0}^{\frac{\pi}{4}}\tan^2t\mathrm{d}t=\int_{0}^{\frac{\pi}{4}}(\sec^2t-1)\mathrm{d}t=\left[\tan t-t\right]_{0}^{\frac{\pi}{4}}=1-\dfrac{\pi}{4}$.

【例 5.3.4】 计算下列定积分.

$$(1)\int_{-1}^{1}\sqrt{x^2}\,\mathrm{d}x; \qquad (2)\int_{0}^{2\pi}|\sin x|\,\mathrm{d}x;$$

$$(3)\int_{0}^{\pi}\sqrt{1+\cos 2x}\,\mathrm{d}x.$$

分析:(隐)含有绝对值的函数,一般要根据各区间的正负情况,将函数分成几个区间后再分别积分.

(1) 解:$\int_{-1}^{1}\sqrt{x^2}\,\mathrm{d}x=\int_{-1}^{1}|x|\,\mathrm{d}x=\int_{-1}^{0}(-x)\,\mathrm{d}x+\int_{0}^{1}x\mathrm{d}x$

$$=-\left[\frac{x^2}{2}\right]_{-1}^{0}+\left[\frac{x^2}{2}\right]_{0}^{1}=1;$$

(2) 解:$\int_{0}^{2\pi}|\sin x|\,\mathrm{d}x=\int_{0}^{\pi}\sin x\mathrm{d}x+\int_{\pi}^{2\pi}(-\sin x)\,\mathrm{d}x$

$$=-\left[\cos x\right]_{0}^{\pi}+\left[\cos x\right]_{\pi}^{2\pi}=4;$$

(3) 解:$\int_{0}^{\pi}\sqrt{1+\cos 2x}\,\mathrm{d}x=\int_{0}^{\pi}\sqrt{2\cos^2x}\,\mathrm{d}x=\sqrt{2}\int_{0}^{\pi}|\cos x|\,\mathrm{d}x$

$$=\sqrt{2}\int_{0}^{\frac{\pi}{2}}\cos x\mathrm{d}x-\sqrt{2}\int_{\frac{\pi}{2}}^{\pi}\cos x\mathrm{d}x$$

$$=2\sqrt{2}.$$

【例 5.3.5】 求由 $\int_{0}^{x}\sin t\mathrm{d}t+\int_{0}^{y}e^t\mathrm{d}t=0$ 所确定的隐函数对 x 的导数.

分析:采用隐函数求导的方法.

解:等式两边分别关于 x 求导,得

$$\sin x+e^y\frac{\mathrm{d}y}{\mathrm{d}x}=0,$$

解得

$$\frac{\mathrm{d}y}{\mathrm{d}x}=\frac{-\sin x}{e^y}.$$

而由原式可得 $\qquad [-\cos t]_0^x + [e^t]_0^y = 0,$

即 $\qquad -\cos x + 1 + e^y - 1 = 0,$

解出 $\qquad e^y = \cos x.$

所以, $\qquad \dfrac{\mathrm{d}y}{\mathrm{d}x} = \dfrac{-\sin x}{e^y} = \dfrac{-\sin x}{\cos x} = -\tan x.$

本节主要从积分上限函数出发,引出了微积分基本公式.然而,我们注意到,求解定积分最重要的部分还是求出被积函数的原函数,因此,如何求原函数问题仍然是核心问题.那么,该如何求被积函数的原函数呢? 与不定积分的换元法、分部积分法相比,定积分又有哪些特殊之处呢? 较为复杂的定积分,如 $\int_0^1 \sqrt{1-x^2}\,\mathrm{d}x$, $\int_{\frac{1}{e}}^{e} |\ln x|\,\mathrm{d}x$ 等,要如何求解? 这些内容留待下节学习.

练习 5.3

1. 用牛顿-莱布尼茨公式计算下列积分.

(1) $\displaystyle\int_{-1}^{1} (x-1)^3\,\mathrm{d}x$;　　　　(2) $\displaystyle\int_{\frac{\sqrt{3}}{3}}^{\sqrt{3}} \frac{1}{1+x^2}\,\mathrm{d}x$;

(3) $\displaystyle\int_{-2}^{2} x\sqrt{x^2}\,\mathrm{d}x$;　　　　(4) $\displaystyle\int_{0}^{5} |1-x|\,\mathrm{d}x$;

(5) $\displaystyle\int_{-1}^{0} \frac{3x^4+3x^2+1}{x^2+1}\,\mathrm{d}x$;

(6) $\displaystyle\int_{0}^{2} f(x)\,\mathrm{d}x$, 其中 $f(x)=\begin{cases} x+1, & x\leqslant 1 \\ \dfrac{x^2}{2}, & x>1 \end{cases}$.

2. 求函数 $f(x)=\displaystyle\int_{1}^{x} t\cos^2 t\,\mathrm{d}t$ 在 $x=1,\dfrac{\pi}{2}$ 处的导数.

3. 求下列函数的导数.

(1) $\displaystyle\int_{0}^{x} \sin t^2\,\mathrm{d}t$;　　　　(2) $\displaystyle\int_{x^2}^{3} \frac{\sin\sqrt{t}}{t}\,\mathrm{d}t$;

(3) $\displaystyle\int_{\sin x}^{\cos x} \cos(\pi t^2)\,\mathrm{d}t$.

4. 求下列极限.

(1) $\displaystyle\lim_{x\to 1} \frac{\int_1^x \sin\pi t\,\mathrm{d}t}{1+\cos\pi x}$;　　　　(2) $\displaystyle\lim_{x\to 0} \frac{\int_0^x \arctan t\,\mathrm{d}t}{1-\cos x}$;

*(3) $\displaystyle\lim_{x\to +\infty} \left(\int_0^x e^{t^2}\,\mathrm{d}t\right)^{\frac{1}{x^2}}$.

5. 设 $F(x)=\displaystyle\int_{0}^{x} \frac{\sin t}{t}\,\mathrm{d}t$, 求 $F'(0)$.

6. 试确定常数 a,b,c 的值,使 $\lim\limits_{x\to 0}\dfrac{ax-\sin x}{\int_b^x \ln(1+t^2)\,\mathrm{d}t}=c\neq 0$ 成立.

5.4 定积分的计算

预备知识:不定积分的换元法和分部积分法;函数的奇偶性、周期性等性质.

5.4.1 定积分的换元积分法

理解定积分和不定积分之间的联系与区别后,就能继续研究求解定积分的具体方法了.不定积分有换元法和分部积分法,定积分也有类似的方法.下面我们就来讨论这两种方法.

定理 5.6 设函数 $f(x)$ 在区间 $[a,b]$ 上连续,函数 $x=\varphi(t)$ 满足条件:

(1) 当 $t\in[\alpha,\beta]$(或 $[\beta,\alpha]$)时,$a\leqslant\varphi(t)\leqslant b$,且 $\varphi(\alpha)=a$,$\varphi(\beta)=b$;

(2) $\varphi(t)$ 在 $[\alpha,\beta]$(或 $[\beta,\alpha]$)上具有连续导数,则有

$$\int_a^b f(x)\,\mathrm{d}x=\int_\alpha^\beta f[\varphi(t)]\varphi'(t)\,\mathrm{d}t.$$

此式叫作定积分换元公式.

分析:连续函数为可积函数,因此被积函数的原函数存在,可用牛顿-莱布尼茨公式计算.

证明:假设 $F(x)$ 是 $f(x)$ 的一个原函数,则

$$\int_a^b f(x)\,\mathrm{d}x=F(b)-F(a),$$

又由复合函数的求导法则知 $\Phi(t)=F[\varphi(t)]$,$t\in(\alpha,\beta)$ 是 $f[\varphi(t)]\varphi'(t)$ 的一个原函数,所以

$$\int_\alpha^\beta f[\varphi(t)]\varphi'(t)\,\mathrm{d}t=F[\varphi(\beta)]-F[\varphi(\alpha)]=F(b)-F(a),$$

故

$$\int_a^b f(x)\,\mathrm{d}x=\int_\alpha^\beta f[\varphi(t)]\varphi'(t)\,\mathrm{d}t.$$

应用换元公式时需要注意:"换元必换限",即变量 x 变换成新变量 t 时,原积分限也要换成对应于新变量 t 的积分限.

【例 5.4.1】 计算 $\int_0^1 \sqrt{1-x^2}\,\mathrm{d}x$.

分析:根号下含有二次函数的积分一般采用第二类换元法.

解:设 $x=\sin t$,则 $\mathrm{d}x=\cos t\,\mathrm{d}t$,且当 x 由 0 增到 1 时,t 由 0 变到 $\dfrac{\pi}{2}$.于是

$$\int_0^1 \sqrt{1-x^2}\,\mathrm{d}x = \int_0^{\frac{\pi}{2}} \sqrt{1-\sin^2 t}\,\cos t\,\mathrm{d}t$$

$$= \int_0^{\frac{\pi}{2}} \cos^2 t\,\mathrm{d}t$$

$$= \frac{1}{2}\int_0^{\frac{\pi}{2}} (1+\cos 2t)\,\mathrm{d}t$$

$$= \frac{1}{2}\left[t+\frac{1}{2}\sin 2t \right]_0^{\frac{\pi}{2}}$$

$$= \frac{\pi}{4}.$$

【例 5.4.2】　计算 $\displaystyle\int_0^\pi \sqrt{\sin^3 x - \sin^5 x}\,\mathrm{d}x$.

分析：因为

$$\sqrt{\sin^3 x - \sin^5 x} = \sqrt{\sin^3 x\,(1-\sin^2 x)} = \sin^{\frac{3}{2}} x\,|\cos x|,$$

可知被积函数含有绝对值，此时，一般要分区间求积分.

解：$\displaystyle\int_0^\pi \sqrt{\sin^3 x - \sin^5 x}\,\mathrm{d}x = \int_0^{\frac{\pi}{2}} \sin^{\frac{3}{2}} x \cos x\,\mathrm{d}x + \int_{\frac{\pi}{2}}^\pi \sin^{\frac{3}{2}} x\,(-\cos x)\,\mathrm{d}x$

$$= \int_0^{\frac{\pi}{2}} \sin^{\frac{3}{2}} x\,\mathrm{d}(\sin x) - \int_{\frac{\pi}{2}}^\pi \sin^{\frac{3}{2}} x\,\mathrm{d}(\sin x)$$

$$= \frac{2}{5}\left[\sin^{\frac{5}{2}} x \right]_0^{\frac{\pi}{2}} - \frac{2}{5}\left[\sin^{\frac{5}{2}} x \right]_{\frac{\pi}{2}}^\pi$$

$$= \frac{4}{5}.$$

【例 5.4.3】　求 $\displaystyle\int_0^{\ln 2} \sqrt{\mathrm{e}^x - 1}\,\mathrm{d}x$.

分析：此题的难点在于根号，因此可用根式换元法去掉根号.

解：设 $t = \sqrt{\mathrm{e}^x - 1}$，即 $x = \ln(t^2+1)$，$\mathrm{d}x = \dfrac{2t}{t^2+1}\mathrm{d}t$. 换积分限：当 $x = 0$ 时，$t = 0$；$x = \ln 2$ 时，$t = 1$，于是

$$\int_0^{\ln 2} \sqrt{\mathrm{e}^x - 1}\,\mathrm{d}x = \int_0^1 t\cdot\frac{2t}{t^2+1}\mathrm{d}t = 2\int_0^1 \left(1-\frac{1}{t^2+1}\right)\mathrm{d}t$$

$$= 2\left[t-\arctan t \right]_0^1 = 2-\frac{\pi}{2}.$$

【例 5.4.4】　计算下列积分.

（1）$\displaystyle\int_{-\frac{\pi}{2}}^{\frac{\pi}{2}} \sin^3 x\,\mathrm{d}x$；　　　　　　（2）$\displaystyle\int_{-\frac{\pi}{2}}^{\frac{\pi}{2}} \cos^2 x\,\mathrm{d}x$.

分析：三角函数的平方或立方的积分，利用公式降次或变形，变为已知积分计算.

例 5.4.4

（1）解：$\displaystyle\int_{-\frac{\pi}{2}}^{\frac{\pi}{2}} \sin^3 x\,\mathrm{d}x = \int_{-\frac{\pi}{2}}^{\frac{\pi}{2}} \sin^2 x \sin x\,\mathrm{d}x$

$$= -\int_{-\frac{\pi}{2}}^{\frac{\pi}{2}} (1-\cos^2 x)\, \mathrm{d}(\cos x)$$

$$= \left[-\cos x + \frac{1}{3}\cos^3 x \right]_{-\frac{\pi}{2}}^{\frac{\pi}{2}} = 0;$$

$$(2)\ 解: \int_{-\frac{\pi}{2}}^{\frac{\pi}{2}} \cos^2 x\, \mathrm{d}x = \int_{-\frac{\pi}{2}}^{\frac{\pi}{2}} \frac{1+\cos 2x}{2}\, \mathrm{d}x$$

$$= \frac{1}{2}\left(\int_{-\frac{\pi}{2}}^{\frac{\pi}{2}} 1\, \mathrm{d}x + \int_{-\frac{\pi}{2}}^{\frac{\pi}{2}} \cos 2x\, \mathrm{d}x \right)$$

$$= \left[\frac{x}{2} + \frac{\sin 2x}{4} \right]_{-\frac{\pi}{2}}^{\frac{\pi}{2}} = \frac{\pi}{2}.$$

例 5.4.4 中,第一题被积函数是奇函数,第二题被积函数是偶函数,像这种奇、偶函数在定积分计算中有简便方法,我们可以总结出一条有用的结论(简称为"偶倍奇零").

设函数 $f(x)$ 在区间 $[-a, a]$ 上连续,则有结论:(证明从略)

(1) 当 $f(x)$ 为奇函数时,$\int_{-a}^{a} f(x)\, \mathrm{d}x = 0$;

(2) 当 $f(x)$ 为偶函数时,$\int_{-a}^{a} f(x)\, \mathrm{d}x = 2\int_{0}^{a} f(x)\, \mathrm{d}x$.

利用这两个结论可以简化运算,尤其是第一个结论,比如:

$$\int_{-\pi}^{\pi} x^4 \sin x\, \mathrm{d}x = 0;\ \int_{-\frac{\pi}{4}}^{\frac{\pi}{4}} \tan^5 x \sec^3 x\, \mathrm{d}x = 0;\ \int_{-5}^{5} \frac{x^3 \sin^2 x}{x^4 + 2x^2 + 1}\, \mathrm{d}x = 0.$$

对于三角函数,还有如下的换元法:

【例 5.4.5】 设 $f(x)$ 在 $[0,1]$ 上连续,证明:

(1) $\int_{0}^{\frac{\pi}{2}} f(\sin x)\, \mathrm{d}x = \int_{0}^{\frac{\pi}{2}} f(\cos x)\, \mathrm{d}x$;

例 5.4.5

(2) $\int_{0}^{\pi} x f(\sin x)\, \mathrm{d}x = \frac{\pi}{2}\int_{0}^{\pi} f(\sin x)\, \mathrm{d}x$.

分析:抽象函数的运算,应设法改变积分变量,将其变换成等价形式.

(1) 解:设 $x = \frac{\pi}{2} - t$,则 $\mathrm{d}x = -\mathrm{d}t$,且当 $x = 0$ 时,$t = \frac{\pi}{2}$;当 $x = \frac{\pi}{2}$ 时,$t = 0$,于是

$$\int_{0}^{\frac{\pi}{2}} f(\sin x)\, \mathrm{d}x = -\int_{\frac{\pi}{2}}^{0} f\left[\sin\left(\frac{\pi}{2} - t \right) \right] \mathrm{d}t$$

$$= \int_{0}^{\frac{\pi}{2}} f(\cos t)\, \mathrm{d}t = \int_{0}^{\frac{\pi}{2}} f(\cos x)\, \mathrm{d}x.$$

(2) 解:设 $x = \pi - t$,则 $\mathrm{d}x = -\mathrm{d}t$,且当 $x = 0$ 时,$t = \pi$;当 $x = \pi$ 时,$t = 0$,于是

$$\int_0^\pi x f(\sin x)\,\mathrm{d}x = -\int_\pi^0 (\pi-t)f[\sin(\pi-t)]\,\mathrm{d}t$$

$$= \int_0^\pi (\pi-t)f(\sin t)\,\mathrm{d}t$$

$$= \pi\int_0^\pi f(\sin t)\,\mathrm{d}t - \int_0^\pi tf(\sin t)\,\mathrm{d}t$$

$$= \pi\int_0^\pi f(\sin x)\,\mathrm{d}x - \int_0^\pi xf(\sin x)\,\mathrm{d}x,$$

移项得:

$$\int_0^\pi x f(\sin x)\,\mathrm{d}x = \frac{\pi}{2}\int_0^\pi f(\sin x)\,\mathrm{d}x.$$

5.4.2　定积分的分部积分法

利用不定积分的分部积分公式及牛顿-莱布尼茨公式,即可得出定积分的分部积分公式.

设函数 $u=u(x)$, $v=v(x)$ 在区间 $[a,b]$ 上具有连续导数,按不定积分的分部积分法,有

$$\int u(x)\,\mathrm{d}v(x) = u(x)\cdot v(x) - \int v(x)\,\mathrm{d}u(x).$$

从而得

$$\int_a^b u(x)\,\mathrm{d}v(x) = [u(x)\cdot v(x)]_a^b - \int_a^b v(x)\,\mathrm{d}u(x).$$

这就是**定积分的分部积分公式**.

【例 5.4.6】　计算下列积分.

(1) $\displaystyle\int_1^e x^2\ln x\,\mathrm{d}x$;　　(2) $\displaystyle\int_1^4 \frac{\ln x}{\sqrt{x}}\,\mathrm{d}x$;　　(3) $\displaystyle\int_{\frac{1}{e}}^e |\ln x|\,\mathrm{d}x$.

分析:如果被积函数为对数函数与幂函数(或常函数)的乘积,将函数进行适当变形,令对数函数为 u,再分部积分.

(1) 解:$\displaystyle\int_1^e x^2\ln x\,\mathrm{d}x = \frac{1}{3}\int_1^e \ln x\,\mathrm{d}(x^3) = \frac{1}{3}\left(x^3[\ln x]_1^e - \int_1^e x^2\,\mathrm{d}x\right)$

$$= \frac{1}{3}\left[e^3 - \frac{1}{3}x^3\right]_1^e = \frac{1}{9}(2e^3+1);$$

(2) 解:$\displaystyle\int_1^4 \frac{\ln x}{\sqrt{x}}\,\mathrm{d}x = 2\int_1^4 \ln x\,\mathrm{d}(\sqrt{x}) = 2[\sqrt{x}\ln x]_1^4 - 2\int_1^4 \sqrt{x}\,\mathrm{d}(\ln x)$

$$= 2[\sqrt{x}\ln x]_1^4 - 2\int_1^4 \frac{1}{\sqrt{x}}\,\mathrm{d}x = 4\ln 4 - 4[\sqrt{x}]_1^4$$

$$= 4\ln 4 - 4;$$

(3) 解:$\displaystyle\int_{\frac{1}{e}}^e |\ln x|\,\mathrm{d}x = \int_{\frac{1}{e}}^1 |\ln x|\,\mathrm{d}x + \int_1^e |\ln x|\,\mathrm{d}x = -\int_{\frac{1}{e}}^1 \ln x\,\mathrm{d}x + \int_1^e \ln x\,\mathrm{d}x$

$$= 1 - \frac{2}{e} + 1 = 2 - \frac{2}{e}.$$

【例5.4.7】　设$f''(x)$在$[0,1]$连续,且$f(0)=1,f(2)=3,f'(2)=5$,求$\int_0^1 xf''(2x)\mathrm{d}x$.

分析:观察题目,本题是抽象函数的积分,需要用到分部积分法.

解:
$$\int_0^1 xf''(2x)\mathrm{d}x = \frac{1}{2}\int_0^1 x\mathrm{d}f'(2x)$$
$$= \frac{1}{2}\left[xf'(2x)\right]_0^1 - \frac{1}{4}\left[f(2x)\right]_0^1.$$

因为　　　　　　　　$f(0)=1,f(2)=3,f'(2)=5,$

代入计算可得:

$$\int_0^1 xf''(2x)\mathrm{d}x = 2.$$

这一节是本章的重点和难点,也是定积分的主要内容.熟练应用换元法和分部积分法求解定积分是学好后续章节的基础.但是,定积分有很大的局限性,那就是积分区间有限或被积函数是有界的.我们自然会想,假如突破这种限制——即积分区间变为无穷或被积函数是无界函数,如$\int_0^{+\infty} \mathrm{e}^{-x}\mathrm{d}x$,$\int_0^a \frac{1}{\sqrt{a^2-x^2}}\mathrm{d}x\,(a>0)$等,会有什么结果呢? 这就是我们下节将要研究的广义积分.

练习5.4

1. 计算下列积分.

(1) $\int_0^{\frac{\pi}{2}} \sin t\cos^3 t\mathrm{d}t$;

(2) $\int_0^1 t\mathrm{e}^{-\frac{t^2}{2}}\mathrm{d}t$;

(3) $\int_{-\frac{1}{2}}^{\frac{1}{2}} \frac{(\arcsin x)^2}{\sqrt{1-x^2}}\mathrm{d}x$;

(4) $\int_0^{2\pi} |\sin(x+1)|\mathrm{d}x$;

(5) $\int_1^{\sqrt{3}} \frac{1}{x^2\sqrt{1+x^2}}\mathrm{d}x$;

(6) $\int_1^4 \frac{1}{1+\sqrt{x}}\mathrm{d}x$;

(7) $\int_0^{\sqrt{2}} \sqrt{2-x^2}\,\mathrm{d}x$;

(8) $\int_0^1 \sqrt{2x-x^2}\,\mathrm{d}x$;

(9) $\int_{-\frac{\pi}{2}}^{\frac{\pi}{2}} (x^3+1)\sin^2 x\mathrm{d}x$;

(10) $\int_{-\frac{\pi}{2}}^{\frac{\pi}{2}} \left(\frac{x^4\sin x}{1+x^4}+\cos x\right)\mathrm{d}x$.

2. 计算下列积分.

(1) $\int_0^1 x\mathrm{e}^{-x}\mathrm{d}x$;

(2) $\int_0^1 x^3\mathrm{e}^{x^2}\mathrm{d}x$;

(3) $\int_0^1 \arcsin x\mathrm{d}x$;

(4) $\int_0^1 x\arctan x\mathrm{d}x$;

（5）$\displaystyle\int_0^{\frac{\pi}{2}}\mathrm{e}^{2x}\cos x\,\mathrm{d}x.$

3. 设 $f(x)=\begin{cases}\dfrac{1}{1+x^2}, & x\geqslant 0,\\[3mm]\dfrac{\mathrm{e}^x}{1+\mathrm{e}^x}, & x<0,\end{cases}$ 计算 $\displaystyle\int_{-1}^1 f(x)\,\mathrm{d}x.$

5.5　广　义　积　分

预备知识：牛顿-莱布尼茨公式 $\displaystyle\int_a^b f(x)\,\mathrm{d}x=F(b)-F(a)$；常见函数极限的求解方法.

反常积分

实际问题中,我们可能会遇到特殊的积分形式.不同于我们刚刚研究过的定积分,它们是无穷区间上的积分或无界函数的积分,是在定积分基础上所做的推广,通常被称为**反常积分**（或称为**广义积分**）.

5.5.1　无穷区间上的反常积分

定义 5.3　设函数 $f(x)$ 在区间 $[a,+\infty)$ 上连续,取任意 $t>a$,记

$$\int_a^{+\infty} f(x)\,\mathrm{d}x=\lim_{t\to+\infty}\int_a^t f(x)\,\mathrm{d}x,$$

称 $\displaystyle\int_a^{+\infty} f(x)\,\mathrm{d}x$ 为函数 $f(x)$ 在无穷区间 $[a,+\infty)$ 上的**反常积分**（或简称为**无穷积分**）.若极限存在,则称该**反常积分收敛**,且其极限值为该反常积分的值;否则称该**反常积分发散**.

类似地可定义其他形式:

（1）函数 $f(x)$ 在区间 $(-\infty,b]$ 上的反常积分:

$$\int_{-\infty}^b f(x)\,\mathrm{d}x=\lim_{t\to-\infty}\int_t^b f(x)\,\mathrm{d}x\,(t<b);$$

（2）函数 $f(x)$ 在区间 $(-\infty,+\infty)$ 上的反常积分:

$$\int_{-\infty}^{+\infty} f(x)\,\mathrm{d}x=\int_{-\infty}^c f(x)\,\mathrm{d}x+\int_c^{+\infty} f(x)\,\mathrm{d}x$$

$$=\lim_{s\to-\infty}\int_s^c f(x)\,\mathrm{d}x+\lim_{t\to+\infty}\int_c^t f(x)\,\mathrm{d}x.$$

对于积分 $\displaystyle\int_{-\infty}^{+\infty} f(x)\,\mathrm{d}x$,其收敛的充要条件是: $\displaystyle\int_{-\infty}^c f(x)\,\mathrm{d}x$ 及 $\displaystyle\int_c^{+\infty} f(x)\,\mathrm{d}x$ 同时收敛.

参照定积分的牛顿-莱布尼茨公式,无穷积分的牛顿-莱布尼茨公式也可统一记为如下符号:

（1）$\displaystyle\int_a^{+\infty} f(x)\,\mathrm{d}x=F(+\infty)-F(a)$；

(2) $\int_{-\infty}^{b} f(x)\,\mathrm{d}x = F(b) - F(-\infty)$;

(3) $\int_{-\infty}^{+\infty} f(x)\,\mathrm{d}x = F(+\infty) - F(-\infty)$.

【例 5.5.1】　计算 $\int_{0}^{+\infty} \mathrm{e}^{-x}\,\mathrm{d}x$.

分析：该积分的上限为 $+\infty$，按照反常积分的定义，先按照区间 $[a,t]$ 积分，再将 $t\to+\infty$ 取极限.

解：$\int_{0}^{+\infty} \mathrm{e}^{-x}\,\mathrm{d}x = \lim_{t\to+\infty} \int_{0}^{t} \mathrm{e}^{-x}\,\mathrm{d}x = \lim_{t\to+\infty} \left(-\mathrm{e}^{-x}\ \big|_{0}^{t}\right)$

$$= \lim_{t\to+\infty} \left(-\mathrm{e}^{-t}+1\right) = 1.$$

【例 5.5.2】　计算 $\int_{-\infty}^{+\infty} \dfrac{1}{x^2+2x+2}\,\mathrm{d}x$.

分析：该积分的积分区间为 $(-\infty,+\infty)$，可以直接应用无穷积分的牛顿-莱布尼茨公式.

解：$\int_{-\infty}^{+\infty} \dfrac{1}{x^2+2x+2}\,\mathrm{d}x = \int_{-\infty}^{+\infty} \dfrac{1}{(x+1)^2+1}\,\mathrm{d}(x+1)$

$$= \left[\arctan(x+1)\right]_{-\infty}^{+\infty} = \pi.$$

【例 5.5.3】　讨论 $\int_{a}^{+\infty} \dfrac{1}{x^p}\,\mathrm{d}x\ (a>0)$ 的敛散性.

分析：根据 p 的不同取值进行分类讨论.

解：当 $p>1$ 时，

$$\int_{a}^{+\infty} \dfrac{1}{x^p}\,\mathrm{d}x = \dfrac{1}{1-p} \cdot x^{1-p}\ \big|_{a}^{+\infty} = \dfrac{1}{(p-1)a^{p-1}};\ (\text{收敛})$$

当 $p=1$ 时，

$$\int_{a}^{+\infty} \dfrac{1}{x^p}\,\mathrm{d}x = \int_{a}^{+\infty} \dfrac{1}{x}\,\mathrm{d}x = \ln x\ \big|_{a}^{+\infty} = +\infty\ ;\ (\text{发散})$$

当 $p<1$ 时，

$$\int_{a}^{+\infty} \dfrac{1}{x^p}\,\mathrm{d}x = \dfrac{1}{1-p} \cdot x^{1-p}\ \big|_{a}^{+\infty} = +\infty\ .\ (\text{发散})$$

综上所述，当 $p>1$ 时，$\int_{a}^{+\infty} \dfrac{1}{x^p}\,\mathrm{d}x$ 收敛；当 $p\leqslant 1$ 时，$\int_{a}^{+\infty} \dfrac{1}{x^p}\,\mathrm{d}x$ 发散.

5.5.2　无界函数的反常积分

定义 5.4　设函数 $f(x)$ 在区间 $(a,b]$ 上连续，而 $\lim_{x\to a^+} f(x) = \infty$，取 $\varepsilon>0$，记

$$\int_{a}^{b} f(x)\,\mathrm{d}x = \lim_{\varepsilon\to 0^+} \int_{a+\varepsilon}^{b} f(x)\,\mathrm{d}x,$$

并称其为 $f(x)$ 在区间 $[a,b]$ 上的**反常积分**(或称为**瑕积分**).若极限存在，则称此反常积分收敛，其极限值即为反常积分值；否则称此反常积分发散.

这种积分的特点是 $\lim\limits_{x\to a^+} f(x)=\infty$，即在 a 点处 $f(x)\to\infty$ ($f(x)$ 在 a 点无界)，因此 a 点称之为瑕点.

设 $f(x)$ 在区间 $[a,b)$ 上连续，而 $\lim\limits_{x\to b^-} f(x)=\infty$，可定义函数 $f(x)$ 在区间 $[a,b]$ 上的反常积分：

$$\int_a^b f(x)\,\mathrm{d}x = \lim_{\varepsilon\to 0^+}\int_a^{b-\varepsilon} f(x)\,\mathrm{d}x.$$

设 $f(x)$ 在 $[a,b]$ 上除点 $c(a<c<b)$ 外连续，而 $\lim\limits_{x\to c} f(x)=\infty$，可定义函数 $f(x)$ 在区间 $[a,b]$ 上的反常积分：

$$\int_a^b f(x)\,\mathrm{d}x = \int_a^c f(x)\,\mathrm{d}x + \int_c^b f(x)\,\mathrm{d}x$$

$$= \lim_{\varepsilon_1\to 0^+}\int_a^{c-\varepsilon_1} f(x)\,\mathrm{d}x + \lim_{\varepsilon_2\to 0^+}\int_{c+\varepsilon_2}^b f(x)\,\mathrm{d}x.$$

此时 $\int_a^b f(x)\,\mathrm{d}x$ 收敛的充要条件是 $\int_a^c f(x)\,\mathrm{d}x$ 及 $\int_c^b f(x)\,\mathrm{d}x$ 同时收敛.

【例 5.5.4】　求积分 $\displaystyle\int_0^a \frac{1}{\sqrt{a^2-x^2}}\,\mathrm{d}x\,(a>0)$.

分析：$x=a$ 为被积函数的无穷间断点，即瑕点，按照定义求解.

解：

$$\int_0^a \frac{1}{\sqrt{a^2-x^2}}\,\mathrm{d}x = \lim_{\varepsilon\to 0^+}\int_0^{a-\varepsilon}\frac{1}{\sqrt{a^2-x^2}}\,\mathrm{d}x$$

$$= \lim_{\varepsilon\to 0^+}\left[\arcsin\frac{x}{a}\right]_0^{a-\varepsilon}$$

$$= \lim_{\varepsilon\to 0^+}\arcsin\frac{a-\varepsilon}{a} = \frac{\pi}{2}.$$

【例 5.5.5】　判断 $\displaystyle\int_0^2 \frac{1}{(x-1)^2}\,\mathrm{d}x$ 的敛散性.

分析：$x=1$ 为被积函数的无穷间断点（瑕点）.若按正常积分计算就会导致错误，即 $\displaystyle\int_0^2 \frac{1}{(x-1)^2}\,\mathrm{d}x = -\frac{1}{x-1}\Big|_0^2 = -2$ 是错的.

例 5.5.5

解：按照瑕点 $x=1$ 将积分分开，

$$\int_0^2 \frac{1}{(x-1)^2}\,\mathrm{d}x = \int_0^1 \frac{1}{(x-1)^2}\,\mathrm{d}x + \int_1^2 \frac{1}{(x-1)^2}\,\mathrm{d}x$$

$$= \lim_{\varepsilon_1\to 0^+}\int_0^{1-\varepsilon_1}\frac{1}{(x-1)^2}\,\mathrm{d}x + \lim_{\varepsilon_2\to 0^+}\int_{1+\varepsilon_2}^2\frac{1}{(x-1)^2}\,\mathrm{d}x$$

$$= \lim_{\varepsilon_1\to 0^+}\left(-\frac{1}{x-1}\right)\Big|_0^{1-\varepsilon_1} + \lim_{\varepsilon_2\to 0^+}\left(-\frac{1}{x-1}\right)\Big|_{1+\varepsilon_2}^2$$

因为极限不存在，所以 $\displaystyle\int_0^2 \frac{1}{(x-1)^2}\,\mathrm{d}x$ 发散.

【例 5.5.6】　讨论 $\displaystyle\int_0^1 \frac{1}{x^q}\,\mathrm{d}x$ 的敛散性.

分析：$x=0$ 为被积函数的瑕点，根据 q 的不同取值进行讨论.

解：当 $q<1$ 时，

$$\int_0^1 \frac{1}{x^q}\mathrm{d}x = \frac{1}{1-q}\lim_{\varepsilon\to 0^+} x^{1-q}\,\Big|_{\varepsilon}^1 = \frac{1}{1-q};(\text{收敛})$$

当 $q=1$ 时，

$$\int_0^1 \frac{1}{x^q}\mathrm{d}x = \int_0^1 \frac{1}{x}\mathrm{d}x = \lim_{\varepsilon\to 0^+}\ln|x|\,\big|_{\varepsilon}^1 = \infty;(\text{发散})$$

当 $q>1$ 时，

$$\int_0^1 \frac{1}{x^q}\mathrm{d}x = \frac{1}{1-q} - \lim_{\varepsilon\to 0^+}\frac{\varepsilon^{1-q}}{1-q} = \infty.(\text{发散})$$

综上所述，当 $q<1$ 时，$\int_0^1 \frac{1}{x^q}\mathrm{d}x$ 收敛；当 $q\geqslant 1$ 时，$\int_0^1 \frac{1}{x^q}\mathrm{d}x$ 发散.

　　由上面几道例题可以看出，一般地，若被积函数在积分区间内有无穷间断点时，应该用无穷间断点为积分区间的端点划分积分区间，然后分别在每个小区间上进行积分.

　　本节中我们主要学习了两种广义积分(反常积分)——无穷区间上的反常积分和无界函数的反常积分.至此，一元函数积分学的理论部分已经全部学习完毕，后面主要研究定积分在几何方面与物理学上的应用，例如求解不规则平面图形的面积等，为解决生活中的实际问题打下坚实的基础.

练习 5.5

1. 判断下列反常积分的敛散性，若收敛，则求其值.

(1) $\displaystyle\int_0^{+\infty} \frac{1}{\sqrt{\mathrm{e}^x}}\mathrm{d}x$；　　　　　(2) $\displaystyle\int_0^{+\infty} \frac{1}{\sqrt{1+x^2}}\mathrm{d}x$；

(3) $\displaystyle\int_0^{+\infty} \mathrm{e}^{-x}\sin x\,\mathrm{d}x$；　　　　　(4) $\displaystyle\int_{-\infty}^{+\infty} \mathrm{e}^x\sin x\,\mathrm{d}x$；

(5) $\displaystyle\int_{\frac{2}{\pi}}^{+\infty} \frac{1}{x^2}\sin\frac{1}{x}\mathrm{d}x$；　　　　(6) $\displaystyle\int_2^{+\infty} \frac{1-\ln x}{x^2}\mathrm{d}x$.

2. 判断下列反常积分的敛散性，若收敛，则求其值.

(1) $\displaystyle\int_0^1 \frac{1}{1-x^2}\mathrm{d}x$；　　　　　(2) $\displaystyle\int_0^1 \frac{1}{\sqrt{x-x^2}}\mathrm{d}x$；

(3) $\displaystyle\int_1^{\mathrm{e}} \frac{1}{x\sqrt{1-\ln^2 x}}\mathrm{d}x$；　　　(4) $\displaystyle\int_0^2 \frac{1}{\sqrt{|x-1|}}\mathrm{d}x$.

3. 求反常积分 $\displaystyle\int_0^{+\infty} \frac{1}{\sqrt{x(x+1)^3}}\mathrm{d}x$.

5.6 定积分的几何应用

预备知识:直角坐标与极坐标下常见曲线的图形.

本节我们来研究定积分在几何上的应用.首先介绍一种分析方法.

5.6.1 定积分的微元法

定积分的微元法

求 $f(x)$ 在 $[a,b]$ 上的积分,可采用分割、近似、求和、取极限的方法,由此启发,我们可以将一些实际问题中有关量的计算问题归结为定积分的计算.如果某一实际问题中所求的量 U 符合下列条件:

(1) 所求量 U(例如面积)与自变量 x 的变化区间有关;

(2) 所求量 U 对于区间 $[a,b]$ 具有可加性,总量可以分为若干分量之和,即 $U = \sum_{i=1}^{n} \Delta U_i$.

(3) 所求量 U 可表示为定积分:

$$U = \int_a^b f(x)\,\mathrm{d}x = \lim_{\lambda \to 0} \sum_{i=1}^{n} f(\xi_i)\,\Delta x_i.$$

一般地,如果所求量 U 与变量 x 的变化区间有关,且对区间 $[a,b]$ 具有可加性,在 $[a,b]$ 上任取一个小区间 $[x,x+\mathrm{d}x]$,然后求出 U 在这个小区间的部分量 ΔU 的近似值 $\mathrm{d}U = f(x)\mathrm{d}x$,该值称为 U 的**微元**(或称**元素**),以它作为被积表达式,即可得到所求量的积分表达式:

$$U = \int_a^b f(x)\,\mathrm{d}x.$$

这种方法称为**微元法**(或**元素法**).

下面,我们利用微元法来解决一些几何中的实际问题.

5.6.2 平面图形的面积

1. 直角坐标情形

设平面图形由连续曲线 $y=f(x)$,$y=g(x)$ 和直线 $x=a$,$x=b$ 围成,其中 $f(x) \geqslant g(x)$ $(a \leqslant x \leqslant b)$(见图 5-5),我们来求它的面积 A.

取 x 为积分变量,它的变化区间为 $[a,b]$,我们在 $[a,b]$ 上任取一小区间 $[x,x+\mathrm{d}x]$,与这个小区间对应的窄条的面积 ΔA 近似地等于高为 $f(x)-g(x)$,底为 $\mathrm{d}x$ 的窄矩形的面积,从而得到面积微元

$$\mathrm{d}A = [f(x)-g(x)]\mathrm{d}x,$$

所以

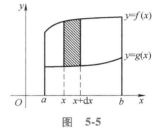

图 5-5

$$A = \int_a^b [f(x) - g(x)] dx.$$

类似地,若平面图形由连续曲线 $x = \varphi(y)$,$x = \psi(y)$($\varphi(y) \leq \psi(y)$)及直线 $y = c$,$y = d$($c < d$)所围成(见图5-6),取 y 作积分变量,则其面积为

$$A = \int_c^d [\psi(y) - \varphi(y)] dy.$$

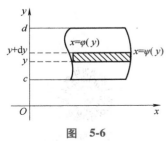

图　5-6

【例5.6.1】　计算由 $y^2 = x$,$y = x^2$ 所围成图形的面积.

分析:对于这两条抛物线围成的图形,先采用微元法计算面积元素,再进行积分.

解:先求抛物线的交点,由

$$\begin{cases} y^2 = x, \\ y = x^2, \end{cases}$$

解得两个交点 $(0,0)$,$(1,1)$.

在 $[0,1]$ 上任一小区间 $[x, x+dx]$ 的窄条的面积近似等于高为 $\sqrt{x} - x^2$,底为 dx 的窄矩形的面积,从而得到面积元素,如图5-7所示:

$$dA = (\sqrt{x} - x^2) dx.$$

在闭区间上作定积分,便得所求面积为

$$A = \int_0^1 (\sqrt{x} - x^2) dx = \left[\frac{2}{3} x^{\frac{3}{2}} - \frac{x^3}{3} \right] \Big|_0^1 = \frac{1}{3}.$$

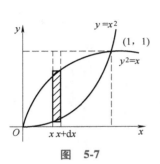

图　5-7

【例5.6.2】　求抛物线 $y^2 = 2x$ 与直线 $y = x - 4$ 所围的平面图形的面积 A(见图5-8).

分析:所围图形若采用 x 为积分变量,情况较为复杂,因此可取 y 作积分变量,再用微元法.

解:由方程组 $\begin{cases} y^2 = 2x, \\ y = x - 4, \end{cases}$

解得两个交点为 $(2, -2)$ 及 $(8, 4)$.

取 y 作积分变量,$-2 \leq y \leq 4$,面积元素为

$$dA = \left(y + 4 - \frac{1}{2} y^2 \right) dy,$$

于是得

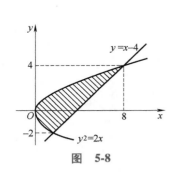

图　5-8

$$A = \int_{-2}^4 \left(y + 4 - \frac{1}{2} y^2 \right) dy = \left(\frac{y^2}{2} + 4y - \frac{y^3}{6} \right) \Big|_{-2}^4 = 18.$$

【例5.6.3】　求椭圆 $\dfrac{x^2}{a^2} + \dfrac{y^2}{b^2} = 1$ 所围图形的面积 A.

分析:先求出面积的微元,再用定积分换元法求解积分.

解:因为椭圆关于两坐标轴对称(见图5-9),所以椭圆的面积是曲线在第一象限与两坐标轴所围部分面积的4倍,求椭圆在第一象限部分的面积,取 x 作积分变量,$0 \leq x \leq a$,面积元素为

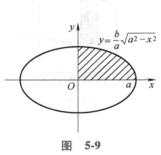

图　5-9

$$dA = y dx = \frac{b}{a} \sqrt{a^2 - x^2} dx$$

所以

$$A = 4 \int_0^a \frac{b}{a} \sqrt{a^2 - x^2} dx.$$

应用定积分换元法,令

例 5.6.3

$$x = a \sin t \left(-\frac{\pi}{2} \leqslant t \leqslant \frac{\pi}{2} \right),$$

则 $dx = a \cos t dt$,当 $x = 0$ 时,$t = 0$;当 $x = a$ 时,$t = \frac{\pi}{2}$.于是

$$A = 4 \int_0^{\frac{\pi}{2}} b \cos t \cdot (a \cos t) dt$$

$$= 4ab \int_0^{\frac{\pi}{2}} \cos^2 t dt = 4ab \int_0^{\frac{\pi}{2}} \frac{1 + \cos 2t}{2} dt.$$

$$= 4ab \left(\frac{1}{2} t + \frac{1}{4} \sin 2t \right) \Big|_0^{\frac{\pi}{2}} = \pi ab.$$

一般地,若曲边梯形由参数方程 $\begin{cases} x = x(t), \\ y = y(t) \end{cases} (\alpha \leqslant t \leqslant \beta)$ 给出时,则曲边梯形的面积为

$$A = \int_\alpha^\beta y(t) x'(t) dt.$$

2. 极坐标情形

有些平面图形,尤其是由旋转曲线所包围的图形,用极坐标来计算比较简单.

设曲边扇形是由曲线 $\rho = \rho(\theta)$ 及射线 $\theta = \alpha, \theta = \beta$ 所围成的图形.该图形的面积同样也可以用微元法分析,其面积元素为

$$dA = \frac{1}{2} [\rho(\theta)]^2 d\theta,$$

以此作定积分,得所求曲边扇形的面积公式为

$$A = \int_\alpha^\beta \frac{1}{2} [\rho(\theta)]^2 d\theta.$$

【例 5.6.4】　计算阿基米德螺线

$$\rho = a\theta (a > 0)$$

上相应于 θ 从 0 变到 2π 的一段弧与极轴所围成的图形的面积,如图 5-10 所示.

分析:在这段螺线上,θ 的变化区间为 $[0, 2\pi]$.任取一小区间 $[\theta, \theta + d\theta]$ 的窄曲边扇形的面积近似于半径为 $a\theta$、中心角为 $d\theta$ 的扇形面积.

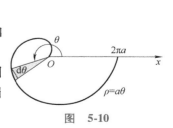

图　5-10

解:由上面分析,易得面积元素

$$dA = \frac{1}{2} (a\theta)^2 d\theta$$

旋转体的体积

于是所求面积为

$$A = \int_0^{2\pi} \frac{a^2}{2} \theta^2 \mathrm{d}\theta = \frac{a^2}{2} \left[\frac{\theta^3}{3} \right]_0^{2\pi} = \frac{4}{3} a^2 \pi^3.$$

5.6.3　旋转体的体积

什么叫旋转体？旋转体就是由一个平面图形绕它所在平面内的一条定直线旋转一周而成的立体.这条直线叫作旋转轴.下面探索旋转体体积公式.

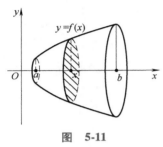

图　5-11

如图 5-11 所示，设旋转体是由连续曲线 $y=f(x)$，直线 $x=a, x=b(a<b)$ 和 x 轴所围成的曲边梯形绕 x 轴旋转一周而成的.

微元法求体积：取 x 作积分变量，它的变化区间为 $[a,b]$，在 $[a,b]$ 上任取一个小区间 $[x, x+\mathrm{d}x]$，相应的窄边梯形绕 x 轴旋转而成的薄片的体积近似等于以 $|f(x)|$ 为底半径，以 $\mathrm{d}x$ 为高的扁圆柱体的体积，从而得体积元素

$$\mathrm{d}V_x = \pi [f(x)]^2 \mathrm{d}x,$$

于是所求旋转体的体积为

$$V_x = \pi \int_a^b f^2(x) \mathrm{d}x.$$

类似地，若旋转体是由曲线 $x=\varphi(y)$，直线 $y=c, y=d(c<d)$ 和 y 轴所围成的曲边梯形绕 y 轴旋转一周而成的，则其体积为

$$V_y = \pi \int_c^d \varphi^2(y) \mathrm{d}y.$$

除绕 x 轴，y 轴以外，曲线绕某定直线 l 旋转也能得到旋转体，该旋转体体积的求法与之大同小异，这里不再赘述.

【例 5.6.5】　如图 5-12 所示，计算由椭圆

$$\frac{x^2}{a^2} + \frac{y^2}{b^2} = 1$$

所围图形绕 x 轴旋转一周所成的旋转体体积.

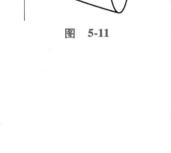

图　5-12

分析：曲线绕 x 轴旋转，需用第一个公式 $V_x = \pi \int_a^b f^2(x) \mathrm{d}x$ 计算.

解：这个旋转体实际上就是半个椭圆 $y = \frac{b}{a}\sqrt{a^2-x^2}$ 及 x 轴所围曲边梯形绕 x 轴旋转而成的旋转体，取 x 作积分变量，$-a \leqslant x \leqslant a$，体积元素

$$\mathrm{d}V_x = \pi \left(\frac{b}{a}\sqrt{a^2-x^2} \right)^2 \mathrm{d}x = \frac{b^2}{a^2} \pi (a^2-x^2) \mathrm{d}x,$$

所以，所求体积

$$V_x = \pi \int_{-a}^a \frac{b^2}{a^2}(a^2-x^2) \mathrm{d}x = 2\pi \int_0^a \frac{b^2}{a^2}(a^2-x^2) \mathrm{d}x$$

$$= 2\pi \frac{b^2}{a^2} \left(a^2 x - \frac{x^3}{3} \right) \Big|_0^a = \frac{4}{3} \pi ab^2.$$

特别地,当 $a=b$ 时,我们就得到半径为 a 的球的体积 $\frac{4}{3}\pi a^3$.

5.6.4　平面截面面积已知的立体体积

假设有一立体,在分别过点 $x=a,x=b$ 且垂直于 x 轴的两平面之间,它被垂直于 x 轴的平面所截的截面面积为已知的连续函数 $A(x)$,求该立体的体积.

取 x 为积分变量,积分区间为 $[a,b]$,在 $[a,b]$ 上取一个区间微元 $[x,x+\mathrm{d}x]$,相应于该薄片的体积近似于底面积为 $A(x)$,高为 $\mathrm{d}x$ 的扁柱体的体积,即体积微元为

$$\mathrm{d}V=A(x)\mathrm{d}x,$$

则所求立体的体积为

$$V=\int_a^b A(x)\mathrm{d}x.$$

【例 5.6.6】　设有一底圆半径为 R 的圆柱,被一与圆柱面底圆直径交角为 α 的平面所截,求截下的立体的体积.

分析:由于截面面积可求,将其乘以 $\mathrm{d}x$ 作为体积元素,积分得出整个体积.

解:底圆方程为 $x^2+y^2=R^2$,立体中过点 x 且垂直于 x 轴的截面是直角三角形,其面积为

$$A(x)=\frac{1}{2}y\cdot y\tan\alpha=\frac{1}{2}(R^2-x^2)\tan\alpha,$$

故立体体积为

$$V=\int_{-R}^R A(x)\mathrm{d}x=\int_{-R}^R\frac{1}{2}\tan\alpha(R^2-x^2)\mathrm{d}x$$

$$=\frac{2}{3}R^3\tan\alpha.$$

本节我们主要学习了定积分在几何上的应用,介绍了用定积分求平面图形的面积、旋转体的体积以及截面面积已知的立体的体积.事实上,定积分在其他学科中也有重要的应用,下节我们就来讨论定积分在物理学上的应用,包括变力做功问题、水压力问题、引力问题等.

练习 5.6

1. 求由下列曲线所围成的图形的面积:

(1) $y=2x$ 与 $y=3-x^2$;

(2) $x+y=4$ 与 $xy=3$;

(3) $y=x^2,y=2x^2$ 与 $y=1$;

(4) $y=\mathrm{e}^x,y=\mathrm{e}^{-x}$ 与 $x=1$;

（5）$xy=2$，$y-2x=0$ 与 $2y-x=0$；

（6）$y=-x^2+2x+3$ 与 $x=1$，$x=4$ 及 x 轴.

2. 求抛物线 $y=\dfrac{1}{4}x^2$ 与在点（2，1）处的法线所围成图形的面积.

3. 求摆线一拱

$$\begin{cases} x=a(t-\sin t)，\\ y=a(1-\cos t) \end{cases}(0 \leqslant t \leqslant 2\pi)$$

与 x 轴所围图形的面积.

4. 求下列曲线所围成的图形绕 x 轴旋转而成的旋转体的体积.

（1）$y=x^2$ 与 $y=1$；

（2）$\dfrac{x^2}{a^2}+\dfrac{y^2}{b^2}=1$；

（3）$\begin{cases} x=a(t-\sin t)，\\ y=a(1-\cos t) \end{cases}(0 \leqslant t \leqslant 2\pi)$ 与 x 轴；

（4）$y=e^x(x \leqslant 0)$，$x=0$，$y=0$.

*5. 求抛物线 $y=x^2+2$ 与直线 $x=0$，$x=1$ 以及 x 轴所围成的图形绕 $x=-2$ 旋转一周所得立体的体积.

*5.7　定积分的物理应用

预备知识：恒力做功公式 $W=F \cdot s$；压力公式 $F=pA$，压强公式 $p=\rho gh$；万有引力公式 $F=k\dfrac{m_1 m_2}{r^2}$；转动惯量 $I=mr^2$.

本节课我们来研究定积分在物理上的应用，采用与上节类似的方法.

5.7.1　变力沿直线所做的功

【例5.7.1】　把一个带电量为 $+q$ 的点电荷放在 r 轴上的坐标原点处，它产生一个电场.这个电场对周围的电荷有作用力.如果一个单位正电荷放在这个电场中距离原点为 r 的地方，那么电场对它的作用力的大小为 $F=k\dfrac{q}{r^2}$（k 是常数）.当这个单位正电荷在电场中从 $r=a$ 处沿 r 轴移动到 $r=b$ 处时，计算电场力 F 对它所做的功.

分析：由物理公式可知功 $W=F \cdot s$，如果物体在运动过程中所受的力 $F=F(x)$ 是变力，则不能应用此公式.我们采用"微元法"，将位移任意细分，在小的位移上力近似看作不变，于是 $\mathrm{d}W=F(x)\mathrm{d}x$.

解：取 r 为积分变量，$r \in [a,b]$，取任一小区间 $[r,r+\mathrm{d}r]$，功元素

$$\mathrm{d}W=\frac{kq}{r^2}\mathrm{d}r,$$

所求功为：

$$W=\int_a^b\frac{kq}{r^2}\mathrm{d}r=kq\left[-\frac{1}{r}\right]_a^b$$

$$=kq\left(\frac{1}{a}-\frac{1}{b}\right).$$

如果要考虑将单位电荷移到无穷远处，

$$W=\int_a^{+\infty}\frac{kq}{r^2}\mathrm{d}r=kq\left[-\frac{1}{r}\right]_a^{+\infty}=\frac{kq}{a}.$$

【例 5.7.2】　如图 5-13 所示，设气缸内活塞一侧存有定量气体，气体等温膨胀推动活塞向右移动，若气体体积由 V_1 变至 V_2，求气体压力所做的功.

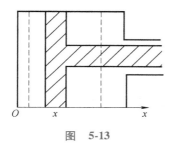

图　5-13

分析：建立适当的坐标系，将题目转换为变力做功问题.

解：

取坐标系如图 5-13 所示，活塞的位置为 x.气体等温膨胀，压强为 $p=\dfrac{C}{V}$，V 为体积，C 为常数，活塞上的总压力为

$$F=pS=\frac{CS}{V}=\frac{C}{x},$$

其中，S 为活塞截面积，x 为活塞移动的距离，$V=Sx$，于是，所求功为

$$W=\int_{x_1}^{x_2}F\mathrm{d}x=C\int_{x_1}^{x_2}\frac{1}{x}\mathrm{d}x$$

$$=C\int_{V_1}^{V_2}\frac{1}{V}\mathrm{d}V=C\ln\frac{V_2}{V_1}.$$

5.7.2　水的压力

由物理定律知，在水深 h 处的压强 $p=\rho gh$，如果面积为 A 的平面薄板水平地放在水中 h 处，则平板一侧受的压力 $P=pA$.如果平板非水平地放在水中，由于水深不同，压强也不同，所以平板一侧所受的压力不能用上面方法计算.

【例 5.7.3】　一横放的圆柱形水桶盛满水，设桶底半径 R，水密

度是 ρ,计算桶的端面上所受的压力.

分析:水深不同,端面上点所受的压力不同,采用微元法计算.

解:建立适当的坐标系,如图 5-14 所示:

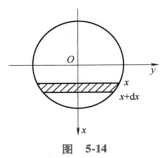

图　5-14

底圆的方程为 $x^2+y^2=R^2$,由此可得 $y=\sqrt{R^2-x^2}$,在水深 x 处取一小条,窄条各点压强近似为 ρgx,窄条面积近似于

$$2\sqrt{R^2-x^2}\,\mathrm{d}x.$$

所以压力为

$$F=\int_{-R}^{R}\mathrm{d}F=2\rho g\int_{-R}^{R}(R+x)\sqrt{R^2-x^2}\,\mathrm{d}x$$

$$=2\rho g\left[\int_{-R}^{R}R\sqrt{R^2-x^2}\,\mathrm{d}x+\int_{-R}^{R}x\sqrt{R^2-x^2}\,\mathrm{d}x\right]$$

$$=\pi\rho gR^3.$$

5.7.3　引力

由物理学知道,质量分别为 m_1,m_2 相距为 r 的两个质点间引力的大小为 $F=k\dfrac{m_1m_2}{r^2}$,其中 k 为引力系数,引力的方向沿着两质点的连线方向.

如果要计算一根细棒对一个质点的引力,由于细棒上各点与该质点的距离是变化的,且各点对该质点的引力方向也是变化的,此时就不能用上述公式计算.

【例 5.7.4】　有一长度为 l,线密度为 ρ 的均匀细棒,在其中垂线上距棒 a 处有一质量为 m 的质点,计算该棒对质点的引力.

分析:随着点的变化,引力不断变化,用微元法分析变化情况.

解:建立坐标系如图 5-15 所示:

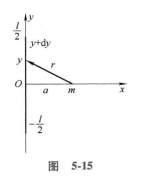

图　5-15

取 y 为积分变量 $y\in\left[-\dfrac{l}{2},\dfrac{l}{2}\right]$,取任一小区间 $[y,y+\mathrm{d}y]$,将小段细棒近似看成质点,其质量为 $\rho\mathrm{d}y$,与质点的距离为 $r=\sqrt{a^2+y^2}$,引力

$$\mathrm{d}F\approx k\frac{m\rho\mathrm{d}y}{a^2+y^2},$$

水平方向的分力元素为

$$\mathrm{d}F_x=-k\frac{am\rho\mathrm{d}y}{(a^2+y^2)^{\frac{3}{2}}},$$

$$F_x=-\int_{-\frac{l}{2}}^{\frac{l}{2}}k\frac{am\rho\mathrm{d}y}{(a^2+y^2)^{\frac{3}{2}}}=\frac{-2km\rho l}{a(4a^2+l^2)^{\frac{1}{2}}},$$

由对称性知,引力在 y 轴方向分力为 $F_y=0$.

5.7.4　转动惯量

在刚体力学中有一个重要的量——转动惯量.若质点质量为 m,到一轴距离为 r,则该质点绕轴的转动惯量为
$$I = mr^2.$$

对于质量连续分布的物体绕轴的转动惯量问题,一般地,可以用定积分来解决.

【例 5.7.5】　一均匀细杆长为 l,质量为 m,试计算细杆绕过它的中点且垂直于杆的轴的转动惯量.

分析:细杆不同的点的转动惯量不同,因此可以采用微元法计算.

解:建立坐标系,如图 5-16 所示:

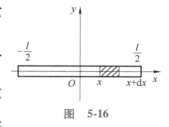

图　5-16

先求转动惯量微元 $\mathrm{d}I$,为此考虑细杆上一段 $[x, x+\mathrm{d}x]$,它的质量为 $\dfrac{m}{l}\mathrm{d}x$,把这一小段设为一质点,它到转动轴的距离为 $|x|$,于是微元为

$$\mathrm{d}I = \frac{m}{l}x^2\mathrm{d}x,$$

积分得整个细杆的转动惯量为:

$$I = \int_{-\frac{l}{2}}^{\frac{l}{2}} \frac{m}{l}x^2\mathrm{d}x = \frac{m}{l} \cdot \left.\frac{x^3}{3}\right|_{-\frac{l}{2}}^{\frac{l}{2}} = \frac{1}{12}ml^2.$$

定积分在物理学上的应用包括:变力做功问题、水压力、引力、转动惯量等.有些问题难度较大,但分析问题的方法却是相同的,即采用微元法进而积分.可见,定积分是解决类似实际问题的通用方法.

练习 5.7

1. 半径为 3m 的半球形水池盛满了水,若把其中的水全部抽干,需要做多少功?

2. 有一等腰梯形闸门,它的两条底边各长 10m 和 6m,高为 20m.较长的底边与水面相齐.计算闸门的一侧所受的水压力.

3. 设有一半径为 R、中心角为 φ 的圆弧形细棒,其线密度为 ρ.在圆心处有一质量为 m 的质点,求细棒对该质点的引力.

我们学习了定积分的概念和性质、微积分学基本公式——牛顿-莱布尼茨公式、定积分的计算方法、反常积分以及定积分的应用.如果说不定积分的主要作用体现在理论层面上,那么,定积分则在实际问题中更具应用性.在后面章节中,我们将定积分的应用加以推广,陆续学习空间解析几何、重积分等内容,这些都是以定积分为基础进行研究的.例如如何求曲顶柱体的体积、平面薄片的质量等问题,从本质上讲,这些都与定积分密切相关.

本 章 小 结

$$
定积分\begin{cases}
定积分的概念——求曲边梯形面积的步骤为分割、近似、求和、取极限\\
定积分的性质——区间可加性、保号性、保序性、中值定理等\\
微积分基本公式\begin{cases}积分上限函数及其导数\\ \int_a^b f(x)\,\mathrm{d}x = F(b)-F(a)\end{cases}\\
定积分的计算\begin{cases}换元法（凑微分、偶倍奇零等）\\ 分部积分法\ \int_a^b u\,\mathrm{d}v = uv\mid_a^b - \int_a^b v\,\mathrm{d}u\end{cases}\\
广义积分\begin{cases}无穷区间反常积分——推广\ N\text{-}L\ 公式\\ 无界函数反常积分——瑕积分\end{cases}\\
定积分的几何应用（微元法）\begin{cases}平面图形的面积\begin{cases}直角坐标情形\\极坐标情形\end{cases}\\ 旋转体体积（绕\ x\ 轴、绕\ y\ 轴、绕直线）\\ 截面面积已知的立体体积\end{cases}\\
定积分的物理应用（微元法）\begin{cases}变力做功\\水压力\\引力\\转动惯量\end{cases}
\end{cases}
$$

复习题 5

1. 求下列积分：

(1) $\displaystyle\int_0^{\frac{\pi}{2}}\cos^5 x\sin 2x\,\mathrm{d}x$；

(2) $\displaystyle\int_{\pi^2}^{\frac{\pi^2}{4}}\frac{\cos\sqrt{x}}{\sqrt{x}}\mathrm{d}x$；

(3) $\displaystyle\int_0^1\sqrt{(1-x^2)^3}\,\mathrm{d}x$；

(4) $\displaystyle\int_0^{\pi}\sqrt{\sin x-\sin^3 x}\,\mathrm{d}x$；

(5) $\displaystyle\int_0^1 \mathrm{e}^{x+\mathrm{e}^x}\,\mathrm{d}x$；

(6) $\displaystyle\int_{-\frac{\pi}{2}}^{\frac{\pi}{2}}4\cos^4 x\,\mathrm{d}x$；

(7) $\displaystyle\int_{-\frac{\pi}{2}}^{\frac{\pi}{2}}\cos^4 x\sin x\,\mathrm{d}x$；

(8) $\displaystyle\int_{\frac{3}{4}}^1\frac{1}{\sqrt{1-x}-1}\mathrm{d}x$；

(9) $\displaystyle\int_1^{\mathrm{e}^2}\frac{1}{x\sqrt{1+\ln x}}\mathrm{d}x$；

(10) $\displaystyle\int_0^{\pi}x^2\mid\cos x\mid\mathrm{d}x$；

(11) $\displaystyle\int_{-7}^7\frac{x}{\sqrt{1+\mathrm{e}^{x^2}}}\mathrm{d}x$；

(12) $\displaystyle\int_{-1}^1(1-x^2)^5\sin^9 x\,\mathrm{d}x$；

(13) $\int_0^{\frac{\pi}{4}} \ln(1+\tan x)\,\mathrm{d}x$;   (14) $\int_0^x \max\{t^3, t^2, 1\}\,\mathrm{d}t$;

(15) $f(x) = \begin{cases} x+1, & 0 \leqslant x \leqslant 2 \\ x^2-1, & 2 < x \leqslant 4 \end{cases}$,求$\int_3^5 f(x-2)\,\mathrm{d}x$.

2. 求下列积分:

(1) $\int_0^1 \dfrac{\arcsin x}{\sqrt{1-x^2}}\,\mathrm{d}x$;   (2) $\int_2^{+\infty} \dfrac{1-\ln x}{x^2}\,\mathrm{d}x$;

(3) $\int_0^{+\infty} t e^{-pt}\,\mathrm{d}t\,(p>0)$;   (4) $\int_0^2 \dfrac{1}{(1-x)^2}\,\mathrm{d}x$.

3. 设 f 为连续可微函数,试求:

$$\frac{\mathrm{d}}{\mathrm{d}x} \int_a^x (x-t)f'(t)\,\mathrm{d}t.$$

4. 用抛物线 $y^2 = 2x$ 把圆 $x^2+y^2 \leqslant 8$ 分成两部分,求这两部分的面积之比.

5. 已知椭圆 $\dfrac{x^2}{a^2}+\dfrac{y^2}{b^2}=1$,求:

(1) 所围图形的面积 S;
(2) 所围图形绕 y 轴旋转一周的旋转体体积 V.

【阅读 5】

积分的历史

积分是微积分中十分重要的概念,一般来说可分为不定积分与定积分,当然还有其他延伸的形式,重积分、曲线积分、曲面积分也慢慢地被人们发现,并且被很好地应用.积分在现代科学中有很多用途,不仅在数学方面,在物理方面更能体现积分的强大之处.

积分出现很久也没有真正严格意义上的定义,在极限概念清晰之后,即把曲边梯形看作由无穷多个小矩形组合而成,进而人们运用极限的思想对积分进行了严格的定义.积分思想在很早就产生了.泰勒斯是古希腊的哲学家,他对圆的面积等方面有一定的研究,但仅限于哲学思想方面,并没有在数学上有所体现.到了公元前 250 年左右,阿基米德在撰写了一些数学著作如《圆的测量》和《论球与圆柱》,在这些文献里就已经体现了一些积分的萌芽,人们在积分研究的道路上又向前迈进了一步.当然,不只是西方国家在积分方面有相应的研究,中国数学家在积分学方面也有一定的进展,比如我国古代数学家刘徽,他在积分学思想方面也做出了杰出贡献,割圆术就是他的贡献之一.到了 17 世纪中期,经过历代数学家的不断努力,微积分已经有了一定的基础,接下来就需要有人进一步研究以推动微积分的发展.牛顿与莱布尼茨在自己的努力下分别创立了微积分,他们将定积分和不定积分两种看似毫无关系的问题通过一个公式联系了起来,这是数学史上伟大的进步.

牛顿发现积分的时间比较早,但是公布时间却迟了许久.他在研究的过程中曾经写过一些文献,例如《流数法和无穷级数》.该书早在 1671 年就已经完成,但不知为何却没有被公布,只有和他一起工作的同事知道其中的内容,后来因为与莱布尼茨存在关于微积分创作权的争论,这本书直到 1736 年才出版.在之前的研究中,牛顿对变量的定义是无穷小元素静止集合,而在这本书中,他改变了原来的定义,从静态的元素观点转变为点、线、面的连续运动.其中,他将连续的变量称为流动量,这些流动量的导数称为流数.牛顿在流数法里的中心问题是:已知连续运动的路径,求给定时刻的速度(也就是微分法);已知运动的速度求给定时间内经过的路程(也就是积分法).牛顿从力学的角度创建了微分学,莱布尼茨从几何角度创建了微分学.牛顿更多的是研究求微分的逆运算,也就是不定积分,莱布尼茨更多的研究对微分的和进行推导,也就是现在的定积分.

1. $\int k\mathrm{d}x = kx + C$（$k$ 为常数）.

2. $\int x^{\alpha}\mathrm{d}x = \dfrac{x^{\alpha+1}}{\alpha+1} + C\,(\alpha \neq -1)$.

3. $\int \dfrac{1}{x}\mathrm{d}x = \ln|x| + C$.

4. $\int a^x\mathrm{d}x = \dfrac{1}{\ln a}a^x + C$.

5. $\int \mathrm{e}^x\mathrm{d}x = \mathrm{e}^x + C$.

6. $\int \cos x\mathrm{d}x = \sin x + C$.

7. $\int \sin x\mathrm{d}x = -\cos x + C$.

8. $\int \sec^2 x\mathrm{d}x = \int \dfrac{1}{\cos^2 x}\mathrm{d}x = \tan x + C$.

9. $\int \csc^2 x\mathrm{d}x = \int \dfrac{\mathrm{d}x}{\sin^2 x} = -\cot x + C$.

10. $\int \sec x\tan x\mathrm{d}x = \sec x + C$.

11. $\int \csc x\cot x\mathrm{d}x = -\csc x + C$.

12. $\int \dfrac{\mathrm{d}x}{\sqrt{1-x^2}} = \arcsin x + C$.

13. $\int \dfrac{\mathrm{d}x}{1+x^2} = \arctan x + C$.

14. $\int \tan x\mathrm{d}x = -\ln|\cos x| + C$.

15. $\int \cot x\mathrm{d}x = \ln|\sin x| + C$.

16. $\int \sec x\mathrm{d}x = \ln|\sec x + \tan x| + C$.

17. $\int \csc x\mathrm{d}x = \ln|\csc x - \cot x| + C$.

18. $\int \dfrac{\mathrm{d}x}{a^2+x^2} = \dfrac{1}{a}\arctan\dfrac{x}{a} + C$.

19. $\displaystyle\int\frac{dx}{x^2-a^2}=\frac{1}{2a}\ln\left|\frac{x-a}{x+a}\right|+C.$

20. $\displaystyle\int\frac{dx}{\sqrt{a^2-x^2}}=\arcsin\frac{x}{a}+C.$

21. $\displaystyle\int\frac{dx}{\sqrt{x^2+a^2}}=\ln\left(x+\sqrt{x^2+a^2}\right)+C.$

22. $\displaystyle\int\frac{dx}{\sqrt{x^2-a^2}}=\ln\left|x+\sqrt{x^2-a^2}\right|+C.$

一、含有 $ax+b$ 的积分 $(a \neq 0)$

1. $\int \dfrac{\mathrm{d}x}{ax+b} = \dfrac{1}{a}\ln|ax+b| + C.$

2. $\int (ax+b)^{\mu}\mathrm{d}x = \dfrac{1}{a(\mu+1)}(ax+b)^{\mu+1} + C(\mu \neq -1).$

3. $\int \dfrac{x}{ax+b}\mathrm{d}x = \dfrac{1}{a^2}(ax+b-b\ln|ax+b|) + C.$

4. $\int \dfrac{x^2}{ax+b}\mathrm{d}x = \dfrac{1}{a^3}\left[\dfrac{1}{2}(ax+b)^2 - 2b(ax+b) + b^2\ln|ax+b|\right] + C.$

5. $\int \dfrac{\mathrm{d}x}{x(ax+b)} = -\dfrac{1}{b}\ln\left|\dfrac{ax+b}{x}\right| + C.$

6. $\int \dfrac{\mathrm{d}x}{x^2(ax+b)} = -\dfrac{1}{bx} + \dfrac{a}{b^2}\ln\left|\dfrac{ax+b}{x}\right| + C.$

7. $\int \dfrac{x}{(ax+b)^2}\mathrm{d}x = \dfrac{1}{a^2}\left(\ln|ax+b| + \dfrac{b}{ax+b}\right) + C.$

8. $\int \dfrac{x^2}{(ax+b)^2}\mathrm{d}x = \dfrac{1}{a^3}\left(ax+b-2b\ln|ax+b| - \dfrac{b^2}{ax+b}\right) + C.$

9. $\int \dfrac{\mathrm{d}x}{x(ax+b)^2} = \dfrac{1}{b(ax+b)} - \dfrac{1}{b^2}\ln\left|\dfrac{ax+b}{x}\right| + C.$

二、含有 $\sqrt{ax+b}$ 的积分

10. $\int \sqrt{ax+b}\,\mathrm{d}x = \dfrac{2}{3a}\sqrt{(ax+b)^3} + C.$

11. $\int x\sqrt{ax+b}\,\mathrm{d}x = \dfrac{2}{15a^2}(3ax-2b)\sqrt{(ax+b)^3} + C.$

12. $\int x^2\sqrt{ax+b}\,\mathrm{d}x = \dfrac{2}{105a^3}(15a^2x^2-12abx+8b^2)\sqrt{(ax+b)^3} + C.$

13. $\int \dfrac{x}{\sqrt{ax+b}}\mathrm{d}x = \dfrac{2}{3a^2}(ax-2b)\sqrt{ax+b} + C.$

14. $\int \dfrac{x^2}{\sqrt{ax+b}}\mathrm{d}x = \dfrac{2}{15a^3}(3a^2x^2-4abx+8b^2)\sqrt{ax+b} + C.$

15. $\int \dfrac{\mathrm{d}x}{x\sqrt{ax+b}} = \begin{cases} \dfrac{1}{\sqrt{b}}\ln\left|\dfrac{\sqrt{ax+b}-\sqrt{b}}{\sqrt{ax+b}+\sqrt{b}}\right| + C & (b>0), \\[4mm] \dfrac{2}{\sqrt{-b}}\arctan\sqrt{\dfrac{ax+b}{-b}} + C & (b<0). \end{cases}$

16. $\int \dfrac{\mathrm{d}x}{x^2\sqrt{ax+b}} = -\dfrac{\sqrt{ax+b}}{bx} - \dfrac{a}{2b}\int\dfrac{\mathrm{d}x}{x\sqrt{ax+b}}.$

17. $\int \dfrac{\sqrt{ax+b}}{x}\mathrm{d}x = 2\sqrt{ax+b} + b\int\dfrac{\mathrm{d}x}{x\sqrt{ax+b}}.$

18. $\int \dfrac{\sqrt{ax+b}}{x^2}\mathrm{d}x = -\dfrac{\sqrt{ax+b}}{x} + \dfrac{a}{2}\int\dfrac{\mathrm{d}x}{x\sqrt{ax+b}}.$

三、含有 $x^2 \pm a^2$ 的积分

19. $\int \dfrac{\mathrm{d}x}{x^2+a^2} = \dfrac{1}{a}\arctan\dfrac{x}{a} + C.$

20. $\int \dfrac{\mathrm{d}x}{(x^2+a^2)^n} = \dfrac{x}{2(n-1)a^2(x^2+a^2)^{n-1}} + \dfrac{2n-3}{2(n-1)a^2}\int\dfrac{\mathrm{d}x}{(x^2+a^2)^{n-1}}.$

21. $\int \dfrac{\mathrm{d}x}{x^2-a^2} = \dfrac{1}{2a}\ln\left|\dfrac{x-a}{x+a}\right| + C.$

四、含有 $ax^2+b\,(a>0)$ 的积分

22. $\int \dfrac{\mathrm{d}x}{ax^2+b} = \begin{cases} \dfrac{1}{\sqrt{ab}}\arctan\sqrt{\dfrac{a}{b}}x + C & (b>0), \\[4mm] \dfrac{1}{2\sqrt{-ab}}\ln\left|\dfrac{\sqrt{a}\,x-\sqrt{-b}}{\sqrt{a}\,x+\sqrt{-b}}\right| + C & (b<0). \end{cases}$

23. $\int \dfrac{x}{ax^2+b}\mathrm{d}x = \dfrac{1}{2a}\ln|ax^2+b| + C.$

24. $\int \dfrac{x^2}{ax^2+b}\mathrm{d}x = \dfrac{x}{a} - \dfrac{b}{a}\int\dfrac{\mathrm{d}x}{ax^2+b}.$

25. $\int \dfrac{\mathrm{d}x}{x(ax^2+b)} = \dfrac{1}{2b}\ln\dfrac{x^2}{|ax^2+b|} + C.$

26. $\int \dfrac{\mathrm{d}x}{x^2(ax^2+b)} = -\dfrac{1}{bx} - \dfrac{a}{b}\int\dfrac{\mathrm{d}x}{ax^2+b}.$

27. $\int \dfrac{\mathrm{d}x}{x^3(ax^2+b)} = \dfrac{a}{2b^2}\ln\dfrac{|ax^2+b|}{x^2} - \dfrac{1}{2bx^2} + C.$

28. $\int \dfrac{\mathrm{d}x}{(ax^2+b)^2} = \dfrac{x}{2b(ax^2+b)} + \dfrac{1}{2b}\int\dfrac{\mathrm{d}x}{ax^2+b}.$

五、含有 $ax^2+bx+c\,(a>0)$ 的积分

29. $\int \dfrac{\mathrm{d}x}{ax^2+bx+c} = \begin{cases} \dfrac{2}{\sqrt{4ac-b^2}}\arctan\dfrac{2ax+b}{\sqrt{4ac-b^2}} + C & (b^2<4ac). \\[4mm] \dfrac{1}{\sqrt{b^2-4ac}}\ln\left|\dfrac{2ax+b-\sqrt{b^2-4ac}}{2ax+b+\sqrt{b^2-4ac}}\right| + C & (b^2>4ac). \end{cases}$

30. $\int \dfrac{x}{ax^2+bx+c} \mathrm{d}x = \dfrac{1}{2a}\ln|ax^2+bx+c| - \dfrac{b}{2a}\int \dfrac{\mathrm{d}x}{ax^2+bx+c}.$

六、含有 $\sqrt{x^2+a^2}$ $(a>0)$ 的积分

31. $\int \dfrac{\mathrm{d}x}{\sqrt{x^2+a^2}} = \operatorname{arsh}\dfrac{x}{a}+C_1 = \ln(x+\sqrt{x^2+a^2})+C.$

32. $\int \dfrac{\mathrm{d}x}{\sqrt{(x^2+a^2)^3}} = \dfrac{x}{a^2\sqrt{x^2+a^2}}+C.$

33. $\int \dfrac{x}{\sqrt{x^2+a^2}}\mathrm{d}x = \sqrt{x^2+a^2}+C.$

34. $\int \dfrac{x}{\sqrt{(x^2+a^2)^3}}\mathrm{d}x = -\dfrac{1}{\sqrt{x^2+a^2}}+C.$

35. $\int \dfrac{x^2}{\sqrt{x^2+a^2}}\mathrm{d}x = \dfrac{x}{2}\sqrt{x^2+a^2}-\dfrac{a^2}{2}\ln(x+\sqrt{x^2+a^2})+C.$

36. $\int \dfrac{x^2}{\sqrt{(x^2+a^2)^3}}\mathrm{d}x = -\dfrac{x}{\sqrt{x^2+a^2}}+\ln(x+\sqrt{x^2+a^2})+C.$

37. $\int \dfrac{\mathrm{d}x}{x\sqrt{x^2+a^2}} = \dfrac{1}{a}\ln\dfrac{\sqrt{x^2+a^2}-a}{|x|}+C.$

38. $\int \dfrac{\mathrm{d}x}{x^2\sqrt{x^2+a^2}} = -\dfrac{\sqrt{x^2+a^2}}{a^2 x}+C.$

39. $\int \sqrt{x^2+a^2}\,\mathrm{d}x = \dfrac{x}{2}\sqrt{x^2+a^2}+\dfrac{a^2}{2}\ln(x+\sqrt{x^2+a^2})+C.$

40. $\int \sqrt{(x^2+a^2)^3}\,\mathrm{d}x = \dfrac{x}{8}(2x^2+5a^2)\sqrt{x^2+a^2}+\dfrac{3}{8}a^4\ln(x+\sqrt{x^2+a^2})+C.$

41. $\int x\sqrt{x^2+a^2}\,\mathrm{d}x = \dfrac{1}{3}\sqrt{(x^2+a^2)^3}+C.$

42. $\int x^2\sqrt{x^2+a^2}\,\mathrm{d}x = \dfrac{x}{8}(2x^2+a^2)\sqrt{x^2+a^2}-\dfrac{a^4}{8}\ln(x+\sqrt{x^2+a^2})+C.$

43. $\int \dfrac{\sqrt{x^2+a^2}}{x}\mathrm{d}x = \sqrt{x^2+a^2}+a\ln\dfrac{\sqrt{x^2+a^2}-a}{|x|}+C.$

44. $\int \dfrac{\sqrt{x^2+a^2}}{x^2}\mathrm{d}x = -\dfrac{\sqrt{x^2+a^2}}{x}+\ln(x+\sqrt{x^2+a^2})+C.$

七、含有 $\sqrt{x^2-a^2}$ $(a>0)$ 的积分

45. $\int \dfrac{\mathrm{d}x}{\sqrt{x^2-a^2}} = \dfrac{x}{|x|}\operatorname{arch}\dfrac{|x|}{a}+C_1 = \ln|x+\sqrt{x^2-a^2}|+C.$

46. $\int \dfrac{\mathrm{d}x}{\sqrt{(x^2-a^2)^3}} = -\dfrac{x}{a^2\sqrt{x^2-a^2}}+C.$

47. $\int \dfrac{x}{\sqrt{x^2-a^2}}\mathrm{d}x = \sqrt{x^2-a^2}+C.$

48. $\int \dfrac{x}{\sqrt{(x^2-a^2)^3}}dx = -\dfrac{1}{\sqrt{x^2-a^2}}+C.$

49. $\int \dfrac{x^2}{\sqrt{x^2-a^2}}dx = \dfrac{x}{2}\sqrt{x^2-a^2}+\dfrac{a^2}{2}\ln|x+\sqrt{x^2-a^2}|+C.$

50. $\int \dfrac{x^2}{\sqrt{(x^2-a^2)^3}}dx = -\dfrac{x}{\sqrt{x^2-a^2}}+\ln|x+\sqrt{x^2-a^2}|+C.$

51. $\int \dfrac{dx}{x\sqrt{x^2-a^2}} = \dfrac{1}{a}\arccos\dfrac{a}{|x|}+C.$

52. $\int \dfrac{dx}{x^2\sqrt{x^2-a^2}} = \dfrac{\sqrt{x^2-a^2}}{a^2x}+C.$

53. $\int \sqrt{x^2-a^2}dx = \dfrac{x}{2}\sqrt{x^2-a^2}-\dfrac{a^2}{2}\ln|x+\sqrt{x^2-a^2}|+C.$

54. $\int \sqrt{(x^2-a^2)^3}dx = \dfrac{x}{8}(2x^2-5a^2)\sqrt{x^2-a^2}+\dfrac{3}{8}a^4\ln|x+\sqrt{x^2-a^2}|+C.$

55. $\int x\sqrt{x^2-a^2}dx = \dfrac{1}{3}\sqrt{(x^2-a^2)^3}+C.$

56. $\int x^2\sqrt{x^2-a^2}dx = \dfrac{x}{8}(2x^2-a^2)\sqrt{x^2-a^2}-\dfrac{a^4}{8}\ln|x+\sqrt{x^2-a^2}|+C.$

57. $\int \dfrac{\sqrt{x^2-a^2}}{x}dx = \sqrt{x^2-a^2}-a\arccos\dfrac{a}{|x|}+C.$

58. $\int \dfrac{\sqrt{x^2-a^2}}{x^2}dx = -\dfrac{\sqrt{x^2-a^2}}{x}+\ln|x+\sqrt{x^2-a^2}|+C.$

八、含有 $\sqrt{a^2-x^2}\,(a>0)$ 的积分

59. $\int \dfrac{dx}{\sqrt{a^2-x^2}} = \arcsin\dfrac{x}{a}+C.$

60. $\int \dfrac{dx}{\sqrt{(a^2-x^2)^3}} = \dfrac{x}{a^2\sqrt{a^2-x^2}}+C.$

61. $\int \dfrac{x}{\sqrt{a^2-x^2}}dx = -\sqrt{a^2-x^2}+C.$

62. $\int \dfrac{x}{\sqrt{(a^2-x^2)^3}}dx = \dfrac{1}{\sqrt{a^2-x^2}}+C.$

63. $\int \dfrac{x^2}{\sqrt{a^2-x^2}}dx = -\dfrac{x}{2}\sqrt{a^2-x^2}+\dfrac{a^2}{2}\arcsin\dfrac{x}{a}+C.$

64. $\int \dfrac{x^2}{\sqrt{(a^2-x^2)^3}}dx = \dfrac{x}{\sqrt{a^2-x^2}}-\arcsin\dfrac{x}{a}+C.$

65. $\int \dfrac{dx}{x\sqrt{a^2-x^2}} = \dfrac{1}{a}\ln\dfrac{a-\sqrt{a^2-x^2}}{|x|}+C.$

66. $\displaystyle\int\frac{\mathrm{d}x}{x^2\sqrt{a^2-x^2}}=-\frac{\sqrt{a^2-x^2}}{a^2x}+C.$

67. $\displaystyle\int\sqrt{a^2-x^2}\,\mathrm{d}x=\frac{x}{2}\sqrt{a^2-x^2}+\frac{a^2}{2}\arcsin\frac{x}{a}+C.$

68. $\displaystyle\int\sqrt{(a^2-x^2)^3}\,\mathrm{d}x=\frac{x}{8}(5a^2-2x^2)\sqrt{a^2-x^2}+\frac{3}{8}a^4\arcsin\frac{x}{a}+C.$

69. $\displaystyle\int x\sqrt{a^2-x^2}\,\mathrm{d}x=-\frac{1}{3}\sqrt{(a^2-x^2)^3}+C.$

70. $\displaystyle\int x^2\sqrt{a^2-x^2}\,\mathrm{d}x=\frac{x}{8}(2x^2-a^2)\sqrt{a^2-x^2}+\frac{a^4}{8}\arcsin\frac{x}{a}+C.$

71. $\displaystyle\int\frac{\sqrt{a^2-x^2}}{x}\,\mathrm{d}x=\sqrt{a^2-x^2}+a\ln\frac{a-\sqrt{a^2-x^2}}{|x|}+C.$

72. $\displaystyle\int\frac{\sqrt{a^2-x^2}}{x^2}\,\mathrm{d}x=-\frac{\sqrt{a^2-x^2}}{x}-\arcsin\frac{x}{a}+C.$

九、含有 $\sqrt{\pm ax^2+bx+c}\,(a>0)$ 的积分

73. $\displaystyle\int\frac{\mathrm{d}x}{\sqrt{ax^2+bx+c}}=\frac{1}{\sqrt{a}}\ln|\,2ax+b+2\sqrt{a}\sqrt{ax^2+bx+c}\,|+C.$

74. $\displaystyle\int\sqrt{ax^2+bx+c}\,\mathrm{d}x=\frac{2ax+b}{4a}\sqrt{ax^2+bx+c}\,+$
$\displaystyle\qquad\qquad\frac{4ac-b^2}{8\sqrt{a^3}}\ln|\,2ax+b+2\sqrt{a}\sqrt{ax^2+bx+c}\,|+C.$

75. $\displaystyle\int\frac{x}{\sqrt{ax^2+bx+c}}\,\mathrm{d}x=\frac{1}{a}\sqrt{ax^2+bx+c}\,-$
$\displaystyle\qquad\qquad\frac{b}{2\sqrt{a^3}}\ln|\,2ax+b+2\sqrt{a}\sqrt{ax^2+bx+c}\,|+C.$

76. $\displaystyle\int\frac{\mathrm{d}x}{\sqrt{c+bx-ax^2}}=-\frac{1}{\sqrt{a}}\arcsin\frac{2ax-b}{\sqrt{b^2+4ac}}+C.$

77. $\displaystyle\int\sqrt{c+bx-ax^2}\,\mathrm{d}x=\frac{2ax-b}{4a}\sqrt{c+bx-ax^2}+\frac{b^2+4ac}{8\sqrt{a^3}}\arcsin\frac{2ax-b}{\sqrt{b^2+4ac}}+C.$

78. $\displaystyle\int\frac{x}{\sqrt{c+bx-ax^2}}\,\mathrm{d}x=-\frac{1}{a}\sqrt{c+bx-ax^2}+\frac{b}{2\sqrt{a^3}}\arcsin\frac{2ax-b}{\sqrt{b^2+4ac}}+C.$

十、含有 $\sqrt{\pm\dfrac{x-a}{x-b}}$ 或 $\sqrt{(x-a)(b-x)}$ 的积分

79. $\displaystyle\int\sqrt{\frac{x-a}{x-b}}\,\mathrm{d}x=(x-b)\sqrt{\frac{x-a}{x-b}}+(b-a)\ln(\sqrt{|x-a|}+\sqrt{|x-b|})+C.$

80. $\displaystyle\int\sqrt{\frac{x-a}{b-x}}\,\mathrm{d}x=(x-b)\sqrt{\frac{x-a}{b-x}}+(b-a)\arcsin\sqrt{\frac{x-a}{b-x}}+C.$

81. $\int \dfrac{\mathrm{d}x}{\sqrt{(x-a)(b-x)}} = 2\arcsin\sqrt{\dfrac{x-a}{b-x}}+C \quad (a<b).$

82. $\int \sqrt{(x-a)(b-x)}\,\mathrm{d}x = \dfrac{2x-a-b}{4}\sqrt{(x-a)(b-x)}+$

$$\dfrac{(b-a)^2}{4}\arcsin\sqrt{\dfrac{x-a}{b-x}}+C \quad (a<b).$$

十一、含有三角函数的积分

83. $\int \sin x\,\mathrm{d}x = -\cos x+C.$

84. $\int \cos x\,\mathrm{d}x = \sin x+C.$

85. $\int \tan x\,\mathrm{d}x = -\ln|\cos x|+C.$

86. $\int \cot x\,\mathrm{d}x = \ln|\sin x|+C.$

87. $\int \sec x\,\mathrm{d}x = \ln\left|\tan\left(\dfrac{\pi}{4}+\dfrac{x}{2}\right)\right|+C = \ln|\sec x+\tan x|+C.$

88. $\int \csc x\,\mathrm{d}x = \ln\left|\tan\dfrac{x}{2}\right|+C = \ln|\csc x-\cot x|+C.$

89. $\int \sec^2 x\,\mathrm{d}x = \tan x+C.$

90. $\int \csc^2 x\,\mathrm{d}x = -\cot x+C.$

91. $\int \sec x\tan x\,\mathrm{d}x = \sec x+C.$

92. $\int \csc x\cot x\,\mathrm{d}x = -\csc x+C.$

93. $\int \sin^2 x\,\mathrm{d}x = \dfrac{x}{2}-\dfrac{1}{4}\sin 2x+C.$

94. $\int \cos^2 x\,\mathrm{d}x = \dfrac{x}{2}+\dfrac{1}{4}\sin 2x+C.$

95. $\int \sin^n x\,\mathrm{d}x = -\dfrac{1}{n}\sin^{n-1}x\cos x+\dfrac{n-1}{n}\int \sin^{n-2}x\,\mathrm{d}x.$

96. $\int \cos^n x\,\mathrm{d}x = \dfrac{1}{n}\cos^{n-1}x\sin x+\dfrac{n-1}{n}\int \cos^{n-2}x\,\mathrm{d}x.$

97. $\int \dfrac{\mathrm{d}x}{\sin^n x} = -\dfrac{1}{n-1}\cdot\dfrac{\cos x}{\sin^{n-1}x}+\dfrac{n-2}{n-1}\int \dfrac{\mathrm{d}x}{\sin^{n-2}x}.$

98. $\int \dfrac{\mathrm{d}x}{\cos^n x} = \dfrac{1}{n-1}\cdot\dfrac{\sin x}{\cos^{n-1}x}+\dfrac{n-2}{n-1}\int \dfrac{\mathrm{d}x}{\cos^{n-2}x}.$

99. $\int \cos^m x\sin^n x\,\mathrm{d}x = \dfrac{1}{m+n}\cos^{m-1}x\sin^{n+1}x+\dfrac{m-1}{m+n}\int \cos^{m-2}x\sin^n x\,\mathrm{d}x$

$$= -\dfrac{1}{m+n}\cos^{m+1}x\sin^{n-1}x+\dfrac{n-1}{m+n}\int \cos^m x\sin^{n-2}x\,\mathrm{d}x.$$

100. $\int \sin ax \cos bx \, dx = -\dfrac{1}{2(a+b)}\cos(a+b)x - \dfrac{1}{2(a-b)}\cos(a-b)x + C.$

101. $\int \sin ax \sin bx \, dx = -\dfrac{1}{2(a+b)}\sin(a+b)x + \dfrac{1}{2(a-b)}\sin(a-b)x + C.$

102. $\int \cos ax \cos bx \, dx = \dfrac{1}{2(a+b)}\sin(a+b)x + \dfrac{1}{2(a-b)}\sin(a-b)x + C.$

103. $\int \dfrac{dx}{a+b\sin x} = \dfrac{2}{\sqrt{a^2-b^2}}\arctan\dfrac{a\tan\frac{x}{2}+b}{\sqrt{a^2-b^2}} + C \quad (a^2>b^2).$

104. $\int \dfrac{dx}{a+b\sin x} = \dfrac{1}{\sqrt{b^2-a^2}}\ln\left|\dfrac{a\tan\frac{x}{2}+b-\sqrt{b^2-a^2}}{a\tan\frac{x}{2}+b+\sqrt{b^2-a^2}}\right| + C \quad (a^2<b^2).$

105. $\int \dfrac{dx}{a+b\cos x} = \dfrac{2}{a+b}\sqrt{\dfrac{a+b}{a-b}}\arctan\left(\sqrt{\dfrac{a-b}{a+b}}\tan\dfrac{x}{2}\right) + C \quad (a^2>b^2).$

106. $\int \dfrac{dx}{a+b\cos x} = \dfrac{1}{a+b}\sqrt{\dfrac{a+b}{b-a}}\ln\left|\dfrac{\tan\frac{x}{2}+\sqrt{\frac{a+b}{b-a}}}{\tan\frac{x}{2}-\sqrt{\frac{a+b}{b-a}}}\right| + C \quad (a^2<b^2).$

107. $\int \dfrac{dx}{a^2\cos^2 x + b^2\sin^2 x} = \dfrac{1}{ab}\arctan\left(\dfrac{b}{a}\tan x\right) + C.$

108. $\int \dfrac{dx}{a^2\cos^2 x - b^2\sin^2 x} = \dfrac{1}{2ab}\ln\left|\dfrac{b\tan x + a}{b\tan x - a}\right| + C.$

109. $\int x\sin ax \, dx = \dfrac{1}{a^2}\sin ax - \dfrac{1}{a}x\cos ax + C.$

110. $\int x^2\sin ax \, dx = -\dfrac{1}{a}x^2\cos ax + \dfrac{2}{a^2}x\sin ax + \dfrac{2}{a^3}\cos ax + C.$

111. $\int x\cos ax \, dx = \dfrac{1}{a^2}\cos ax + \dfrac{1}{a}x\sin ax + C.$

112. $\int x^2\cos ax \, dx = \dfrac{1}{a}x^2\sin ax + \dfrac{2}{a^2}x\cos ax - \dfrac{2}{a^3}\sin ax + C.$

十二、含有反三角函数的积分（其中 $a>0$）

113. $\int \arcsin\dfrac{x}{a} \, dx = x\arcsin\dfrac{x}{a} + \sqrt{a^2-x^2} + C.$

114. $\int x\arcsin\dfrac{x}{a} \, dx = \left(\dfrac{x^2}{2}-\dfrac{a^2}{4}\right)\arcsin\dfrac{x}{a} + \dfrac{x}{4}\sqrt{a^2-x^2} + C.$

115. $\int x^2\arcsin\dfrac{x}{a} \, dx = \dfrac{x^3}{3}\arcsin\dfrac{x}{a} + \dfrac{1}{9}(x^2+2a^2)\sqrt{a^2-x^2} + C.$

116. $\int \arccos\dfrac{x}{a} \, dx = x\arccos\dfrac{x}{a} - \sqrt{a^2-x^2} + C.$

117. $\int x\arccos \dfrac{x}{a}\mathrm{d}x=\left(\dfrac{x^2}{2}-\dfrac{a^2}{4}\right)\arccos \dfrac{x}{a}-\dfrac{x}{4}\sqrt{a^2-x^2}+C.$

118. $\int x^2\arccos \dfrac{x}{a}\mathrm{d}x=\dfrac{x^3}{3}\arccos \dfrac{x}{a}-\dfrac{1}{9}(x^2+2a^2)\sqrt{a^2-x^2}+C.$

119. $\int \arctan\dfrac{x}{a}\mathrm{d}x=x\arctan \dfrac{x}{a}-\dfrac{a}{2}\ln(a^2+x^2)+C.$

120. $\int x\arctan \dfrac{x}{a}\mathrm{d}x=\dfrac{1}{2}(a^2+x^2)\arctan \dfrac{x}{a}-\dfrac{a}{2}x+C.$

121. $\int x^2\arctan \dfrac{x}{a}\mathrm{d}x=\dfrac{x^3}{3}\arctan \dfrac{x}{a}-\dfrac{a}{6}x^2+\dfrac{a^3}{6}\ln(a^2+x^2)+C.$

十三、含有指数函数的积分

122. $\int a^x\mathrm{d}x=\dfrac{1}{\ln a}a^x+C.$

123. $\int \mathrm{e}^{ax}\mathrm{d}x=\dfrac{1}{a}\mathrm{e}^{ax}+C.$

124. $\int x\mathrm{e}^{ax}\mathrm{d}x=\dfrac{1}{a^2}(ax-1)\mathrm{e}^{ax}+C.$

125. $\int x^n\mathrm{e}^{ax}\mathrm{d}x=\dfrac{1}{a}x^n\mathrm{e}^{ax}-\dfrac{n}{a}\int x^{n-1}\mathrm{e}^{ax}\mathrm{d}x.$

126. $\int xa^x\mathrm{d}x=\dfrac{x}{\ln a}a^x-\dfrac{1}{(\ln a)^2}a^x+C.$

127. $\int x^na^x\mathrm{d}x=\dfrac{1}{\ln a}x^na^x-\dfrac{n}{\ln a}\int x^{n-1}a^x\mathrm{d}x.$

128. $\int \mathrm{e}^{ax}\sin bx\mathrm{d}x=\dfrac{1}{a^2+b^2}\mathrm{e}^{ax}(a\sin bx-b\cos bx)+C.$

129. $\int \mathrm{e}^{ax}\cos bx\mathrm{d}x=\dfrac{1}{a^2+b^2}\mathrm{e}^{ax}(b\sin bx+a\cos bx)+C.$

130. $\int \mathrm{e}^{ax}\sin^nbx\mathrm{d}x=\dfrac{1}{a^2+b^2n^2}\mathrm{e}^{ax}\sin^{n-1}bx(a\sin bx-nb\cos bx)+\dfrac{n(n-1)b^2}{a^2+b^2n^2}\int \mathrm{e}^{ax}\sin^{n-2}bx\mathrm{d}x.$

131. $\int \mathrm{e}^{ax}\cos^nbx\mathrm{d}x=\dfrac{1}{a^2+b^2n^2}\mathrm{e}^{ax}\cos^{n-1}bx(a\cos bx+nb\sin bx)+\dfrac{n(n-1)b^2}{a^2+b^2n^2}\int \mathrm{e}^{ax}\cos^{n-2}bx\mathrm{d}x.$

十四、含有对数函数的积分

132. $\int \ln x\mathrm{d}x=x\ln x-x+C.$

133. $\int \dfrac{\mathrm{d}x}{x\ln x}=\ln|\ln x|+C.$

134. $\int x^n\ln x\mathrm{d}x=\dfrac{1}{n+1}x^{n+1}\left(\ln x-\dfrac{1}{n+1}\right)+C.$

135. $\int (\ln x)^n\mathrm{d}x=x(\ln x)^n-n\int (\ln x)^{n-1}\mathrm{d}x.$

136. $\int x^m(\ln x)^n\mathrm{d}x=\dfrac{1}{m+1}x^{m+1}(\ln x)^n-\dfrac{n}{m+1}\int x^m(\ln x)^{n-1}\mathrm{d}x.$

十五、含有双曲函数的积分

137. $\int \mathrm{sh}x\mathrm{d}x = \mathrm{ch}x + C.$

138. $\int \mathrm{ch}x\mathrm{d}x = \mathrm{sh}x + C.$

139. $\int \mathrm{th}x\mathrm{d}x = \ln\mathrm{ch}x + C.$

140. $\int \mathrm{sh}^2x\mathrm{d}x = -\dfrac{x}{2} + \dfrac{1}{4}\mathrm{sh}2x + C.$

141. $\int \mathrm{ch}^2x\mathrm{d}x = \dfrac{x}{2} + \dfrac{1}{4}\mathrm{sh}2x + C.$

十六、定积分

142. $\displaystyle\int_{-\pi}^{\pi} \cos nx\mathrm{d}x = \int_{-\pi}^{\pi} \sin nx\mathrm{d}x = 0.$

143. $\displaystyle\int_{-\pi}^{\pi} \cos mx\sin nx\mathrm{d}x = 0.$

144. $\displaystyle\int_{-\pi}^{\pi} \cos mx\cos nx\mathrm{d}x = \begin{cases} 0, & m \neq n, \\ \pi, & m = n. \end{cases}$

145. $\displaystyle\int_{-\pi}^{\pi} \sin mx\sin nx\mathrm{d}x = \begin{cases} 0, & m \neq n, \\ \pi, & m = n. \end{cases}$

146. $\displaystyle\int_{0}^{\pi} \sin mx\sin nx\mathrm{d}x = \int_{0}^{\pi} \cos mx\cos nx\mathrm{d}x = \begin{cases} 0, & m \neq n, \\ \dfrac{\pi}{2}, & m = n. \end{cases}$

147. $I_n = \displaystyle\int_{0}^{\frac{\pi}{2}} \sin^n x\mathrm{d}x = \int_{0}^{\frac{\pi}{2}} \cos^n x\mathrm{d}x,$

$I_n = \dfrac{n-1}{n}I_{n-2}$

$I_n = \dfrac{n-1}{n} \cdot \dfrac{n-3}{n-2} \cdot \cdots \cdot \dfrac{4}{5} \cdot \dfrac{2}{3}$ （n 为大于 1 的正奇数），$I_1 = 1,$

$I_n = \dfrac{n-1}{n} \cdot \dfrac{n-3}{n-2} \cdot \cdots \cdot \dfrac{3}{4} \cdot \dfrac{1}{2} \cdot \dfrac{\pi}{2}$（$n$ 为正偶数），$I_0 = \dfrac{\pi}{2}.$

参 考 答 案

练习 1.1

1. (1) $[-2,-1) \cup (-1,1) \cup (1,+\infty)$； (2) $[-1,2]$； (3) $(-1,2]$.

2. $f(1)=0, f(x-1)=x^2-5x+6$.

3. $f(-1)=-2, f(0)=1, f(1)=2$.

4. (1) 奇函数； (2) 偶函数； (3) 非奇非偶； (4) 奇函数.

5. 无界, 有界.

6. (1) $y=\dfrac{1-x}{1+x}$； (2) $y=\dfrac{1}{3}(\log_2 x-1)$.

7. (1) $y=\ln u, u=\ln v, v=\ln x$； (2) $y=\sqrt{u}, u=\ln v, v=w^2, w=\sin x$；

   (3) $y=\mathrm{e}^u, u=\arctan v, v=x^2$； *(4) $y=u^2, u=\cos v, v=\ln w, w=2+t, t=\sqrt{h}, h=1+x^2$.

8. 盈亏平衡点分别为 $x_1=1, x_2=5$. 当 $x<1$ 时亏损, $1<x<5$ 时盈利, 而当 $x>5$ 时又转为亏损.

9. $y\begin{cases}0.15x, & 0<x\leqslant 50; \\ 7.5+0.25(x-50), & x>50.\end{cases}$

练习 1.2

1. (1) 1； (2) 3； (3) 0； (4) 1； (5) 无极限； (6) 0.

2. (1) 对； (2) 错； (3) 对； (4) 错.

3. 略.

练习 1.3

1. (1) 0； (2) 0； (3) 0； (4) -2； (5) 2； (6) 2.

2. D.

3. B.

4. $\lim\limits_{x\to 0} f(x)$ 不存在.

5. $\lim\limits_{x\to 0}\varphi(x)$ 不存在.

6. (1) 取 $\delta=\varepsilon$； (2) 取 $\delta=\varepsilon$.

练习 1.4

1. (1) $x\to -2$ 时, 是无穷小; $x\to 1$ 时, 是无穷大;

   (2) $x\to 1$ 时, 是无穷小; $x\to +\infty$ 时, 是正无穷大; $x\to 0^+$ 时, 是负无穷大;

   (3) $x\to \infty$ 或 $x\to -1$ 时, 是无穷小; $x\to 0$ 时, 是正无穷大.

2. (1) 错误； (2) 错误.

3. (1) 0； (2) 0； (3) 0.

4. (1) 4； (2) $\dfrac{1}{6}$； (3) 0； (4) $\dfrac{2}{3}$； (5) 1； (6) $\dfrac{1}{2}$；

   (7) $\dfrac{4}{3}$； (8) 2； (9) $\dfrac{1}{2}$； (10) $\dfrac{3}{4}$； (11) $-\dfrac{1}{2}$； (12) 0.

练习 1.5

1. (1)2；　(2)0；　(3)$\dfrac{5}{3}$；　(4)1；　(5)$\dfrac{2}{3}$；

　(6)0；　(7)1；　(8)$\sqrt{2}$；　(9)$\dfrac{1}{2}$；　(10)8.

2. (1)e^6；　(2)e^{-2}；　(3)e^2；　(4)e^{-1}；　(5)e^3；　(6)e^2；　(7)e.

3. 0.

练习 1.6

1. x^2-x^3 比 $2x-x^2$ 高阶.

2. (1)等价；　(2)同阶.

3. (1)$\dfrac{2}{3}$；　(2)$\dfrac{3}{2}$；　(3)1；　(4)8；　(5)-1；　(6)$\dfrac{2}{3}$.

练习 1.7

1. (1)连续；　(2)$x=0$ 间断.

2. (1)$x=0$ 为可去间断点；　(2)$x=2$ 为可去间断点;$x=1$ 为第二类间断点；　(3)$x=0$ 为可去间断点；　(4)$x=0$ 为跳跃间断点；　(5)$x=0$ 为跳跃间断点.

3. $a=6$.

4. $a=e^2$.

5. $a=3$.

6. 略.

7. 略.

复习题 1

1. (1)C；　(2)A；　(3)A；　(4)B；　(5)C；　(6)D.

2. (1)$[1,2]\cup(-\infty,-1]$；　(2)$[-3,0)\cup(0,1)$；　(3)$\left[k\pi+\dfrac{\pi}{3},k\pi+\dfrac{2\pi}{3}\right]$,$k$ 为整数；

　(4)$[-1,0)\cup(0,3)$.

3. (1)奇函数；　(2)奇函数.

4. (1)$y=3^u,u=\cos v,v=4x$；　(2)$y=u^2,u=\cos v,v=2x+1$.

5. (1)3；　(2)$\dfrac{2}{5}$；　(3)$\dfrac{3}{2}$；　(4)$\dfrac{3}{4}$；　(5)$\dfrac{1}{2}a^2$；　(6)$\dfrac{1}{4}$；　(7)0；　(8)$\ln\dfrac{3}{2}$；　(9)$\dfrac{1}{2}$；

　(10)0；　(11)e^2；　(12)$e^{-\frac{1}{2}}$；　(13)1；　(14)$\dfrac{1}{2}$.

6. (1)$x=1$ 为可去间断点,$x=3$ 为第二类间断点；　(2)$x=-1$ 为第二类间断点,$x=0$ 为跳跃间断点.$x=1$ 为可去间断点.

7. $a=0$.

8. $a=2$.

9. 略.

10. 略.

11. 略.

练习 2.1

1. (1) a；　(2) $-\sin x$.

2. 连续,不可导.

3. 连续,可导.

4. (1) $-k$；　(2) $2k$；　(3) $3k$.

5. (1) $5x^4$；　(2) $\dfrac{3}{2}x^{\frac{1}{2}}$；　(3) $(2\mathrm{e})^x(\ln 2+1)$；　(4) $\dfrac{1}{x\ln 10}$；　(5) 0.

6. 切线方程为 $y-1=1\cdot(x-0)$,即 $y=x+1$；

　　法线方程为 $y-1=-1\cdot(x-0)$,即 $y=-x+1$.

7. 切线方程为 $y+\ln 2=2\left(x-\dfrac{1}{2}\right)$,即 $2x-y-1-\ln 2=0$.

8. $a=2,b=-1$.

练习 2.2

1. (1) $2x+3-\cos x$；　(2) $3x^2-5x^{-\frac{7}{2}}+3x^{-4}$；　(3) $3^x\ln 3+2\mathrm{e}^x$；　(4) $\dfrac{\sin t}{2\sqrt{t}}+\sqrt{t}\,\cos t$；

　　(5) $\dfrac{1}{2\sqrt{x}}(\ln x+2)$；　(6) $\dfrac{1-\ln x}{x^2}$；　(7) $\dfrac{-2}{(x-1)^2}$.

2. (1) $\dfrac{\pi-\sqrt{3}}{3}$；　(2) $1+\sqrt{2}+\dfrac{\pi}{2}$；　(3) $\dfrac{1}{3}$.

3. $y=2x-2$ 或 $y=2x+2$.

4. $(1,2),(-1,2)$.

5. (1) $30x^2(x^3-1)^9$；　(2) $-12x^3\mathrm{e}^{-3x^4}$；　(3) $\dfrac{\mathrm{e}^x}{1+\mathrm{e}^{2x}}$；　(4) $-\dfrac{1}{|x|\sqrt{x^2-1}}$；

　　(5) $\sec x$；　(6) $\dfrac{1}{(x-1)\cdot\sqrt{x}}$；　(7) $-\csc x$；　(8) $\dfrac{1}{\sqrt{1+x^2}}$；

　　(9) $-\dfrac{2^{\sin\frac{1}{x}}\ln 2}{x^2}\cos\dfrac{1}{x}$；　(10) $\dfrac{1}{x^2}\mathrm{e}^{-\sin^2\frac{1}{x}}\sin\dfrac{2}{x}$.

6. (1) $3x^2f'(x^3)$；　(2) $\sec^2 xf'(\tan x)+\sec^2[f(x)]\cdot f'(x)$.

练习 2.3

1. (1) $y'=\dfrac{3x^3+2y}{3y^3-2x}$；　(2) $y'=\dfrac{4x-y\mathrm{e}^{xy}}{x\mathrm{e}^{xy}+3y^2}$；　(3) $\dfrac{\sin(x-y)-y\cos x}{\sin(x-y)+\sin x}$；　(4) $\dfrac{x+y}{x-y}$.

2. $y-1=-(x-1)$,　$y-1=x-1$.

3. 切线方程为 $y-1=\mathrm{e}x$,即 $y=\mathrm{e}x+1$；法线方程为 $y-1=-\dfrac{1}{\mathrm{e}}x$,即 $y=-\dfrac{1}{\mathrm{e}}x+1$.

4. (1) $\dfrac{3}{2}\dfrac{1}{\mathrm{e}^{3x}+1}$；　(2) $\dfrac{1}{2}\sqrt{x\sin x\sqrt{1-\mathrm{e}^x}}\left[\dfrac{1}{x}+\cot x-\dfrac{\mathrm{e}^x}{2(1-\mathrm{e}^x)}\right]$；

　　(3) $\dfrac{\sqrt{x+2}(3-x)^4}{(x+1)^5}\left[\dfrac{1}{2(x+2)}-\dfrac{4}{3-x}-\dfrac{5}{x+1}\right]$；　(4) $x^{\sin x}\left(\cos x\cdot\ln x+\dfrac{\sin x}{x}\right)$；

$(5)\dfrac{\ln\cos y - y\cot x}{x\tan y + \ln\sin x}.$

5. $(1)\dfrac{-2t}{1-2t}$;　$(2)-\tan\theta$;　$(3)\dfrac{\cos t-\sin t}{\sin t+\cos t}$;　$(4)\dfrac{e^{y}\cos t}{(2-y)(6t+2)}.$

6. $y-1=x-\left(\dfrac{\pi}{2}-1\right)$ 或 $x-y=\dfrac{\pi}{2}-2.$

练习 2.4

1. $(1)20x^{3}+24x-\cos x$;　$(2)4\cos 2x-4x\sin 2x$;　$(3)2xe^{x^{2}}(3+2x^{2})$;　$(4)-\dfrac{1}{\sqrt{(1-x^{2})^{3}}}$;

$(5)-\dfrac{2(1+x^{2})}{(1-x^{2})^{2}}$;　　　$(6)\dfrac{x}{\sqrt{(1+x^{2})^{3}}}.$

2. $(1)6xf'(x^{3})+9x^{4}f''(x^{3})$;　$(2)\dfrac{f''(x)\cdot f(x)-[f'(x)]^{2}}{[f(x)]^{2}}.$

3. 略.

4. $(1)y'=\dfrac{-36y^{2}-16x^{2}}{81y^{3}}$;　$(2)y''=\dfrac{2xy+2ye^{y}-y^{2}e^{y}}{(e^{y}+x)^{3}}.$

5. $(1)\dfrac{3}{2}e^{3t}$;　$(2)-\dfrac{1}{a(1-\cos t)^{2}}(t\neq 2n\pi,n\in\mathbf{Z}).$

6. $(1)-2^{n-1}\cos\left(2x+\dfrac{n\pi}{2}\right)$;　$(2)(-1)^{n}\dfrac{n!}{x^{n+1}}.$

练习 2.5

1. $2\mathrm{d}x.$

2. $0.01.$

3. $(1)\left(\dfrac{1}{x}+\dfrac{1}{2\sqrt{x}}\right)\mathrm{d}x$;　$(2)(\sin 2x+2x\cos 2x)\mathrm{d}x$;　$(3)2x(1+x)e^{2x}\mathrm{d}x$;

$(4)\dfrac{2(x\cos 2x-\sin 2x)}{x^{3}}\mathrm{d}x$;　$(5)-\dfrac{2xe^{-x^{2}}}{1+e^{-x^{2}}}\mathrm{d}x$;　$(6)\dfrac{x\mathrm{d}x}{(2+x^{2})\sqrt{1+x^{2}}}$;

$(7)-\dfrac{2xy+y^{2}}{x^{2}+2xy}\mathrm{d}x$;　$(8)2(e^{2x}-e^{-2x})\mathrm{d}x$;　$(9)\dfrac{3-ye^{xy}}{xe^{xy}-2y}\mathrm{d}x.$

4. $(1)1.03$;　$(2)1.03$;　$(3)2.03125$;　$(4)1.9875.$

5. $(1)3x+c$;　$(2)x^{2}+c$;　$(3)\dfrac{1}{\omega}\sin\omega x+c$;　$(4)\ln(1+x)+c$;　$(5)2\sqrt{x}+c.$

复习题 2

1. $(1)2k$;　$(2)k$;　$(3)3k.$

2. $(1)C$;　$(2)B.$

3. $2.$

4. $2,-1.$

5. $1000!.$

6. $x'(y) = \dfrac{x}{1+xe^x}$.

7. （1）$ax^{a-1}+a^x\ln a+x^x(1+\ln x)$；   （2）$x\cdot\cot x^2\cdot\sqrt{\sin x^2}$； （3）$\dfrac{1}{1-x^2+\sqrt{1-x^2}}$；

   （4）$\arcsin\dfrac{x}{2}$； （5）$\sqrt{\left(\dfrac{b}{a}\right)^x\left(\dfrac{a}{x}\right)^b\left(\dfrac{x}{b}\right)^a}\cdot\dfrac{1}{2}\left(\ln\dfrac{b}{a}+\dfrac{a-b}{x}\right)$；

   （6）$2\tan x\sec^2 x\cdot f'(\tan^2 x)-2\cot x\csc^2 x\cdot f'(\cot^2 x)$； （7）$2x[f(e^{2x})+xe^{2x}\cdot f'(e^{2x})]$.

8. 切线方程为 $y=2x$，法线方程为 $y=-\dfrac{1}{2}x$.

9. 切线方程为 $y-9x-10=0$ 或 $y-9x+22=0$.

10. （1）$2\arctan x+\dfrac{2x}{1+x^2}$； （2）$x(1+x^2)^{-\frac{3}{2}}$.

11. 略.

12. （1）$-\dfrac{\cos^2(x+y)}{\sin^3(x+y)}$； （2）$\dfrac{1}{f''(t)}$； （3）$\dfrac{\sec^4 t}{3a\sin t}$.

13. $-4x-\dfrac{1}{x^2}$.

14. （1）$\mathrm{d}y=\mathrm{e}^{-x}[\sin(3-x)-\cos(3-x)]\mathrm{d}x$； （2）$\mathrm{d}y=-\dfrac{x}{|x|\sqrt{1-x^2}}\mathrm{d}x$.

练习 3.1

1. $c=\dfrac{m}{m+n}$.

2. 证明：令 $F(x)=f(x)-x$，则 $F(0)=0,F\left(\dfrac{1}{2}\right)=\dfrac{1}{2},F(1)=-1$.根据介值定理存在 $\dfrac{1}{2}<x_1<1$，使得

   $F(x_1)=0$.在区间 $[0,x_1]$ 上应用罗尔定理即得结论.

3. 提示：$\ln(1+x)$ 在区间 $[0,x]$ 上使用拉格朗日中值定理.

4. 证明：求导可证 $F(x)=(1+x)\ln(1+x)-\arctan(x)$ 在 $[0,+\infty)$ 单调增加，因而 $F(x)>F(0)$.

5. 证明：求导可知 $F(x)=x(\sin x+\cos x)$ 在 $\left[0,\dfrac{\pi}{4}\right]$ 单增，因而有 $F(x_1)>F(0)=0$，而 $F(\pi)=-\pi$，

   根据介值定理可得结论.

6. 提示：对函数 $F(x)=xf(x)$ 在区间 $[0,1]$ 上使用罗尔定理.

7. 提示：在区间 $[x_1,x_2]$ 上对函数 $\arctan x$ 使用拉格朗日中值定理.

练习 3.2

1. （1）2； （2）$-\dfrac{1}{8}$； （3）1； （4）$\dfrac{4}{\mathrm{e}}$； （5）$\dfrac{1}{3}$； （6）2；

   （7）$\dfrac{2}{3}$； （8）1； （9）1； （10）3； （11）不存在； （12）e^2.

2. 略.

练习 3.3

1. $f(x) = 16+32(x-2)+26(x-2)^2+\dfrac{25}{3}(x-2)^3+(x-2)^4$.

2. $f(x) = 1-9x+30x^2-45x^3+30x^4-9x^5+x^6$.

3. $f(x) = x-\dfrac{x^3}{3}+\dfrac{x^5}{5}-\cdots+(-1)^n\dfrac{x^{2n+1}}{2n+1}+o(x^{2n+1})$.

4. $f(x) = \ln 2+\dfrac{1}{2}(x-2)-\dfrac{1}{2\cdot 2^2}(x-2)^2+\dfrac{1}{3\cdot 2^3}(x-2)^3-\cdots+\dfrac{(-1)^{n-1}}{n\cdot 2^n}(x-2)^n+o[(x-2)^n]$.

5. $f(x) = 1-(x-1)+(x-1)^2-(x-1)^3+\cdots+(-1)^n(x-1)^n+\dfrac{(-1)^{n+1}}{[-1+\theta(x-1)]^{n+2}}(x-1)^{n+1}(0<\theta<1)$.

6. $\tan x = x+\dfrac{1}{3}x^3+\dfrac{\sin(\theta x)[\sin^2(\theta x)+2]}{3\cos^5(\theta x)}x^4(0<\theta<1)$.

7. $f(x) = x^2 e^x = \displaystyle\sum_{i=2}^{n}\dfrac{i+1}{(i-1)!}x^i+o(x^n)$.

8. $\sqrt{e}\approx 1.645$.

9. (1)3.1072;(2)0.3090.

10. (1)$-\dfrac{3}{2}$;(2)0.

练习 3.4

1. 在$(-\infty,+\infty)$内单调增加.

2. (1)在$(-\infty,-1]$和$\left[\dfrac{4}{3},+\infty\right)$内单调增加,在$\left[-1,\dfrac{4}{3}\right]$内单调减少;

   (2)在$(0,1)$内单调减少,在$[1,+\infty)$内单调增加;

   (3)在$(-\infty,0),\left(0,\dfrac{1}{2}\right],[1,+\infty)$内单调减少,在$\left[\dfrac{1}{2},1\right]$上单调增加;

   (4)在$(-\infty,+\infty)$内单调减少.

3. 略.

4. 略.

5. 略.

6. 1.

7. 略.

8. (1)在$(-\infty,+\infty)$内是凸的; (2)在$(-\infty,0)$内是凸的,在$(0,+\infty)$内是凹的; (3)在$(-\infty,+\infty)$内是凹的.

9. $a=-\dfrac{3}{2},b=\dfrac{9}{2}$.

练习 3.5

1. (1)在$x=-1$处取得极大值9,在$x=2$处取得极小值-18;

   (2)在$x=0$处取得极小值0;

   (3)$x=-2$处取得极小值$\dfrac{8}{3}$,在$x=0$处取得极大值4;

(4) $x = \mathrm{e}^{-1}$ 处取得极小值 $\dfrac{1}{\sqrt[\mathrm{e}]{\mathrm{e}}}$.

2. $(1,1)$ 是驻点,是极小值点.

3. 在 $x = 2$ 处取极小值 $-3\sqrt[3]{4}$;在 $(-\infty, 2)$ 内单调减少,在 $(2, +\infty)$ 内单调增加.

4. (1) 80;　(2) 8.

5. $x = -3$ 时能取到最小值,最小值为 27.

6. $x = \dfrac{a}{\sqrt{2}}, y = \dfrac{b}{\sqrt{2}}$ 时有最大值,最大值为 $2ab$.

练习 3.6

1. (1) 21250, 212.5;　(2) 210, 200;　(3) 1000, 399000, 300.25.

2. 2000.

3. (1) $-1.39P$;　(2) 增加 13.9%.

4. (1) $-\dfrac{P}{3}$;　(2) $|\eta(2)| = \dfrac{2}{3} < 1$,说明 $P = 2$ 时,价格上涨 1%,需求减少 0.67%;$|\eta(3)| = 1$,

说明 $P = 3$ 时,价格与需求变动幅度相同;$|\eta(4)| = \dfrac{4}{3} > 1$,说明 $P = 4$ 时,价格上涨 1%,需求

减少 1.33%;

5. (1) -1,价格上涨 1%,需求减少 1%;　(2) 不变;　(3) 减少 0.85%.

复习题 3

1. 2

2. 略.

3. 略.

4. 略.

5. (1) 2;　(2) $\dfrac{1}{2}$;　(3) $\mathrm{e}^{-\frac{2}{\pi}}$.

6. 略.

7. $\sqrt[3]{3}$.

8. 略.

9. (1) 在 $(-\infty, 2)$ 内单调增加,在 $(2, +\infty)$ 内单调减小;　(2) 在 $\left(\dfrac{1}{2}, +\infty\right)$ 内单调增加,在

$\left(0, \dfrac{1}{2}\right)$ 内单调减小.

10. (1) $\dfrac{1}{3}$;　(2) $\dfrac{1}{2}$.

11. 在 $x = 1$ 处取极大值 2,在 $x = -1$ 处取极小值 -2.

12. 略.

练习 4.1

(1) $-\cos x - 3\arctan x + C$;　　　　(2) $\dfrac{2}{3}x^3 - \dfrac{3}{10}x^{\frac{10}{3}} + \dfrac{2}{7}x^{\frac{7}{2}} + C$;

$(3)\, 2\arctan x-\dfrac{1}{x}+C;$　　　　$(4)\, 3\arctan x-5\arcsin x+C;$

$(5)\, \dfrac{1}{2}x+\dfrac{1}{2}\sin x+C;$　　　　$(6)\, -4\cot x+C;$

$(7)\, \dfrac{2}{3}x^{\frac{3}{2}}-2x+C;$　　　　$(8)\, e^{t}+t+C;$

$(9)\, -\dfrac{1}{x}-\dfrac{x^2}{2}-3\ln|x|+3x+C;$　　$(10)\, \dfrac{8}{23}x^{\frac{23}{8}}+C;$

$(11)\, \dfrac{(2e)^x}{1+\ln 2}-\arctan x+C;$　　　$(12)\, \ln|x|-\dfrac{1}{4x^4}+C.$

练习 4.2

1.　$(1)\, \dfrac{2}{5}(x-3)^{\frac{5}{2}}+C;$　　　　$(2)\, \dfrac{1}{3}(x^2-2)^{\frac{3}{2}}+C;$

$(3)\, \arctan e^{x}+C;$　　　　$(4)\, \arctan e^{x}+C;$

$(5)\, \dfrac{1}{2}\arcsin 2x+C;$　　　$(6)\, -\dfrac{1}{2}(2-3x)^{\frac{2}{3}}+C;$

$(7)\, \dfrac{1}{4}(\ln x)^4+C;$　　　　$(8)\, -\dfrac{a^{\frac{1}{x}}}{\ln a}+C;$

$(9)\, \dfrac{1}{2}\cdot\dfrac{1}{2\cos x+1}+C;$　　$(10)\, \dfrac{\sin^2 x}{2}+\dfrac{\sin^3 x}{3}+C;$

$(11)\, \dfrac{2}{3}(x^2+x-2)^{\frac{3}{2}}+C;$　　$(12)\, -\dfrac{1}{x^3+2}+C;$

$(13)\, \arctan(x-1)+C;$　　　$(14)\, \ln(x^2-2x+3)+C;$

$(15)\, \dfrac{1}{3}(\arcsin x)^3+C;$　　$(16)\, \dfrac{1}{2}\ln(x^2+1)-\dfrac{2}{5}(\arctan x)^{\frac{5}{2}}+C;$

$(17)\, \dfrac{5}{4}(\sin x-\cos x)^{\frac{4}{5}}+C;$　$(18)\, \ln x+\dfrac{1}{2}(\ln x)^2-\dfrac{1}{2}\cos 2x+C;$

$(19)\, \dfrac{1}{2}(\ln\tan x)^2+C;$　　$(20)\, -\ln|\cos\sqrt{1+x^2}|+C.$

2.　$(1)\, 2\arcsin\dfrac{x}{2}+\dfrac{1}{2}x\sqrt{4-x^2}+C;\, (2)\, \ln(x+\sqrt{x^2+1})+C;$

$(3)\, \dfrac{\sqrt{x^2-1}}{x}+C;$　　　　$(4)\, \dfrac{x}{\sqrt{1+x^2}}+C;$

$(5)\, -\dfrac{\sqrt{4-x^2}}{x}-\arcsin\dfrac{x}{2}+C;$　$(6)\, -\dfrac{\sqrt{(1+x^2)^3}}{3x^3}+\dfrac{\sqrt{1+x^2}}{x}+C;$

$(7)\, \dfrac{x}{a^2\sqrt{a^2+x^2}}+C;$　　　$(8)\, -\sqrt{1-2x}+C;$

$(9)\, 2\sqrt{x-2}+\sqrt{2}\arctan\sqrt{\dfrac{x-2}{2}}+C;$

$(10)\,2\sqrt{e^x-1}-2\arctan\sqrt{e^x-1}+C;$

$(11)\,\dfrac{3}{2}(x+2)^{\frac{2}{3}}-3(x+2)^{\frac{1}{3}}+3\ln|\sqrt[3]{x+2}+1|+C;$

$(12)\,2\sqrt{x}-4\sqrt[4]{x}+4\ln(\sqrt[4]{x}+1)+C;$

$(13)\,2(\sqrt{x-1}-\arctan\sqrt{x-1})+C;$

$(14)\,x-2\sqrt{1+x}+2\ln|\sqrt{1+x}+1|+C;$

$(15)\,\ln|\ln x+1+\sqrt{\ln x(\ln x+2)}|+C.$

练习 4.3

$(1)\,-e^{-x}(x+1)+C;$ $\qquad(2)\,\dfrac{1}{3}x^2e^{3x}-\dfrac{2}{9}xe^{3x}+\dfrac{2}{27}e^{3x}+C;$

$(3)\,x\ln^2x-2x\ln x+2x+C;$ $\qquad(4)\,-2\sqrt{x}\cos\sqrt{x}+2\sin\sqrt{x}+C;$

$(5)\,x\arctan2x-\dfrac{1}{4}\ln(4x^2+1)+C;$ $(6)\,e^x(x^2-2x+3)+C;$

$(7)\,\ln x\cdot\ln(\ln x)-\ln x+C;$

$(8)\,\dfrac{1}{3}x^3\arctan x-\dfrac{1}{6}x^2+\dfrac{1}{6}\ln(x^2+1)+C;$

$(9)\,-\dfrac{1}{2}\csc x\cot x+\dfrac{1}{2}\ln|\csc x-\cot x|+C;$

$(10)\,x\ln(x+\sqrt{1+x^2})-\sqrt{1+x^2}+C;$

$(11)\,x\tan x+\ln|\cos x|+C;$

$(12)\,\dfrac{1}{4}x^2+\dfrac{1}{4}x\sin2x+\dfrac{1}{8}\cos2x+C;$

$(13)\,2\sqrt{x}\arcsin\sqrt{x}+2\sqrt{1-x}+C;$

$(14)\,\dfrac{e^{5x}}{41}[5\sin4x-4\cos4x]+C.$

练习 4.4

1. $(1)\,4\ln|x-3|-3\ln|x-2|+C;$ $(2)\,\ln|x|-\dfrac{1}{2}\ln(x^2+1)+C;$

$(3)\,\dfrac{1}{2}\ln(x^2-2x+5)+\arctan\dfrac{x-1}{2}+C;$ $(4)\,\ln|x|-\dfrac{2}{x-1}+C;$

$(5)\,\ln|x+1|-\dfrac{1}{2}\ln(x^2-x+1)+\sqrt{3}\arctan\dfrac{2x-1}{\sqrt{3}}+C;$

$(6)\,\dfrac{1}{4}\ln\left|\dfrac{x-1}{x+1}\right|-\dfrac{1}{2}\arctan x+C;$

$(7)\,\dfrac{2}{5}\ln|2x+1|-\dfrac{1}{5}\ln(x^2+1)+\dfrac{1}{5}\arctan x+C;$

$(8)\,\dfrac{2}{\sqrt{3}}\arctan\dfrac{\sqrt{x^2-2x-3}}{\sqrt{3}(x+1)}+C.$

2. (1) $\dfrac{1}{\sqrt{2}}\arctan\dfrac{\tan\dfrac{x}{2}}{\sqrt{2}}+C$;   (2) $\dfrac{2}{3}\arctan\left(3\tan\dfrac{x}{2}\right)+C$;

(3) $\dfrac{1}{3}\ln\left(3+\tan^2\dfrac{x}{2}\right)+\dfrac{1}{3}\ln\tan\dfrac{x}{2}+C$;   (4) $\dfrac{2}{1+\tan\dfrac{x}{2}}+x+C$.

习题 4

1. (1) $2e^{\sqrt{x}}(\sqrt{x}-1)+C$;   (2) $\dfrac{2}{3}e^{\sqrt[3]{x}}+C$;

(3) $\dfrac{1}{2}\sin(x^2)+C$;   (4) $-\dfrac{1}{5}\ln|1-5x|+C$;

(5) $-\dfrac{3}{4}\ln|1-x^4|+C$;   (6) $\dfrac{1}{2}\ln(x^2+2x+5)+C$;

(7) $-\dfrac{1}{x\ln x}+C$;   (8) $\ln|\tan x|+C$;

(9) $\dfrac{1}{3}\ln\left|\dfrac{x-2}{x+1}\right|+C$;   (10) $\arcsin x-\dfrac{x}{1+\sqrt{1-x^2}}+C$;

(11) $-\dfrac{1}{4}x\cos 2x+\dfrac{1}{8}\sin 2x+C$;   (12) $\dfrac{1}{3}x^3-x+2\arctan x+C$;

(13) $\dfrac{1}{2\ln 10}(10^{2x}-10^{-2x})-2x+C$;   (14) $-\dfrac{2}{\ln 5}5^{-x}+\dfrac{1}{5\ln 2}2^{-x}+C$;

(15) $\tan\dfrac{x}{2}+C$;   (16) $\dfrac{1}{8\sqrt{2}}\ln\left|\dfrac{x^4-\sqrt{2}}{x^4+\sqrt{2}}\right|+C$;

(17) $\dfrac{1}{n}\ln\left|\dfrac{x^n}{1+x^n}\right|+C$;   (18) $\dfrac{1}{3}x^3+\dfrac{1}{2}x^2+x+\ln|x-1|+C$;

(19) $\ln\left|\dfrac{\sin x}{1+\sin x}\right|+\dfrac{1}{1+\sin x}+C$;

*(20) $\dfrac{1}{(x+1)^{97}}\left[-\dfrac{1}{97}+\dfrac{1}{49(x+1)}-\dfrac{1}{99(x+1)^2}\right]+C$.

2. (1) $\ln|f(x)|+C$;   (2) $\arctan[f(x)]+C$;   (3) $e^{f(x)}+C$;

(4) $\dfrac{1}{\alpha+1}[f(x)]^{\alpha+1}+C$.

练习 5.1

1. (1) $e-1$;   (2) $\dfrac{1}{2}(b^2-a^2)$.

2. (1) 1;   (2) $\dfrac{\pi}{4}$;   (3) $\dfrac{5}{2}$;   (4) 0.

*3. (1) $\dfrac{1}{2}$;   (2) $\dfrac{\pi}{4}$.

练习 5.2

1. (1) $\left[-2e^2,-2e^{-\frac{1}{4}}\right]$；　(2) $[\pi,2\pi]$.

2. $\dfrac{\pi}{4}$.

3. 提示:求导判断 $f(x)$ 递减,再求最值.

4. 提示:设 $\displaystyle\int_0^1 f(x)\mathrm{d}x=a$,有 $\displaystyle\int_0^1\left[f(x)-a\right]^2\mathrm{d}x\geqslant 0$,展开.

练习 5.3

1. (1) -4；　(2) $\dfrac{\pi}{6}$；　(3) 0；　(4) $\dfrac{17}{2}$；　(5) $1+\dfrac{\pi}{4}$；　(6) $\dfrac{8}{3}$.

2. $\cos^2 1,0$.

3. (1) $\sin x^2$；　(2) $-\dfrac{2\sin|x|}{x}$；　(3) $(\sin x-\cos x)\cdot\cos(\pi\sin^2 x)$.

4. (1) $-\dfrac{1}{\pi}$；　(2) 1；　*(3) e.

5. 1.

6. $a=1,b=0,c=\dfrac{1}{2}$.

练习 5.4

1. (1) $\dfrac{1}{4}$；　(2) $1-e^{-\frac{1}{2}}$；　(3) $\dfrac{\pi^3}{324}$；　(4) 4；　(5) $\sqrt{2}-\dfrac{2}{3}\sqrt{3}$；

　(6) $2+2\ln\dfrac{2}{3}$；　(7) $\dfrac{\pi}{2}$；　(8) $\dfrac{\pi}{4}$；　(9) $\dfrac{\pi}{2}$；　(10) 2.

2. (1) $1-\dfrac{2}{e}$；　(2) $\dfrac{1}{2}$；　(3) $\dfrac{\pi}{2}-1$；　(4) $\dfrac{\pi}{4}-\dfrac{1}{2}$；

　(5) $\dfrac{1}{5}(e^\pi-2)$.

3. $\dfrac{\pi}{4}+\ln\dfrac{2e}{e+1}$.

练习 5.5

1. (1) 2；　(2) 发散；　(3) $\dfrac{1}{2}$；　(4) 发散；　(5) 1；　(6) $-\dfrac{\ln 2}{2}$.

2. (1) 发散；　(2) π；　(3) $\dfrac{\pi}{2}$；　(4) 4.

3. 2.

练习 5.6

1. (1) $\dfrac{32}{3}$；　(2) $4-3\ln 3$；　(3) $\dfrac{2}{3}(2-\sqrt{2})$；　(4) $e+\dfrac{1}{e}-2$；

$(5)4\ln2$;　$(6)\dfrac{23}{3}$.

2. $21\dfrac{1}{3}$.

3. $3\pi a^2$.

4. $(1)\dfrac{8}{5}\pi$;　$(2)\dfrac{4}{3}\pi ab^2$;　$(3)5\pi^2 a^3$;　$(4)\dfrac{\pi}{2}$.

*5. $\dfrac{223}{15}\pi$.

练习 5.7

1. $6.23\times10^5\text{J}$.

2. 14373kN.

3. $\dfrac{2Gm\mu}{R}\cdot\sin\dfrac{\varphi}{2}$,方向指向圆弧的中点.

习题 5

1. $(1)\dfrac{2}{7}$;　$(2)2$;　$(3)\dfrac{3}{16}\pi$;　$(4)\dfrac{4}{3}$;　$(5)e^e-e$;

　　$(6)\dfrac{3}{2}\pi$;　$(7)0$;　$(8)1-2\ln2$;　$(9)2(\sqrt{3}-1)$;

　　$(10)\dfrac{\pi^2}{2}+2\pi-4$;　$(11)0$;　$(12)0$;　$(13)\dfrac{\pi}{8}\ln2$;

　　$(14)\begin{cases}\dfrac{x^2}{3}-\dfrac{2}{3}, & x<-1,\\ x, & -1\leqslant x\leqslant1,\\ \dfrac{x^4}{4}+\dfrac{3}{4}, & x>1;\end{cases}$　$(15)\dfrac{47}{6}$.

2. $(1)\dfrac{\pi^2}{8}$;　$(2)-\dfrac{\ln2}{2}$;　$(3)\dfrac{1}{p^2}$;　(4)发散.

3. $f(x)-f(a)$.

4. $\dfrac{3\pi+2}{9\pi-2}$.

5. $(1)S=\pi ab$;　$(2)V=\dfrac{4}{3}\pi a^2 b$.

参 考 文 献

[1] 同济大学数学系.高等数学:上册[M].7 版.北京:高等教育出版社,2014.

[2] 林伟初,郭安学.高等数学(经管类):上册[M].北京:北京大学出版社,2018.

[3] 侯风波.高等数学[M].2 版.北京:高等教育出版社,2006.

[4] 顾聪,姜永艳.微积分(经管类):上册[M].北京:人民邮电出版社,2013.

[5] 国防科学技术大学数学竞赛指导组.大学数学竞赛指导[M].北京:清华大学出版社,2009.

[6] 华东师范大学数学科学学院.数学分析:上册[M].5 版.北京:高等教育出版社,2019.

[7] 复旦大学数学系.数学分析:上册[M].4 版.北京:高等教育出版社,2018.

[8] 李振杰.微积分若干重要内容的历史学研究[D].郑州:中原工学院,2019.

[9] 陈文灯.高等数学复习指导:思路、方法与技巧[M].北京:清华大学出版社,2011.

[10] 朱雯,张朝伦,刘鹏惠,等.高等数学:上册[M].北京:科学出版社,2010.

[11] 范周田,张汉林.高等数学教程:上册[M].3 版.北京:机械工业出版社,2018.

[12] 刘玉琏,傅沛仁,林玎,等.数学分析讲义:上册[M].4 版.北京:高等教育出版社,2003.

[13] 吴赣昌.微积分(经管类)[M].3 版.北京:中国人民大学出版社,2010.

[14] 傅英定,谢云荪.微积分:上册[M].2 版.北京:高等教育出版社,2003.